U0260996

大田作物生态平衡施肥指标体系研究

Study on the Index System of Ecological Balance Fertilization for Field Crops

侯彦林 等 著

中国农业出版社
北 京

内容简介

全书分八章，第一章绪论，主要介绍研究材料、研究方法及主要研究内容、研究结果、研究结论；第二章、第三章、第四章分别介绍水稻、小麦和玉米生态平衡施肥指标体系的研究结果；第五章介绍水稻、小麦和玉米生态平衡指标体系的对比研究结果；第六章介绍生态平衡施肥理论依据分析结果；第七章介绍大田作物生态平衡施肥指标体系确立的理论、方法及其应用研究结果；第八章介绍生态平衡施肥指标体系初探研究结果。

本著可供从事农学、生态学、地理学的科学工作者以及大专院校相关专业师生参考。

编　委　会

主　　编： 侯彦林　黄治平　刘书田　郑宏艳　侯显达

副 主 编： 米长虹　王铄今　丁　健　贾书刚　潘桂颖

参编人员（按姓名笔划排序）：

王永壮　王　农　孔　豪　叶嘉媛　冯炳斌

冯鑫鑫　刘　林　刘警鉴　杨大川　李　兆

李春海　李敬亚　吴晓斐　何　源　张丹丹

张　泽　陆　伶　林珂宇　赵　戈　黄　梅

阎　伟　曾浩星　谢贤胜　蔡彦明

前　言

土壤及其肥力是一个国家基础资源的重要组成部分。进入21世纪，土壤除了要满足人类的各种需求外，还承担着巨大的环境健康压力。所有污染物质的一部分最后都会通过大气、水和其他途径汇集到土壤里，即使原来的养分物质（氮、磷、锌、铜）也会由于积累过多变成了污染物质。

狭义的土壤肥力变化，通常不包括土壤物理和土壤生物肥力指标的变化，如土体结构、土壤保水保肥特性、土壤耕性、土壤缓冲性和土壤微生物属性等的变化，而多指土壤养分变化，如土壤有机质、全氮、全磷、全钾、速效氮、有效磷、速效钾、pH等的变化。施肥指标体系一般是指所有与决定施肥量、施肥时期、施肥方法等有关的作物参数、土壤参数、肥料参数和环境参数等的总和，而生态平衡施肥指标体系主要是指通过肥料田间试验和测土结果确定的产量、土壤养分含量、施肥量和环境因素之间的定量关系，并最终转化为氮、磷、钾和中、微量元素施用量、肥料种类（有机肥、化肥和生物肥）和不同肥料品种、施肥时期、每次施肥比例、施肥方式等组成的施肥方案，以此通过平衡施肥手段达到土壤养分平衡、作物吸收养分平衡（相对高产和保证品质）、对环境零污染风险或污染风险很小、并保持土壤肥力稳定或提高的生态平衡施肥的目的。由此可见，迄今为止的所有与施肥有关的技术都可以纳入到生态平衡施肥指标体系中，这一体系的实用性是衡量施肥理论、方法和技术科学性的标志。

中华人民共和国成立以来，国家先后进行过两次土壤普查和一次测土配方施肥工作，即1958—1960年期间开展的第一次土壤普查、1979—1985年期间开展的第二次土壤普查和2005年以来开展的测土配方施肥工作。本著基于以上3次土壤普查和调查工作的部分公开资料，对我国土壤肥力变化与大田作物（水稻、小麦和玉米）生态平衡施肥指标体系进行了系统研究，与2014年出版的《生态平衡施肥理论、方法及其应用》构成姊妹篇，以期为国家《到2020年化肥使用量零增长行动方案》提供科学依据。

本著主要创新点：①基于3次土壤普查和调查结果，对我国土壤肥力长期变化趋势和空间变化趋势进行评价，为生态平衡施肥指标体系的制定提供土壤肥力参数；②基于“3414”肥料田间试验结果，验证以肥料利用率为核心的传统施肥指标体系的科学性、实用性；验证以肥料转化率为核心的生态平衡施肥指标体系的科学性、实用性；验证氮、磷、钾交互作用和平衡施肥的重要性；建立最佳产量、最佳施肥量、土壤养分含量、肥料转化率、环境要素之间的关系模型，为定量施肥提供具体参数；③对比肥料利用率和肥料转化率的异同点，全面论证了以肥料转化率为核心的生态平衡施肥指标体系的科学性和实用性。

本著主要研究结论：①土壤全氮总体稳定、土壤全磷微升、土壤全钾缓降；土壤有效氮、磷、钾和全量养分变化趋势基本一致；②按生态平衡施肥指标估算，目前水稻、小麦和玉米的化肥用量可以减量；③以肥料转化率为核心的生态平衡施肥指标体系是具有科学性和实用性的。

感谢中国农业科学院科技创新工程（2015-cxgc-hyl）、中国农业科学院科技创新工程协同创新任务—丹江口水源涵养区绿色高效农业技术创新集成与示范（CAAS-XTCX2016015）、广西科技重大专项（桂科 AA17204077）、广西科技基地和人才专项（桂科 AD18126012）、广西地标作物大数据工程技术研究中心（2018GCZX0020）、广西一流学科（地理学）、广西“八桂学者专项经费”等项目经费的支持，在此表示感谢。

由于编者水平所限，不足之处在所难免，恳请读者批评指正。

侯彦林

2020 年 5 月 25 日

目　录

第一章　绪　　论

第一节　概　　述

近20年来生态平衡施肥体系研究内容可以划分为3个阶段：①1998—2010年期间，主要围绕基于土壤有效养分建立的生态平衡施肥模型开展了系统性研究，并进行了专家系统以及软件的研制，其中最关键的肥料利用率计算问题没有得到解决[1-14]；②2011—2015年期间，主要围绕基于土壤全量养分建立的生态平衡施肥模型开展了以养分转化率为中心的系统研究，解决了用养分转化率代替肥料利用率的计算难题[15-17]；③本项研究自2016年之后主要围绕不同时空条件下的基于2005年之后的全国测土配方施肥大田作物（水稻、小麦和玉米）"3414肥料田间试验"数据开展了最佳产量、最佳施肥量、土壤养分丰缺值、养分转化率、肥料利用率，以及土壤和肥料氮、磷、钾平衡关系的系统研究，并建立了基于田间试验的比对方法，确定地块最佳产量和养分转化率后，再预测最佳施肥量的方法，它全面吸收了基于土壤有效养分和全量养分模型的合理部分，最终确立了基于最佳产量和养分转化率预测最佳施肥量的模型；这项研究共收集到2005—2015年期间18个省份水稻、16个省份小麦和21个省份玉米"3414肥料田间试验"有效案例359个，其中水稻137个、小麦144个、玉米78个田间试验案例（收集原始数据分别为1 146个、1 214个和503个），这些数据相当于采用统一田间试验方法的在一段时间内进行的肥料田间试验的联网试验，具有重要的科研和应用价值。以上跨越近20年时间的3个方面研究结果构成了完整的生态平衡施肥体系和指标体系，今后的主要任务是建立各地生态平衡施肥指标体系，并不断完善生态平衡施肥理论、方法、技术体系和指标体系，建立不同空间单元的推荐施肥指标体系；同时对土壤养分之间、土壤养分与肥料养分之间、土壤和肥料养分与环境之间，及其与作物吸收养分之间的诸多不同时空尺度组合的关系进行系统研究，最终形成各地区生态平衡施肥指标体系供生产实践使用，建立揭示养分在系统内循环规律的数据挖掘方法，为生态平衡施肥理论、方法和参数的确定提供科学依据，从而构成生态平衡施肥体系的两条研究主线。本著是基于水稻、小麦和玉米"3414肥料田间试验"数据对生态平衡施肥指标体系进行的系统研究。

第二节　材料与方法

一、数据来源、参数确定和指标计算方法

1. 数据来源　查阅始于2005年全国测土配方施肥工作公开发表的"3414肥料田间试

验”的中文文献，并从中整理出相关数据，这些试验主要集中在16～21个省、自治区和直辖市。

2. 参数确定 为了弥补部分文献未提供相关参数的缺项，结合所查文献中的平均值和其他参考文献，本书中将百千克籽粒养分带走量统一确定为：水稻N2.10 kg、P_2O_5 1.25 kg、K_2O2.70 kg，小麦N2.80 kg、$P_2O_5$1.13 kg、K_2O2.30 kg，玉米N3.00 kg、$P_2O_5$1.50 kg、K_2O2.23 kg。如无特殊说明，本书所指的氮、磷和钾含量均为N、P_2O_5、K_2O，见表1-1。

表1-1 100千克籽粒所需养分（kg）

作物	N		P_2O_5		K_2O	
	文献值	本书采用	文献值	本书采用	文献值	本书采用
水稻	2.0～2.4≈2.2	2.10	0.9～1.4≈1.15	1.25	2.5～2.9≈2.7	2.70
小麦	2.6～3≈2.80	2.80	1～1.4≈1.20	1.13	2～2.6≈2.3	2.30
玉米	2.9～3.1≈3.00	3.00	1.35～1.65≈1.50	1.50	2.23	2.23

3. 指标计算方法 最佳产量是指“3414肥料田间试验”（由N、P、K三因素，每个因素4个水平组成的优化后的14个小区的肥料田间试验，有时设重复）确定的最佳产量（由于肥料价格经常波动，本书统一采用$N_2P_2K_2$试验小区产量作为最佳产量，未使用回归方程计算最佳产量）；最佳施肥量是指“3414肥料田间试验”确定的最佳氮（N）、磷（P_2O_5）、钾（K_2O）的施用量（本书统一确定$N_2P_2K_2$试验小区施肥量为最佳施肥量，未使用回归方程计算最佳施肥量）；养分转化率是指一般情况下在最佳施肥量时的一季土壤全量养分季后W_j≥季前W_i，则取$K_{yield}=W_{yield}$（产量带有的养分量）/W_{input}（与产量对应的施肥量）即为试验所获得的养分当季的转化率，它在数值上等于按养分转化率计算方法计算的当季肥料利用率，也即肥料的多年累计利用率[15-17]；养分相对丰缺值是以缺素区产量占全肥区产量的百分数即相对产量的高低，反映土壤N、P、K养分的丰缺程度（每个试验N、P、K丰缺程度不同，一般为0%～100%的定量数据；本专栏论文没有将100%作为封顶指标，是考虑到有时缺素区产量高于施肥区产量，这反映了土壤养分真实的丰缺状况，在统计上也是拉开了土壤肥力差距，统计结果更为科学），当相对产量低于50%时土壤养分为极低水平、当处于50%～75%时为低水平、当处于75%～95%时为中水平、当大于95%时为高水平[18]；肥料利用率按传统计算方法计算[18]。表观养分转化率计算方法[15-17]：根据$W_{yield}/W_{input}+W_{leave}/W_{input}+(W_j-W_i)/W_{input}=1$，其中$W_{yield}$为一季或多季作物单位面积带走的某养分总量，$W_{input}$为单位面积一季或多季作物某养分的总施肥量，$W_{leave}$为单位面积一季或多季离开所研究土体深度的某养分总量，W_i为单位面积季前土壤某养分总量，W_j为单位面积季后土壤某养分总量，则将$K_{yield}=W_{yield}/W_{input}$定义为养分转化率，包括肥料和土壤共同提供的该养分，$K_{leave}=W_{leave}/W_{input}$定义为养分离土率，包括肥料和土壤共同提供的该养分，$K_{fer}=(W_j-W_i)/W_{input}$定义为肥料培肥率（土壤养分不对自身具有培肥作用，故不称养分培肥率），其中W_j是由

W_i和肥料共同提供的该养分；当$W_j \geqslant W_i$时，$K_{yield}=W_{yield}/W_{inpu}$中的$W_{yield}$可以理解为全部来自于多年施用肥料的养分，这时养分转化率即为多年平均肥料利用率。如果K_{yield}是通过中长期定位肥料田间试验获得的参数，那么它就是一个包含气候波动因素在内的多年的平均数，其变幅不大，相对稳定。

二、数据分析方法

应用IBM　SPSS　Statistics 22 对数据进行相关关系统计分析，从各类回归方程中取相关系数最大的作为最佳回归方程，应用 Origin9.1 绘制相关关系图。

第三节　总体研究

一、“3414 肥料田间试验”所在县市区的纬度、经度与温度、降水量的关系

为方便研究结果的理解，将“3414 肥料田间试验”所在的县、市、区纬度、经度与年均温度、年均降水量的关系整理成图 1-1、图 1-2 和图 1-3，可见 12 个相关系数均达到了显著相关水平以上；纬度与温度和降水量的共同特点是随纬度增大（由南向北），温度降低，降水量减少；经度与温度和降水量的共同特点是随经度增大（由西向东），温度和降水量都是先增加后减少，这在分析研究结果时要区别对待。

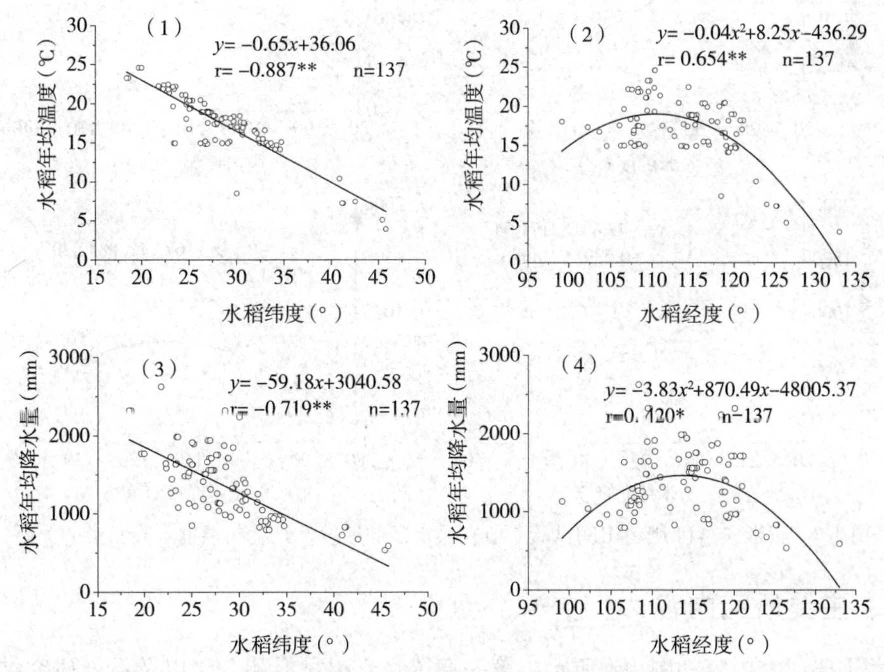

图 1-1　水稻“3414 肥料田间试验”所在县市区的纬度、经度与温度、降水量的关系

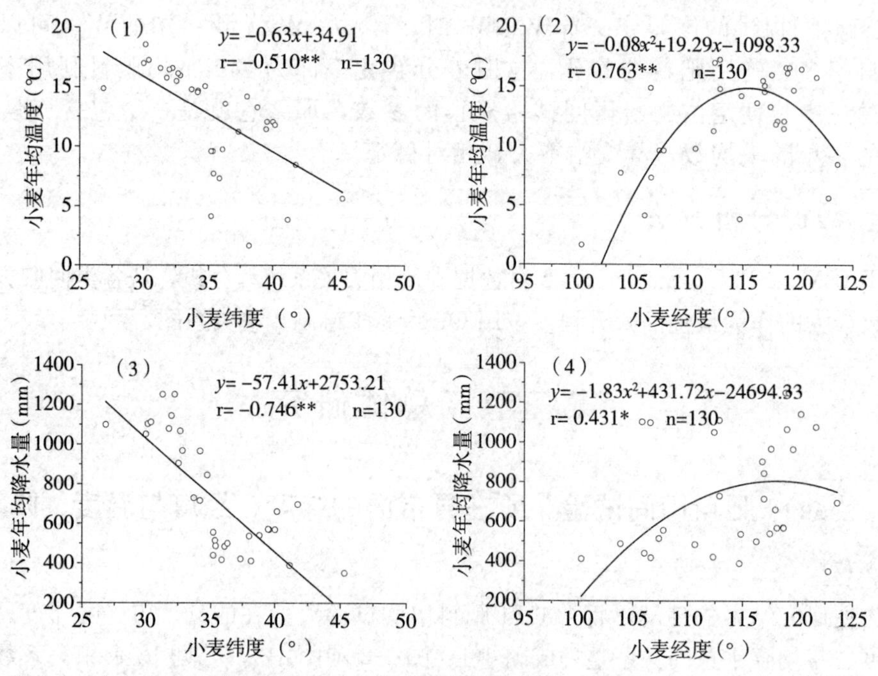

图 1-2　小麦“3414 肥料田间试验”所在县市区的纬度、经度与温度、降水量的关系

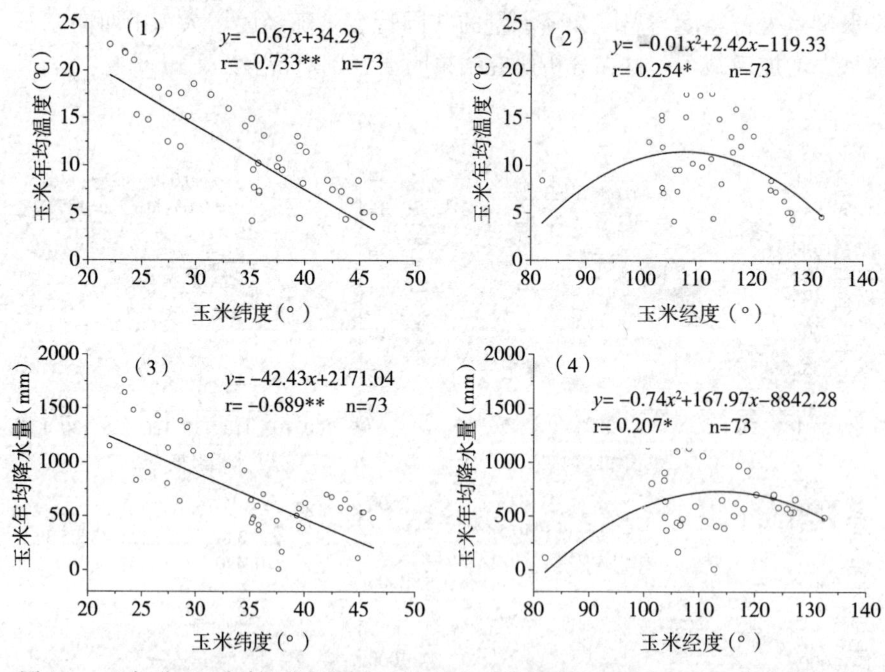

图 1-3　玉米“3414 肥料田间试验”所在县市区的纬度、经度与温度、降水量的关系

二、主要研究内容

本著主要研究内容如图 1-4 所示，第一章统一介绍材料和方法以及系列研究结果的整体情况，接下来分别介绍水稻、小麦和玉米的具体情况，在此基础上，进行三大作物指标

体系共用规律的对比研究，并进一步总结生态平衡施肥的理论依据，最后完成生态平衡施肥指标体系的制定和应用流程。

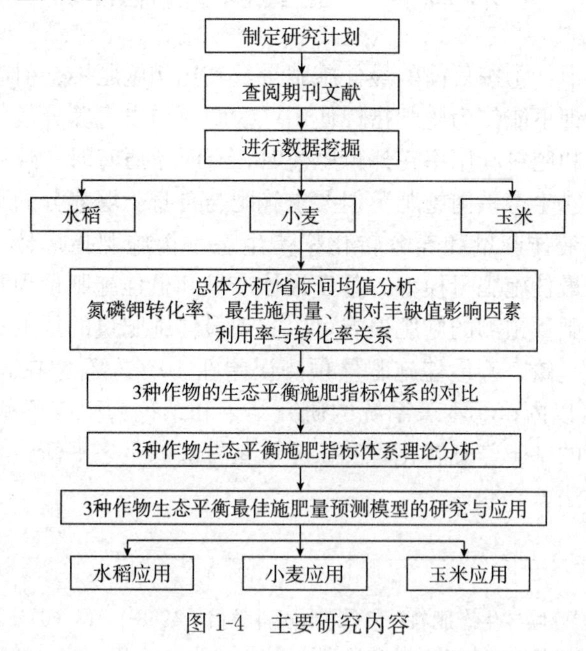

图 1-4　主要研究内容

三、主要研究结果

本书主要研究结果如图 1-5 所示，图 1-5 为与图 1-4 对应的研究结果，具体研究结果和分析见后续的章节。

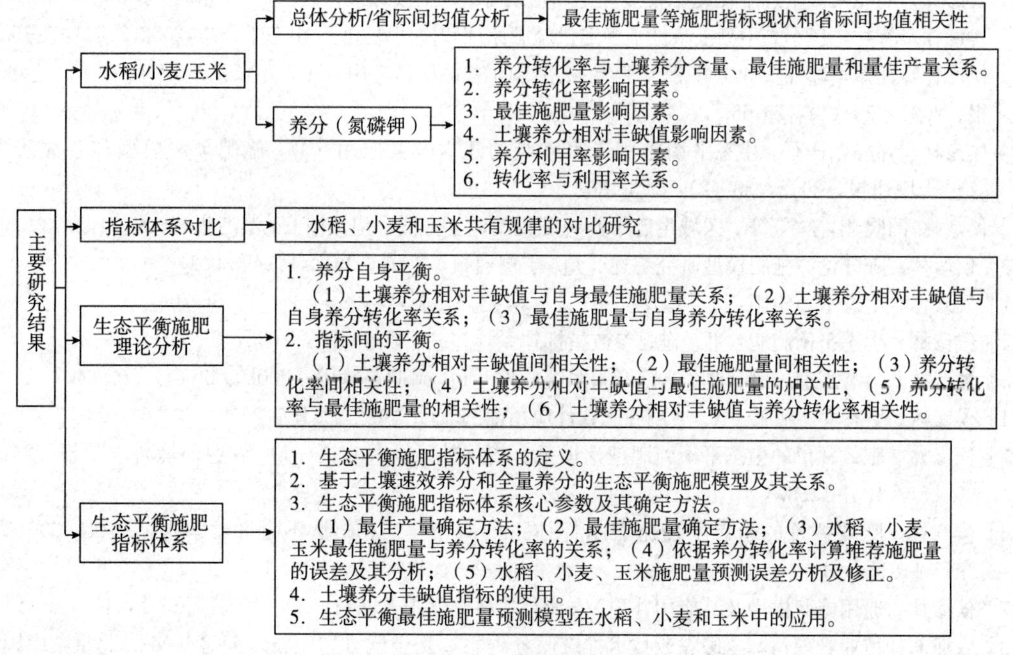

图 1-5　主要研究结果

第四节　主要研究结论

主要研究结论如下：①按目前的最佳施肥量及其比例施肥不会引起面源污染；②土壤全量和速效氮、磷、钾不能作为施肥指标使用；③肥效与自身养分最佳施肥量呈极显著负相关；④养分转化率和肥料利用率在评价肥效时，有时矛盾有时一致；⑤养分转化率评价肥效更科学和实用；⑥生态平衡施肥不但要求施肥与自身土壤养分的平衡，还要求与其他土壤养分的平衡；⑦最佳产量和养分转化率是生态平衡施肥指标体系的主要施肥参数；⑧基于养分转化率和最佳施肥量模型、基于最佳产量和最佳施肥量预测的施肥误差、基于养分转化率和最佳施肥量预测的施肥误差可以实现最佳施肥量的预测和修正，在中产水平情况下，自回归的氮、磷、钾最佳施肥量预测误差在10%左右，在高产和低产水平情况下，误差基本在20%以内；⑨本著系统的研究结果和结论为生态平衡施肥理论提供了最新依据，并为建立新的基于养分转化率和误差修正方法的生态平衡施肥模型提供了定量化的数据挖掘和建模方法。

参考文献

[1] 侯彦林．可持续发展呼唤“生态肥料”[N]. 中国科学报，1998-11-18（3）.

[2] 侯彦林．“生态平衡施肥”的理论基础和技术体系 [J]. 生态学报，2000，20（4）：653-658.

[3] 侯彦林．“生态平衡施肥”—施肥理论和技术体系的创新 [J]. 世界科技研究与发展，2000，22（3）：67-71.

[4] 侯彦林．通用施肥模型—原始性创新施肥模型 [J]. 中国基础科学，2000，（4）：29-31.

[5] 侯彦林，刘兆荣．生态平衡施肥模型理论与应用 [J]. 土壤通报，2000，31（1）：33-35.

[6] 侯彦林，郭喆，任军．不测土条件下半定量施肥原理和模型评述[J].生态学杂志，2002，21(4)：31-35.

[7] 侯彦林，任军，郭喆．生态平衡施肥专家系统的建立及其应用（Ⅰ．专家系统设计）[J]. 土壤通报，2002，33（1）：54-56.

[8] 侯彦林，郭喆，任军．生态平衡施肥专家系统的建立及其应用（Ⅱ．施肥预测模型和参数系统）[J]. 土壤通报，2002，33（2）：133-136.

[9] 侯彦林，闫晓燕，任军，等．区域生态平衡施肥模型建立方法和应用[J].土壤通报，2003，34(1)：33-35.

[10] 侯彦林，陈守伦．施肥模型研究综述 [J]. 土壤通报，2004，35（4）：493-501.

[11] 侯彦林．生态平衡施肥：Ⅰ．理论体系 [J]. 磷肥与复肥，2008，23（2）：66-70.

[12] 侯彦林．生态平衡施肥：Ⅱ．施肥参数指标体系 [J]. 磷肥与复肥，2008，23（3）：65-67.

[13] 侯彦林．生态平衡施肥：Ⅲ．施肥专家系统软件 [J]. 磷肥与复肥，2008，23（4）：62-64.

[14] 侯彦林．生态平衡施肥：Ⅳ．通用施肥软件应用案例 [J]. 磷肥与复肥，2008，23（6）：74-75.

[15] 侯彦林．肥效评价的生态平衡施肥理论体系、指标体系及其实证 [J]. 农业环境科学学报，2011，30（7）：1257-1266.

[16] 侯彦林．肥效评价的生态平衡施肥指标体系的应用 [J]. 农业环境科学学报，2011，30（8）：1477-1481.

[17] 侯彦林．通用施肥模型及其应用 [J]. 农业环境科学学报，2011，30（10）：1917-1924.

[18] 农业部种植业管理司，全国农业技术推广服务中心．测土配方施肥技术问答 [M]. 北京：中国农业出版社，2005.

第二章　水稻生态平衡施肥指标体系研究

第一节　宏观统计分析

一、水稻生态平衡施肥指标统计结果和分析

水稻“3414 肥料田间试验”总体统计结果见表 2-1。从表 2-1 可知，水稻最佳产量、最佳施氮量、最佳施磷量、最佳施钾量、氮转化率、磷转化率、钾转化率、氮利用率、磷利用率、钾利用率、土壤氮相对丰缺值、土壤磷相对丰缺值、土壤钾相对丰缺值以及土壤水解氮、速效磷、速效钾平均值分别为：8 293.63 $kg \cdot hm^{-2}$、189.35 $kg \cdot hm^{-2}$、84.55 $kg \cdot hm^{-2}$、102.51 $kg \cdot hm^{-2}$、102.61%、179.13%、282.20%、26.21%、12.55%、20.31%、73.49%、91.55%、89.63% 和 135.37 $mg \cdot kg^{-1}$、19.64 $mg \cdot kg^{-1}$、99.03 $mg \cdot kg^{-1}$，氮、磷、钾施肥量合计为 376.20 $kg \cdot hm^{-2}$，其比例为 2.25∶1.00∶1.21。以上结果说明，水稻最佳氮、磷、钾施用量和总量均在正常施肥量范围内（折算成亩①为水稻最佳施氮量、最佳施磷量、最佳施钾量分别为 12.6 kg、5.6 kg、6.8 kg，且磷和钾之和 12.4 kg 大约等于氮 12.6 kg，磷和钾比例大约为 1∶1.2，说明三大要素比例也适宜），按此标准施用不会引起明显的肥料面源污染[1-3]，即当前肥料田间试验结果说明化肥零增长行动在技术上是可行的[4-8]；在最佳施肥量情况下氮、磷、钾转化率分别高于氮、磷、钾利用率 76.4%、166.58%、261.89%，由于多年来土壤全氮含量有升有降，土壤速效磷含量呈显著增加趋势，土壤有效钾含量持续下降[9]，从土壤磷角度分析，土壤磷的利用率计算方法是不科学和不实用的，推论到氮也一样，虽然钾的主要提供介质为土壤，但是钾的累计利用率即转化率也明显高于当季利用率，最终结果是在最佳施肥量情况下，作物更多地吸收土壤里现有的养分（包括之前施入的养分）使得转化率非常高。另据全国耕地地力监测点 10 余年监测结果[10-11]：有机肥投入量有逐渐降低的趋势，而化肥投入量稳中有升；常规施肥区土壤有机质、速效氮、速效钾年度间基本稳定，而速效磷稳中有升；空白区土壤有机质、速效氮基本稳定，速效磷、速效钾有下降趋势；从养分收支平衡分析，氮磷盈余、钾亏缺；氮盈余量北方旱地、南方旱地和水田随年度稳中有升，而北方水田逐渐下降；磷盈余均稳中有升；钾亏缺南方水田在缓解，而其他农田在逐渐加大。

---

① 亩为非法定计量单位，1 亩＝1/15hm^2≈667m^2。——编者注

表 2-1 水稻“3414 肥料田间试验”的总体统计结果

指标	n*	最小值	最大值	平均值	标准偏差	单位
土壤 pH	99	4.20	8.50	5.89	0.96	—
土壤有机质	110	1.20	59.22	24.53	12.42	$g \cdot kg^{-1}$
土壤全氮	53	0.30	4.01	1.64	0.63	$g \cdot kg^{-1}$
土壤全磷	8	0.02	2.36	0.93	0.75	$g \cdot kg^{-1}$
土壤全钾	6	1.05	34.60	14.98	12.46	$g \cdot kg^{-1}$
土壤水解氮	89	29.90	245.10	135.37	44.22	$mg \cdot kg^{-1}$
土壤速效磷	117	1.20	178.20	19.64	20.30	$mg \cdot kg^{-1}$
土壤速效钾	116	14.00	513.00	99.03	64.22	$mg \cdot kg^{-1}$
最佳施氮量	137	68.27	591.00	189.35	77.17	$kg \cdot hm^{-2}$
最佳施磷量	137	16.65	825.00	84.55	101.73	$kg \cdot hm^{-2}$
最佳施钾量	137	12.30	255.00	102.51	44.70	$kg \cdot hm^{-2}$
最佳产量	137	4 389.00	18 582.08	8 293.63	1 669.65	$kg \cdot hm^{-2}$
氮转化率	137	33.77	263.55	102.61	38.64	%
磷转化率	137	14.89	679.17	179.13	97.66	%
钾转化率	137	85.73	2 785.87	282.20	264.80	%
氮利用率	121	−4.43	118.24	26.21	15.07	%
磷利用率	123	−20.94	70.96	12.55	12.37	%
钾利用率	123	−41.72	97.17	20.31	18.63	%
氮相对丰缺值	119	51.37	105.76	73.49	10.51	%
磷相对丰缺值	119	68.64	119.61	91.55	7.38	%
钾相对丰缺值	119	58.30	118.09	89.63	8.23	%

注：n 为样本数，下同。

二、各省水稻生态平衡施肥指标统计结果和分析

表 2-2 为各省水稻“3414 肥料田间试验”的总体统计结果，就平均值而言：土壤 pH 值江苏省最高，为 7.19，江西省最低，为 5.08；土壤有机质含量黑龙江省最高，为 35.50 $g \cdot kg^{-1}$，海南省最低，为 3.66 $g \cdot kg^{-1}$；土壤全氮含量贵州省最高，为 1.98 $g \cdot kg^{-1}$，江苏省最低，为 1.17 $g \cdot kg^{-1}$；土壤全磷和全钾含量由于多省未测定，不予以比较；土壤水解氮含量贵州省最高，为 174.00 $mg \cdot kg^{-1}$，海南省最低，为 91.44 $mg \cdot kg^{-1}$；土壤速效磷含量海南省最高，为 40.03 $mg \cdot kg^{-1}$，陕西省最低，为 8.83 $mg \cdot kg^{-1}$；土壤速效钾含量黑龙江省最高，为 267.90 $mg \cdot kg^{-1}$，广东省最低，为 55.81 $mg \cdot kg^{-1}$；最佳施氮量江苏省最高，为 322.18 $kg \cdot hm^{-2}$，陕西省最低，为 125.60 $kg \cdot hm^{-2}$；最佳施磷量贵州省最高，为 179.40 $kg \cdot hm^{-2}$，湖南省最低，为 37.10 $kg \cdot hm^{-2}$；最佳施钾量黑龙江省最高，为 138.90 $kg \cdot hm^{-2}$，湖南省最低，为 40.30 $kg \cdot hm^{-2}$；最佳产量四川省最高，为 10 122.19 $kg \cdot hm^{-2}$，湖南省最低，为 5 654.30 $kg \cdot hm^{-2}$；氮转化率黑龙江省

表 2-2 各省水稻“3414 肥料田间试验”的总体统计结果

省份	pH			有机质($g \cdot kg^{-1}$)			全氮($g \cdot kg^{-1}$)			全磷($g \cdot kg^{-1}$)			全钾($g \cdot kg^{-1}$)			水解氮($mg \cdot kg^{-1}$)			速效磷($mg \cdot kg^{-1}$)			速效钾($mg \cdot kg^{-1}$)		
	n	平均数	标准差	n	平均数	标准差	n	平均数	标准差	n	平均数	标准差	n	平均数	标准差	n	平均数	标准差	n	平均数	标准差	n	平均数	标准差
黑龙江	1	6.22		1	35.50		1	1.70		1	0.87					1	147.40		1	34.6		1	267.90	
辽宁	4	6.30	0.50	4	16.57	9.47										4	118.58	19.24	4	18.19	3.47	4	99.42	28.08
河南					1.20											1	91.00		1	10.00		1	90.00	
陕西	2	6.05	1.20	3	24.51	3.38	2	1.38	0.28							3	131.97	92.72	3	8.83	3.10	3	110.00	13.89
云南				1	4.28		1	1.70								1	112.60		1	19.83		1	220.00	
贵州	5	6.12	1.37	5	27.24	14.57	4	1.98	0.43							4	174.00	18.60	5	12.30	7.98	4	69.60	16.68
四川	10	6.80	0.99	10	27.48	18.41	9	1.85	1.05	1	0.69					9	125.01	72.43	10	10.04	7.42	10	105.55	32.13
重庆	4	5.44	0.62	4	27.88	12.95	2	1.19	0.45	1	0.40		1	17.60		4	135.25	59.10	4	10.60	5.90	4	74.35	16.96
江苏	5	7.19	1.11	11	16.06	3.50	10	1.17	0.28	2	1.16	0.03	2	23.46	15.75	2	97.70	10.78	11	11.13	2.69	11	139.82	36.97
安徽	3	6.17	1.10	4	23.35	9.05	4	1.48	0.30							1	167.20		4	14.93	9.39	4	78.00	24.71
浙江	5	5.22	0.40	6	30.10	9.57	5	1.98	0.30							5	134.34	33.96	6	11.63	10.34	6	69.17	31.68
江西	16	5.08	0.30	16	30.37	0.48										16	165.95	8.38	16	22.09	5.65	16	92.87	8.80
福建	14	5.50	0.31	15	34.21	7.70										15	153.88	41.90	15	36.19	21.23	15	142.81	131.85
湖南																								
湖北	6	6.06	1.24	7	19.16	12.76										12	112.29	20.23	12	9.64	5.69	12	73.17	29.43
广东	4	5.31	0.29	4	19.08	12.36							1	1.05		4	103.25	36.51	4	27.38	13.01	4	55.81	20.25
广西	15	6.32	0.92	13	24.15	13.30	15	1.77	0.61	3	0.8	1.19	2	12.15	12.95	2	124.50	45.96	15	21.77	14.54	15	86.24	56.50
海南	5	5.63	0.85	6	3.66	3.69										6	91.44	29.19	6	40.03	39.03	6	58.79	39.31

（续）

省份	最佳施氮量(kg·hm^{-2})			最佳施磷量(kg·hm^{-2})			最佳施钾量(kg·hm^{-2})			最佳产量(kg·hm^{-2})			氮转化率(%)			磷转化率(%)			钾转化率(%)		
	n	平均数	标准差	n	平均数	标准差	n	平均数	标准差	n	平均数	标准差	n	平均数	标准差	n	平均数	标准差	n	平均数	标准差
黑龙江	2	130.50	52.18	2	49.95	31.18	2	138.90	121.76	2	8 613.75	546.24	2	148.75	50.69	2	273.03	184.12	2	279.48	255.62
辽宁	4	226.46	28.08	4	132.30	22.99	4	125.06	29.80	4	9 739.65	1 056.12	4	90.57	4.80	4	93.40	12.94	4	217.89	47.09
河南	1	162.00	—	1	61.50	—	1	82.50	—	1	8 083.50	—	1	104.79	—	1	164.30	—	1	264.55	—
陕西	3	125.60	28.32	3	54.13	25.37	3	61.73	14.51	3	8 518.70	1 722.57	3	143.30	16.71	3	222.25	82.25	3	376.32	51.24
云南	2	196.87	59.92	2	124.14	13.24	2	107.77	6.04	2	9 718.69	150.35	2	108.96	34.77	2	98.34	8.97	2	243.97	17.44
贵州	9	223.02	118.53	9	179.40	183.87	9	123.17	58.09	9	9 359.82	1 550.80	9	101.05	32.52	9	115.03	87.73	9	487.79	867.03
四川	10	190.86	29.87	10	93.96	27.16	10	73.19	34.47	10	10 122.19	3 591.62	10	117.33	54.35	10	147.84	67.35	10	443.56	230.71
重庆	4	177.50	21.51	4	88.13	3.75	4	93.75	18.87	4	7 656.50	664.94	4	91.91	15.68	4	108.94	12.90	4	229.40	59.55
江苏	15	322.18	87.23	15	75.94	84.10	15	77.53	42.89	15	9 255.97	656.52	15	63.21	12.75	15	225.82	123.83	15	412.47	238.54
安徽	6	187.55	34.68	6	76.60	24.70	6	134.89	44.64	6	8 783.06	855.69	6	100.55	17.48	6	160.35	70.87	6	199.23	90.94
浙江	7	176.22	43.91	7	45.89	21.51	7	71.94	24.14	7	8 890.57	595.91	7	111.54	28.72	7	305.02	180.58	7	372.38	142.95
江西	18	142.13	18.22	18	46.13	14.18	18	92.96	39.51	18	7 500.12	599.17	18	111.64	9.91	18	213.47	38.65	18	248.27	111.31
福建	17	161.26	84.79	17	101.67	133.99	17	107.37	28.04	17	7 716.69	805.86	17	128.92	70.78	17	163.55	116.59	17	203.63	45.73
湖南	1	160.7	—	1	37.10	—	1	40.30	—	1	5 654.30	—	1	73.89	—	1	190.51	—	1	378.82	—
湖北	12	157.44	19.23	12	62.61	15.83	12	81.68	20.59	12	7 900.32	1 265.14	12	106.80	21.94	12	166.08	43.75	12	278.14	82.95
广东	4	165.94	28.78	4	56.25	23.12	4	123.08	14.33	4	6 247.00	1 063.24	4	79.18	3.65	4	147.47	28.40	4	137.40	21.12
广西	17	176.06	35.39	17	58.90	21.13	17	138.72	46.80	17	7 475.39	1 356.92	17	92.09	23.52	17	174.58	59.18	17	157.75	52.80
海南	6	166.41	44.27	6	75.28	38.98	6	121.35	41.20	6	7 746.05	2 118.68	6	100.13	22.66	6	172.80	108.61	6	185.45	66.07

（续）

省份	氮利用率（%）			磷利用率（%）			钾利用率（%）			氮相对丰缺值（%）			磷相对丰缺值（%）			钾相对丰缺值（%）		
	n	平均数	标准差	n	平均数	标准差	n	平均数	标准差	n	平均数	标准差	n	平均数	标准差	n	平均数	标准差
黑龙江	1	63.13	0.00	1	6.41	0.00	1	1.69	0.00	1	55.09	0.00	1	96.17	0.00	1	99.38	0.00
辽宁	4	38.16	11.54	4	16.68	5.36	4	35.59	13.23	4	59.26	13.77	4	82.60	5.17	4	81.21	8.71
河南	1	−4.43	0.00	1	−20.94	0.00	1	−41.72	0.00	1	105.76	0.00	1	119.61	0.00	1	118.09	0.00
陕西	3	27.66	2.85	3	20.13	8.58	3	30.17	22.61	3	78.16	2.63	3	87.50	3.61	3	93.03	8.11
云南	2	14.58	3.22	2	3.84	0.49	2	8.98	6.93	2	85.65	0.06	2	96.30	0.48	2	95.85	0.52
贵州	7	26.46	13.89	7	13.11	9.74	7	24.66	4.05	10	71.13	11.96	10	92.00	10.84	10	86.70	8.12
四川	6	33.49	22.01	7	19.38	20.43	7	30.46	13.37	6	76.03	11.37	6	92.47	7.15	6	94.98	6.77
重庆	4	13.59	5.51	4	10.03	5.08	4	30.56	13.75	4	84.69	9.29	4	90.92	4.98	4	86.09	10.74
江苏	14	21.48	9.23	14	10.04	18.53	14	14.72	9.96	12	68.79	10.55	12	94.72	7.28	12	92.86	6.61
安徽	6	31.21	5.21	6	18.84	6.70	6	25.66	8.85	6	68.02	7.54	6	87.89	4.25	6	88.48	8.51
浙江	7	18.21	8.42	7	9.10	6.56	7	18.21	19.28	7	79.82	6.74	7	94.43	3.23	7	92.98	6.63
江西	4	32.63	21.86	18	7.70	5.77	18	15.68	35.31	18	70.66	7.53	18	94.91	4.16	18	91.98	4.32
福建	11	21.99	5.47	12	12.36	4.84	12	18.46	10.25	11	78.75	5.98	11	92.13	4.53	11	90.60	5.49
湖南	1	28.41	0.00	1	12.34	0.00	1	6.51	0.00	1	65.15	0.00	1	89.82	0.00	1	95.03	0.00
湖北	12	22.17	10.29	12	13.64	9.08	12	22.51	7.88	12	79.05	9.68	12	91.20	5.94	12	91.09	4.49
广东	4	19.72	8.91	4	11.53	9.68	4	16.45	5.39	4	68.08	13.96	4	87.19	7.94	4	86.13	5.33
广西	16	27.51	11.91	16	15.95	15.16	16	23.59	14.43	16	70.02	8.20	16	89.71	9.46	16	83.40	11.14
海南	4	34.15	13.10	4	18.53	7.79	4	16.85	3.94	4	68.43	12.28	4	85.32	6.31	4	86.14	4.16

最高，为148.75%，江苏省氮转化率最低，为63.21%；磷转化率浙江省最高，为305.02%，辽宁省最低，为93.40%；钾转化率贵州省最高，为487.79%，广东省最低，为137.40%；氮利用率黑龙江省最高，为63.13%，河南省最低，为−4.43%；磷利用率陕西省最高，为20.13%，河南省最低，为−20.94%；钾利用率辽宁省最高，为35.59%，河南省最低，为−41.72%；氮相对丰缺值黑龙江省最高，为63.13%，河南省最低，为−4.43%；磷相对丰缺值黑龙江省最高，为63.13%，河南省最低，为−4.43%；钾相对丰缺值黑龙江省最高，为63.13%，河南省最低，为−4.43%；由于黑龙江、河南省和湖南省统计样本数仅为1，其结果没有代表性。

三、省际间水稻生态平衡施肥指标平均值相关性统计结果

图2-1为水稻省际间生态平衡施肥指标相关性统计结果。图2-1说明：①水稻土壤水解氮含量随土壤有机质含量增加而增加，原因是土壤水解氮主要在有机质中；②水稻土壤全钾含量高其最佳产量也高，原因是水稻需钾较多，土壤钾又容易淋失；③水稻土壤速效磷高其最佳施钾量也高，原因是土壤速效磷含量高时要求最佳施钾量也高才能达到磷和钾的平衡，进而保证水稻产量也高；④最佳施磷量高促进产量的提高，原因是高产伴随吸磷量的增加；⑤土壤速效磷含量高时钾转化率降低的原因可能是土壤速效磷含量高后与土壤速效钾含量不平衡而抑制钾的吸收所致；⑥氮、磷、钾转化率分别与其最佳施用量呈显著负相关，说明施肥多时降低转化率。省际间生态平衡施肥指标的显著相关结果表明，各省可以利用这种显著关系指导本省最佳氮、磷、钾施用量的确定和最佳产量的确定。

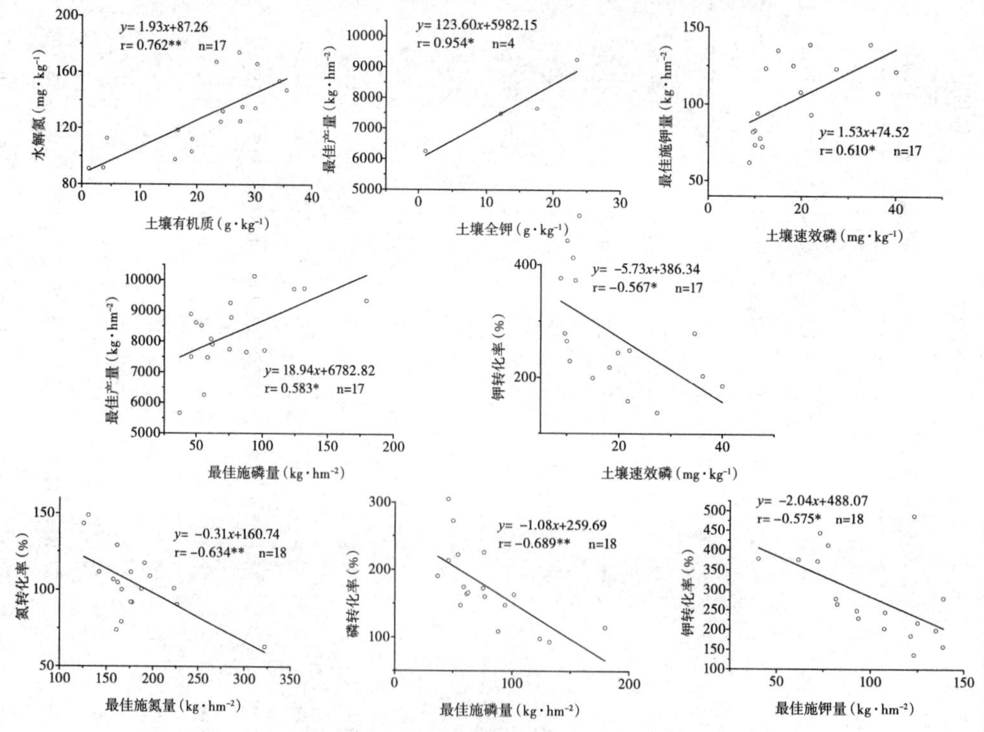

图2-1 省际间水稻生态平衡施肥指标平均值的回归分析（一）

图 2-2 说明：①磷利用率与氮利用率、磷利用率与钾利用率呈显著或极显著正相关，说明磷和氮、磷和钾之间在吸收上是相互促进和平衡的，而氮和钾之间却没有这种相助关系，因为钾不是有机物组成的重要元素；②土壤磷相对丰缺值与土壤氮相对丰缺值、土壤钾相对丰缺值与土壤氮相对丰缺值、土壤钾相对丰缺值与土壤磷相对丰缺值两两之间均呈极显著正相关，说明土壤氮、磷、钾在丰缺值上是平衡的和一致的；③土壤全钾含量与土壤氮相对丰缺值和土壤磷相对丰缺值均呈显著正相关，说明土壤全钾含量高的土壤对高产起到支撑作用，这时要求土壤氮和磷的丰缺值也必须高，这样土壤氮、磷和钾才能保持高含量水平下的平衡。

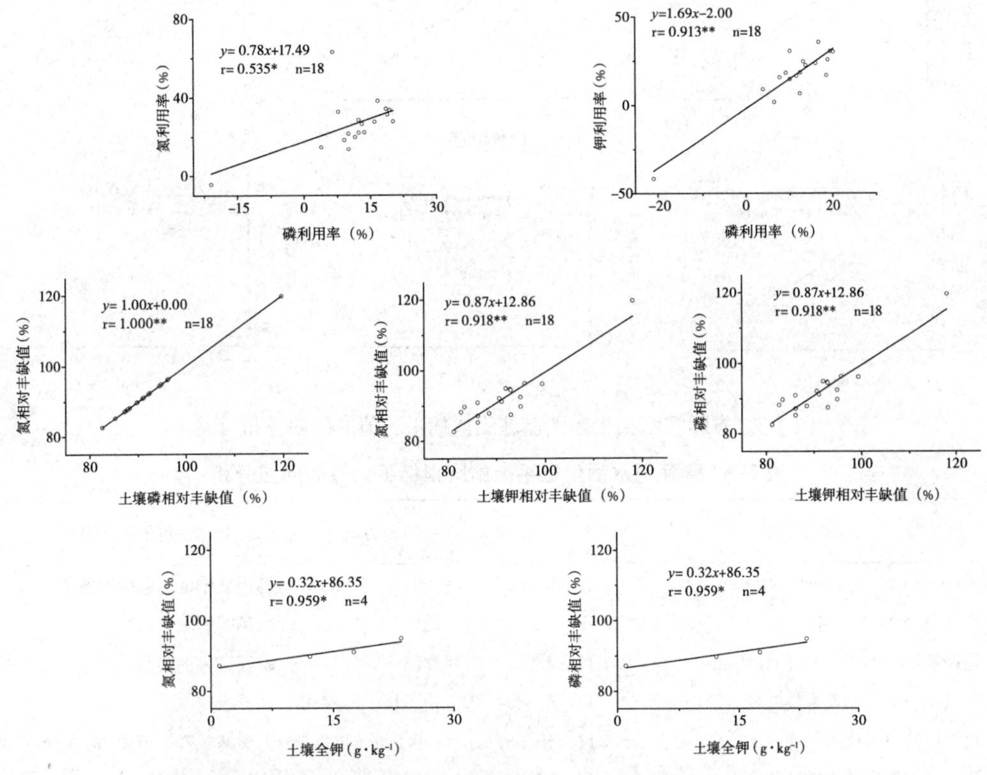

图 2-2　省际间水稻生态平衡施肥指标平均值的回归分析（二）

图 2-3 说明：①氮利用率分别与土壤氮相对丰缺值和土壤磷相对丰缺值呈显著负相关，说明氮利用率越高要求土壤氮相对丰缺值越低，同时要求土壤磷相对丰缺值也越低；②磷利用率分别与土壤氮相对丰缺值、土壤磷对丰缺值、土壤钾相对丰缺值呈极显著负相关，说明磷利用率越高要求土壤磷相对丰缺值越低，同时要求土壤氮和钾的相对丰缺值也越低；③钾利用率分别与土壤氮相对丰缺值、土壤磷对丰缺值、土壤钾相对丰缺值呈极显著负相关，说明钾利用率越高要求土壤钾相对丰缺值越低，同时要求土壤氮和磷的相对丰缺值也越低。以上这些相关关系表明氮、磷、钾利用率与土壤氮、磷、钾相对丰缺值之间存在关联现象，说明土壤、肥料和作物养分之间都需要保持平衡才能实现高产和稳产。

省际间水稻生态平衡施肥指标平均值相关性统计结果汇总见表 2-3（n 为省数）。

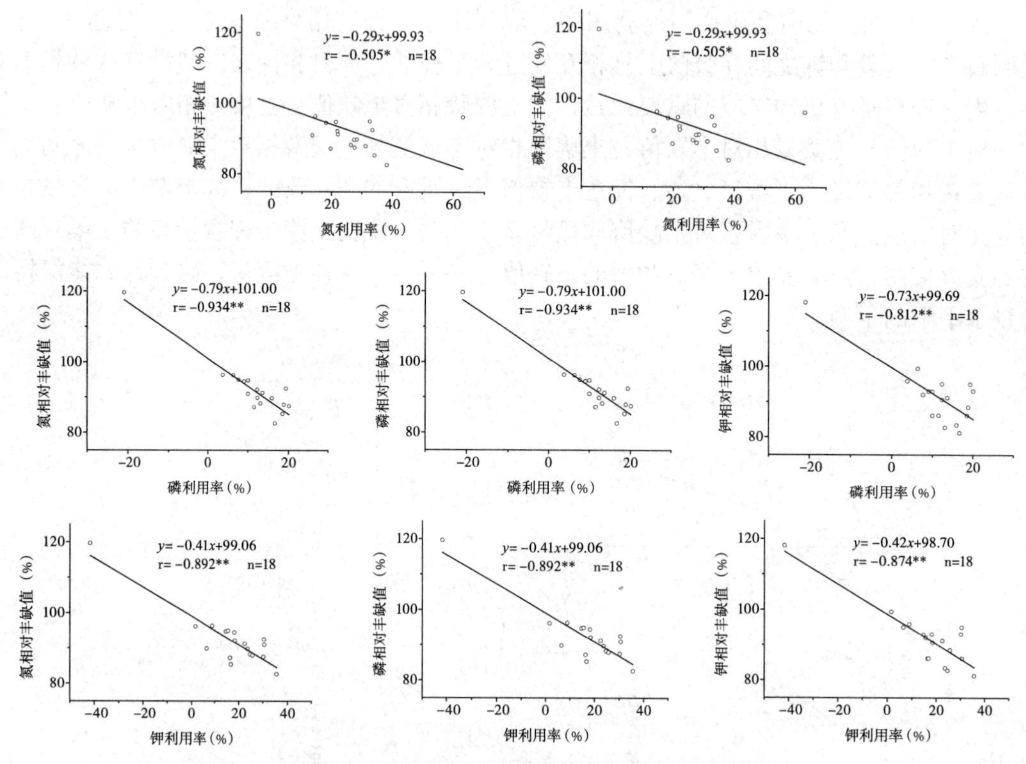

图 2-3 省际间水稻生态平衡施肥指标平均值的回归分析（三）

表 2-3 省际间水稻生态平衡施肥指标平均值的回归分析

相关关系	n	r	回归方程	可能的原因
水解氮(mg·kg^{-1})与有机质(g·kg^{-1})	17	0.762**	$y=1.93x+87.26$	有机质中的氮包含水解氮
最佳产量(kg·hm^{-2})与全钾(g·kg^{-1})	4	0.954*	$y=123.6x+5982.15$	水稻需钾较多，钾易淋失
最佳施钾量(kg·hm^{-2})与速效磷(mg·kg^{-1})	17	0.610*	$y=1.53x+74.52$	磷促进钾的吸收
最佳产量(kg·hm^{-2})与最佳施磷量(kg·hm^{-2})	17	0.583*	$y=18.94x+6782.82$	高产吸磷多
钾转化率(%)与速效磷(mg·kg^{-1})	17	−0.567*	$y=-5.73x+386.34$	土壤速效磷高可能与土壤钾不平衡
氮转化率(%)与最佳施氮量(kg·hm^{-2})	18	−0.634**	$y=-0.31x^2+160.74$	施氮多时降低氮的转化率
磷转化率(%)与最佳施磷量(kg·hm^{-2})	18	−0.689**	$y=-1.08x+259.69$	施磷多时降低磷的转化率
钾转化率(%)与最佳施钾量(kg·hm^{-2})	18	−0.575*	$y=-2.04x+488.07$	施钾多时降低钾的转化率
氮利用率(%)与磷利用率(%)	18	0.535*	$y=0.78x+17.49$	形成有机物的元素间互相促进吸收
钾利用率(%)与磷利用率(%)	18	0.913**	$y=1.69x-2.00$	抗逆性元素间相互促进吸收
氮丰缺值(%)与磷丰缺值(%)	18	1.000**	$y=1.00x+0.00$	土壤氮和磷丰缺值是一致的
氮丰缺值(%)与钾丰缺值(%)	18	0.918**	$y=0.87x+12.86$	土壤氮和钾丰缺值是一致的
磷丰缺值(%)与钾丰缺值(%)	18	0.918**	$y=0.87x+12.86$	土壤磷和钾丰缺值是一致的
氮丰缺值(%)与全钾(g·kg^{-1})	4	0.959*	$y=0.32x+86.35$	富钾土壤氮的丰缺值高
磷丰缺值(%)与全钾(g·kg^{-1})	4	0.959*	$y=0.32x+86.35$	富钾土壤磷的丰缺值高
氮丰缺值(%)与氮利用率(%)	18	−0.505*	$y=-0.29x+99.93$	氮利用率高时土壤氮丰缺值可低些
磷丰缺值(%)与氮利用率(%)	18	−0.505*	$y=-0.29x+99.93$	氮利用率高时土壤磷丰缺值可低些

（续）

相关关系	n	r	回归方程	可能的原因
氮丰缺值（%）与磷利用率（%）	18	−0.934**	$y=-0.79x+101.00$	磷利用率高时土壤氮丰缺值可低些
磷丰缺值（%）与磷利用率（%）	18	−0.934**	$y=-0.79x+101.00$	磷利用率高时土壤磷丰缺值可低些
钾丰缺值（%）与磷利用率（%）	18	−0.812**	$y=-0.73x+99.69$	磷利用率高时土壤钾丰缺值可低些
氮丰缺值（%）与钾利用率（%）	18	−0.892**	$y=-0.41x+99.06$	钾利用率高时土壤氮丰缺值可低些
磷丰缺值（%）与钾利用率（%）	18	−0.892**	$y=-0.41x+99.06$	钾利用率高时土壤磷丰缺值可低些
钾丰缺值（%）与钾利用率（%）	18	−0.874**	$y=-0.42x+98.70$	钾利用率高时土壤钾丰缺值可低些

四、与以往研究结果的对比

由于本研究中所使用的各类指标具有空间属性，并且转化率是新指标，因为与以往对比研究的资料比较少，对于大多数没有对比资料的结果分析附在表 2-3 中进行了简要分析。

在表 2-3 中，以下结果与文献报道的相一致，即水解氮含量与有机质含量正相关[12-13]，水稻最佳产量与全钾含量正相关[14-15]，最佳产量与最佳施磷量正相关[16-17]，最佳施钾量与速效磷含量正相关，说明磷促进钾的吸收，这与小范围的研究结果相反[18]，原因可能是样本的空间尺度不同，反映的区域特征不同。

五、关于我国水稻生态平衡施肥指标体系中主要指标现状的讨论

研究结果表明：①目前水稻最佳氮、磷、钾施用量在正常范围内[4-7]，按此标准施用不会引起明显的肥料面源污染，即化肥零增长行动计划或生态平衡施肥目的在技术上是可行的，从而揭示了养分在水稻最佳产量—土壤养分平衡—最佳施肥量—环境损失量之间循环的客观规律[1-3]；②在最佳施肥量情况下氮、磷、钾转化率分别显著高于氮、磷、钾利用率，说明用一季的利用率衡量肥效低估了肥料的长期效应，如果用利用率推荐施肥必然导致施肥量失真并带来长期环境污染和土壤养分失衡[1-3]，这是因为转化率和利用率的含义和计算方法不同，说明转化率指标更科学和实用[1-3]；③从土壤氮、磷、钾相对丰缺值看，土壤氮总体处于与目前高产相对应的低水平平衡阶段，土壤磷和钾总体上处于中、高水平阶段，其中磷处于积累阶段，并以化肥磷投入为直接影响因素[25]，钾处于消耗阶段[9,19]，这是因为水田经常处于淹水状态，氮和钾容易淋失，水田土壤 pH 接近中性和磷难移动性的特点使磷的有效性达到最高[20]。

六、关于省际间水稻生态平衡施肥指标平均值相关性统计结果的讨论

研究结果表明：省际间水稻生态平衡施肥指标平均值之间存在着各种相关关系，由表 2-3 归纳如下：①肥效与自身养分最佳施肥量呈显著负相关：如氮、磷、钾转化率分别与其最佳施肥量呈显著负相关；②氮、磷、钾养分平衡时具有显著正相关的互促作用：如磷利用率与氮利用率、磷利用率与钾利用率、土壤磷相对丰缺值与土壤氮相对丰缺值、土壤钾相对丰缺值与土壤氮相对丰缺值、土壤钾相对丰缺值与土壤磷相对丰缺值、土壤全钾含量与土

壤氮相对丰缺值、土壤全钾含量与土壤磷相对丰缺值；③土壤养分对其他养分肥效的发挥起促进作用：如土壤速效磷含量与最佳施钾量呈显著正相关；④土壤养分对自身或其他养分肥效的发挥起抑制作用：如氮利用率分别与土壤氮相对丰缺值和土壤磷相对丰缺值呈显著负相关，磷利用率分别与土壤氮相对丰缺值、土壤磷相对丰缺值和土壤钾相对丰缺值呈极显著负相关，钾利用率分别与土壤氮相对丰缺值、土壤磷相对丰缺值和土壤钾相对丰缺值呈极显著负相关，土壤速效磷含量与钾转化率呈显著负相关；⑤肥效或肥力与最佳产量之间具有一致性：如最佳施磷量与最佳产量呈显著正相关、土壤全钾含量与最佳产量呈显著正相关；⑥同类土壤养分之间具有正相关关系：如土壤水解氮含量与有机质含量呈显著正相关。

七、结论

水稻生态平衡施肥指标在大的空间尺度上多数存在显著相关，进一步揭示了养分在作物—土壤—施肥量—环境之间的相辅相成的客观规律，这是生态平衡施肥的理论基础，省际间生态平衡施肥指标的显著相关结果为各省最佳氮、磷、钾的平均施用量和最佳产量的确定提供了定量依据。

第二节　水稻养分转化率主要影响因素研究

一、水稻养分转化率的回归分析

式（2-1）至式（2-3）为水稻氮转化率与土壤氮素含量、最佳施氮量和最佳产量的多元回归分析结果，其非标准化参数和显著性差异见表 2-4。

$$y=-0.434x_1-0.429x_3+0.012x_4+80.75 \tag{2-1}$$

$$y=0.031x_2-0.692x_3+0.013x_4+114.00 \tag{2-2}$$

$$y=1.523x_1+0.02x_2-0.538x_3+0.012x_4+95.061 \tag{2-3}$$

其中：y 为氮转化率；x_1为土壤全氮含量；x_2为土壤水解氮含量；x_3为最佳施氮量；x_4为最佳产量；数字项（a）为常数，其中式（2-3）中土壤全氮含量和土壤水解氮含量信息有重叠，未进行正交化处理即主成分分析。

由表 2-4 可知，3 个回归方程非标准化系数的决定系数高，回归差异性极显著。其中：①氮转化率与最佳产量呈极显著正相关，说明产量越高需要带走的氮越多，氮的转化率也就越高；②氮转化率与最佳施氮量呈差异性极显著负相关，说明施氮多将导致氮转化率降低，符合报酬递减规律；③氮转化率与土壤全氮含量、土壤水解氮含量的 T 检验差异性不显著，说明土壤全氮和水解氮含量不能很好地作为施氮指标使用，这与以往诸多研究得到的土壤氮不适作为施肥指标的结果是一致的[14]。

表 2-4　水稻氮转化率影响因素回归分析结果

模型式	项目	土壤全氮含量 k1	土壤水解氮含量 k2	最佳施氮量 k3	最佳产量 k4	a	r	n	回归显著性
式 1	非标准化系数	−0.434	—	−0.429	0.012	80.75	0.974	52	0.000
	T 检验显著性	0.810	—	0.000	0.000	0.000	—	—	—

（续）

模型式	项目	土壤全氮含量 k1	土壤水解氮含量 k2	最佳施氮量 k3	最佳产量 k4	a	r	n	回归显著性
式 2	非标准化系数	—	0.031	−0.692	0.013	114.00	0.891	88	0.000
	T 检验显著性	—	0.501	0.000	0.000	0.000	—	—	—
式 3	非标准化系数	1.523	0.02	−0.538	0.012	95.061	0.985	24	0.000
	T 检验显著性	0.587	0.588	0.000	0.000	0.000	—	—	—

同理，对水稻磷转化率与土壤磷素含量、最佳施磷量和最佳产量进行多元回归分析，回归方程非标准化系数的决定系数高，回归方程差异性显著。其中：①以土壤全磷为指标时，磷转化率与最佳施磷量呈极显著负相关，与最佳产量不相关；②以土壤速效磷为指标时，磷转化率与最佳施磷量和最佳产量均呈极显著负相关；③以土壤全磷和速效磷同时为指标时，磷转化率与最佳施磷量呈显著负相关，与最佳产量不相关。3 个回归方程中，磷转化率与土壤全磷和速效磷含量均不相关。以上结果说明土壤全磷和速效磷含量不能很好地作为磷转化率估算的依据而使用；多施磷会降低磷转化率，但有利于产量的形成[17]。

水稻钾转化率与土壤钾素含量、最佳施钾量和最佳产量的多元回归分析结果表明，回归方程非标准化系数的决定系数高，但只有以土壤速效钾为指标时，回归方程差异性极显著，而以土壤全钾为指标时及以土壤全钾和速效钾同时为指标时，回归方程差异性不显著。钾转化率与最佳施钾量呈极显著负相关，与最佳产量呈极显著正相关，与土壤速效钾含量不相关，这是土壤全钾和速效钾含量不能很好地作为钾转化率估算的原因。

二、水稻养分转化率影响因素

统计分析结果表明：水稻氮转化率与经度、纬度、年均温度和年均降水量均无明显相关关系，这可能与水稻经常性有水层覆盖有关，对降水量不敏感，且生长旺盛期各地的温度都能满足需要。水稻氮、磷、钾转化率影响因素见表 2-5、表 2-6 和表 2-7。

由图 2-4 可知：①氮转化率与最佳产量呈极显著正相关，原因是产量越高，吸收氮越多，氮转化率就越高；②氮转化率与土壤氮相对丰缺值呈显著正相关，原因是土壤中氮含量高时作物吸收氮相对较多，氮的转化率就高；③氮转化率与磷转化率呈极显著正相关，说明作物吸收氮多时吸收磷也多，这样才能保持体内氮和磷的平衡；④氮转化率与最佳施氮量呈极显著负相关，说明施氮过多，氮转化率将降低；⑤氮转化率与最佳施磷量呈极显著负相关，这可能是由于施磷过多与氮不平衡导致氮转化率降低的原因。

表 2-5　水稻氮转化率影响因素

影响因素	n	r	回归方程	可能的原因
最佳产量（kg·km^{-2}）	137	0.362**	$y=0.01x+45.98$	产量高吸氮多，氮转化率高
氮丰缺值（%）	101	0.230*	$y=0.63x+52.54$	富氮土壤吸氮多，氮转化率高
磷转化率（%）	137	0.233**	$y=0.07x+86.46$	磷促进氮的吸收
最佳施氮量（kg·hm^{-2}）	137	−0.735**	$y=4814.95x^{-0.75}$	施氮多时，氮转化率将降低
最佳施磷量（kg·hm^{-2}）	137	−0.277**	$y=-0.10x+107.36$	施磷多时，磷转化率将降低

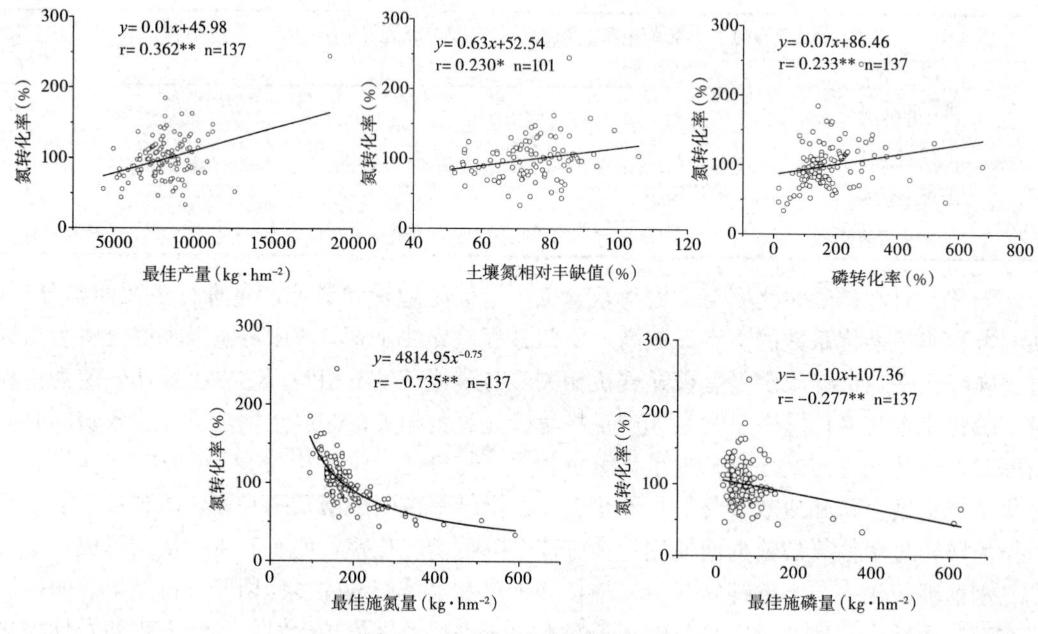

图 2-4　水稻氮转化率影响因素

由图 2-5 可知：①磷转化率与土壤速效钾呈显著正相关，原因是土壤速效钾含量高的土壤促进磷的转化（后文得出磷转化率与最佳施钾量呈极显著负相关，可能的原因是当施钾过多时，超过了与磷平衡的数量后将导致磷转化率降低）；②磷转化率与氮转化率呈极显著正相关，原因是氮和磷具有互促作用；③磷转化率与土壤钾相对丰缺值呈显著正相关，说明土壤钾丰富时能促进磷的转化；④磷转化率与经度呈显著正相关，可能原因是经

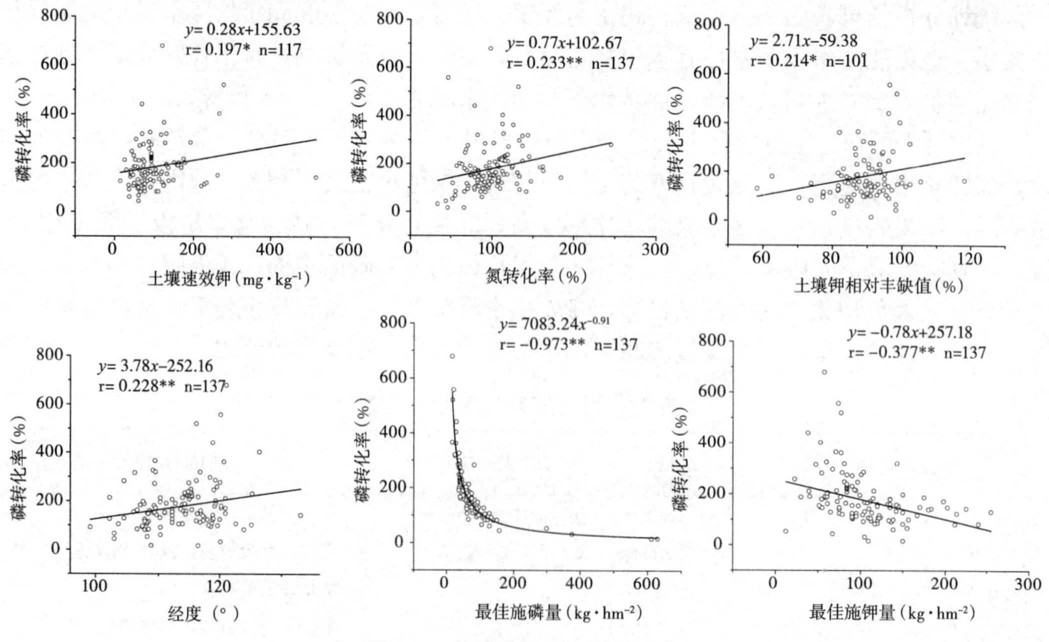

图 2-5　水稻磷转化率影响因素

度大的地区总体上降水减少和温度降低，土壤中残留的磷较多所致；⑤磷转化率与最佳施磷量呈极显著负相关，原因是施磷过多导致磷转化率降低；⑥磷转化率与最佳施钾量呈极显著负相关，原因是施钾过多与磷不平衡将导致磷转化率降低。

表 2-6　水稻磷转化率影响因素

影响因素	n	r	回归方程	可能的原因
速效钾（mg·kg⁻¹）	117	0.197*	$y=0.28x+155.63$	钾促进磷的吸收
氮转化率（%）	137	0.233**	$y=0.77x+102.67$	氮促进磷的吸收
钾丰缺值（%）	101	0.214*	$y=2.71x-59.38$	钾促进磷的吸收
经度（°）	137	0.228**	$y=3.78x-252.16$	经度大地区温度低，磷残留较多
最佳施磷量（kg·hm⁻²）	137	−0.973**	$y=7083.24x^{-0.91}$	施磷过多导致磷转化率降低
最佳施钾量（kg·hm⁻²）	137	−0.377*	$y=-0.78x+257.18$	施钾多导致与磷不平衡

由图 2-6 可知：①钾转化率与最佳产量呈极显著正相关，原因是产量越高吸收钾越多，钾转化率越高；②钾转化率与最佳施氮量呈极显著正相关，原因是施氮对钾转化有促进作用；③钾转化率与土壤氮相对丰缺值呈显著正相关，原因是土壤富氮时对钾转化有促进作用；④钾转化率与土壤钾相对丰缺值呈极显著正相关，原因是土壤富钾时为钾转化提供了更多的钾源；⑤钾转化率与土壤 pH 呈显著正相关，原因是 pH 高的地区土壤钾相对丰富；⑥钾转化率与纬度呈显著正相关，原因是纬度大的地区降水少，更有利于钾保存；⑦钾转化率与最佳施钾量呈极显著负相关，原因是施钾过多钾转化率必然降低，符合报酬递减规律；⑧钾转化率与土壤水解氮含量呈显著负相关，原因可能是土壤水解氮高时与钾不平衡所致；⑨钾转化率与土壤速效磷含量呈显著负相关，其原因可能是速效磷含量高时与钾不平衡所致；⑩钾转化率与年均降水量呈显著负相关，原因是年均降水量大的地区不利于钾的保存，与纬度呈显著正相关的结论一致。

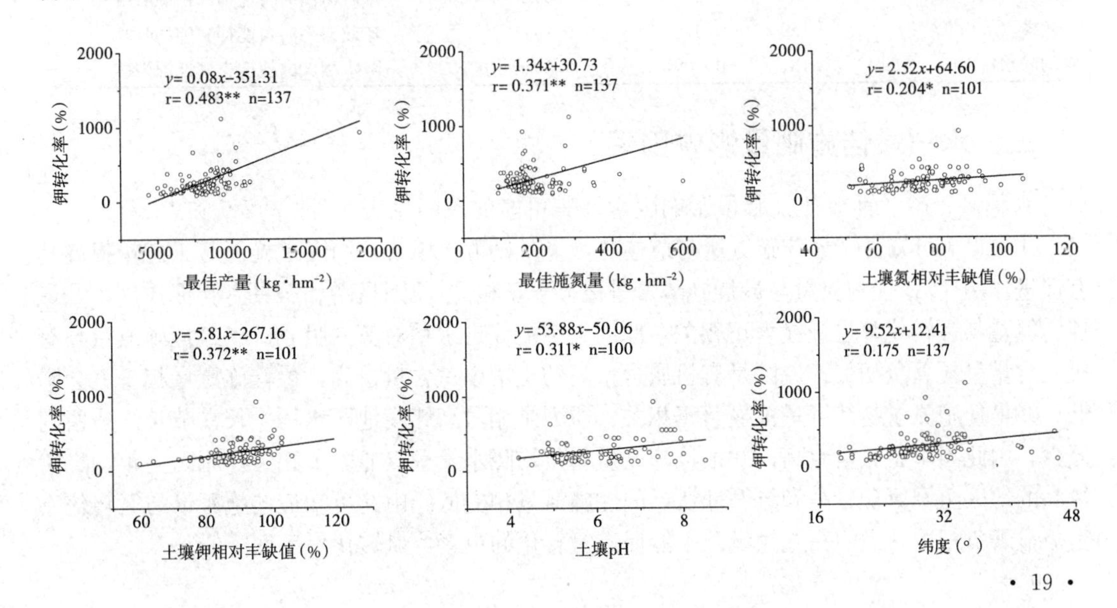

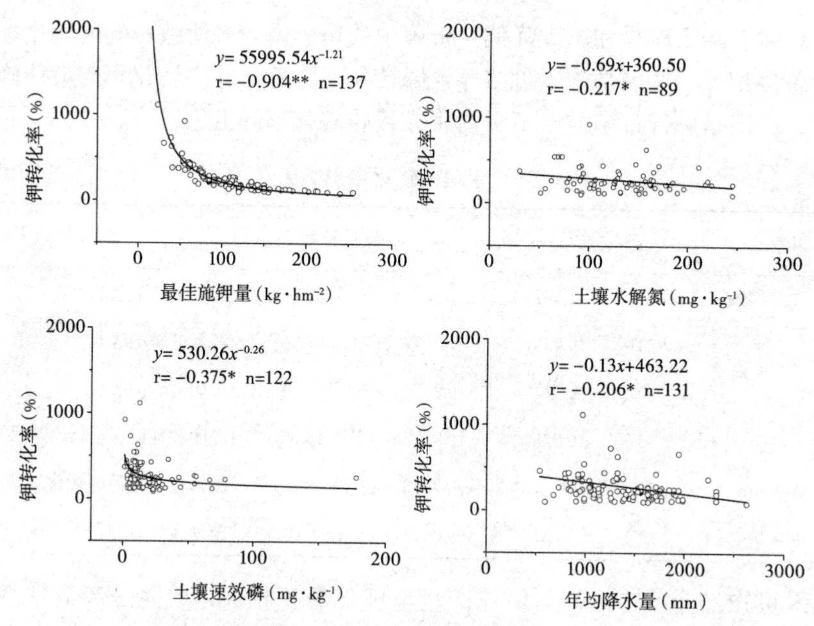

图 2-6　钾转化率影响因素

表 2-7　水稻钾转化率影响因素

影响因素	n	r	回归方程	可能的原因
最佳产量（kg·km^{-2}）	137	0.483**	$y=0.08x-351.31$	高产吸钾多
最佳施氮量（kg·hm^{-2}）	137	0.371**	$y=1.34x+30.73$	氮促吸钾
氮丰缺值（%）	101	0.204*	$y=2.52x+64.60$	富氮土壤促进钾的吸收
钾丰缺值（%）	101	0.372*	$y=5.81x-267.16$	富钾土壤吸收钾多，钾转化率高
pH	100	0.311*	$y=53.88x-50.06$	pH 高土壤钾丰富，促进钾吸收
纬度（°）	137	0.175*	$y=9.52x+12.41$	高纬度地区降水少，土壤钾丰富
最佳施钾量（kg·hm^{-2}）	137	−0.904**	$y=55995.54x^{-1.21}$	施钾多降低钾的转化率
水解氮（mg·kg^{-1}）	89	−0.217*	$y=-0.69x+360.50$	水解氮高时可能抑制钾的吸收
速效磷（mg·kg^{-1}）	122	−0.375*	$y=530.26x^{-0.26}$	速效磷高时可能抑制钾的吸收
年均降水量（mm）	131	−0.206*	$y=-0.13x+463.22$	降水量大的地区土壤钾损失多

三、水稻最佳施肥量影响因素

水稻氮、磷、钾最佳施肥量影响因素及其可能的原因见表 2-8、表 2-9 和表 2-10。

由图 2-7 可知：①最佳施氮量与最佳产量呈极显著正相关，原因是施氮对于产量提高具有促进作用；②最佳施氮量与最佳施磷量呈极显著正相关，原因是磷和氮具有互促作用；③最佳施氮量与钾转化率呈极显著正相关，原因是钾能促进水稻对氮的吸收；④最佳施氮量与有机质含量呈显著负相关，原因是有机质含量高的土壤中氮含量也高，最佳施氮量相应就会降低；⑤最佳施氮量与纬度呈极显著正相关，原因是相对高纬度地区水稻生长季节长，残留的氮少，因此当季施氮量就高；⑥最佳施氮量与年均降水量呈极显著负相关，原因是年均降水量高的地区土壤氮含量高和氮循环快，因此施氮量相应低。由此可知最佳施氮量与氮转化率呈极显著负相关，说明高施氮量并不能促进氮转化的更多，氮转化率反而降低。

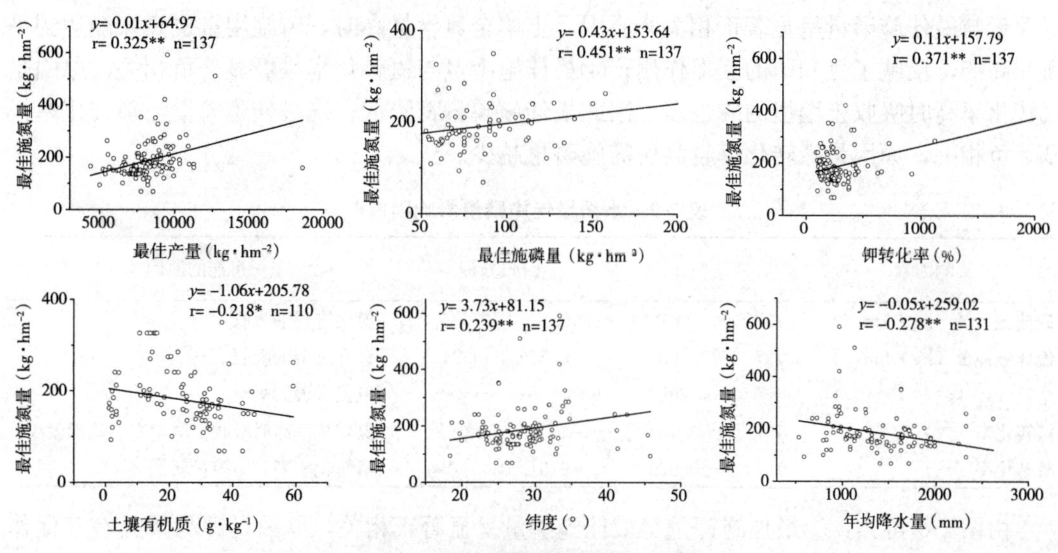

图 2-7　水稻最佳施氮量影响因素

表 2-8　水稻最佳施氮量影响因素

影响因素	n	r	回归方程	可能的原因
最佳产量（$kg\cdot km^{-2}$）	137	0.325**	$y=0.01x+64.97$	产量高吸氮多
最佳施磷量（$kg\cdot hm^{-2}$）	137	0.451**	$y=0.43x+153.64$	磷促进氮的吸收
钾转化率%	137	0.371**	$y=0.11x+157.79$	钾促进氮的吸收
纬度（°）	137	0.239*	$y=3.73x+81.15$	高纬度地区产量高，施氮量高
有机质（$g\cdot kg^{-1}$）	110	−0.218*	$y=-1.06x+205.78$	富有机质的土壤含氮高，施氮量低
年均降水量（mm）	131	−0.278**	$y=-0.05x+259.02$	降水多的地区氮循环快，最佳施氮量低

由图 2-8 可知：①最佳施磷量与最佳施氮量呈极显著正相关，原因是氮与磷具有互促作用；②最佳施磷量与最佳施钾量呈显著正相关，原因是钾和磷具有互促作用；③土壤全

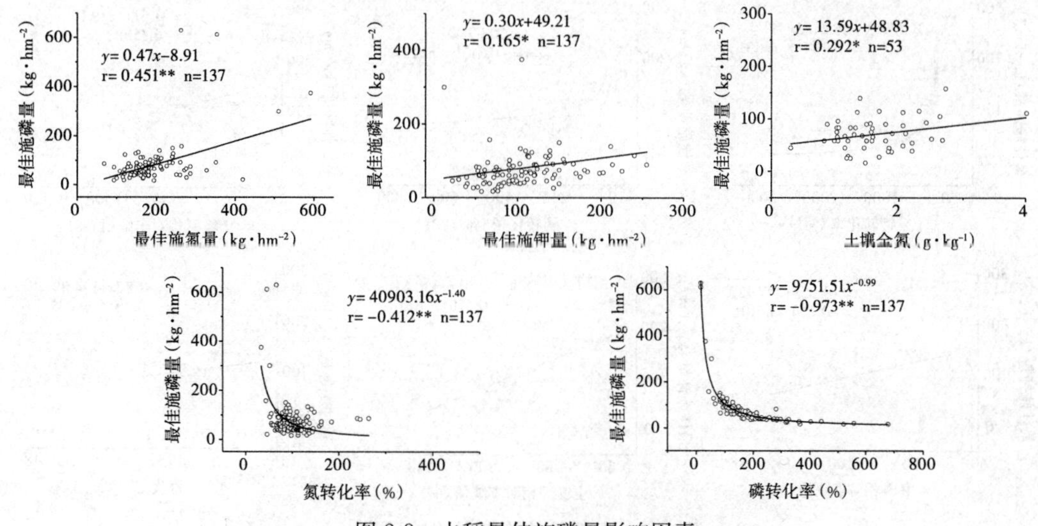

图 2-8　水稻最佳施磷量影响因素

氮含量与最佳施磷量呈显著正相关，原因是土壤全氮含量高时，磷施用量也高才能达到平衡和高产，反映了氮和磷的互促作用；④最佳施磷量与氮转化率呈极显著负相关，原因是氮转化率高时吸收土壤里的磷也多，因此最佳施磷量将降低；⑤最佳施磷量与磷转化率极显著负相关，原因是磷转化率越高所需施磷量越少。

表 2-9　水稻最佳施磷量影响因素

影响因素	n	r	回归方程	可能的原因
最佳施氮量（kg・km^{-2}）	137	0.451**	$y=0.47x^{-8.91}$	氮促进磷的吸收
最佳施钾量（kg・hm^{-2}）	137	0.165*	$y=0.30x+49.21$	钾促进磷的吸收
全氮（g・kg^{-1}）	53	0.292*	$y=13.59x+48.83$	氮促进磷的吸收
氮转化率（%）	137	−0.412**	$y=40903.16x^{-1.40}$	氮转化率高时吸收土壤磷多，施磷就少
磷转化率（%）	137	−0.973**	$y=9751.51x^{-0.99}$	磷转化率高，施磷量就低

由图 2-9 可知：①最佳施钾量与最佳施磷量呈显著正相关，原因是钾与磷具有互促作用；②最佳施钾量与年均降水量呈显著正相关，原因是降水多的地区钾的淋失多，因此施钾就多；③最佳施钾量与钾转化率呈极显著负相关，原因是施钾量高时钾转化率必然降低；④最佳施钾量与磷转化率呈极显著负相关，原因可能是磷转化率越高的水稻土壤，其 pH 越低，矿物质越容易分解，释放的钾越多，施钾就越少；⑤最佳施钾量与土壤氮相对丰缺值呈极显著负相关，原因可能是氮丰富时缺氮程度低，施氮效果不会很明显，因此与

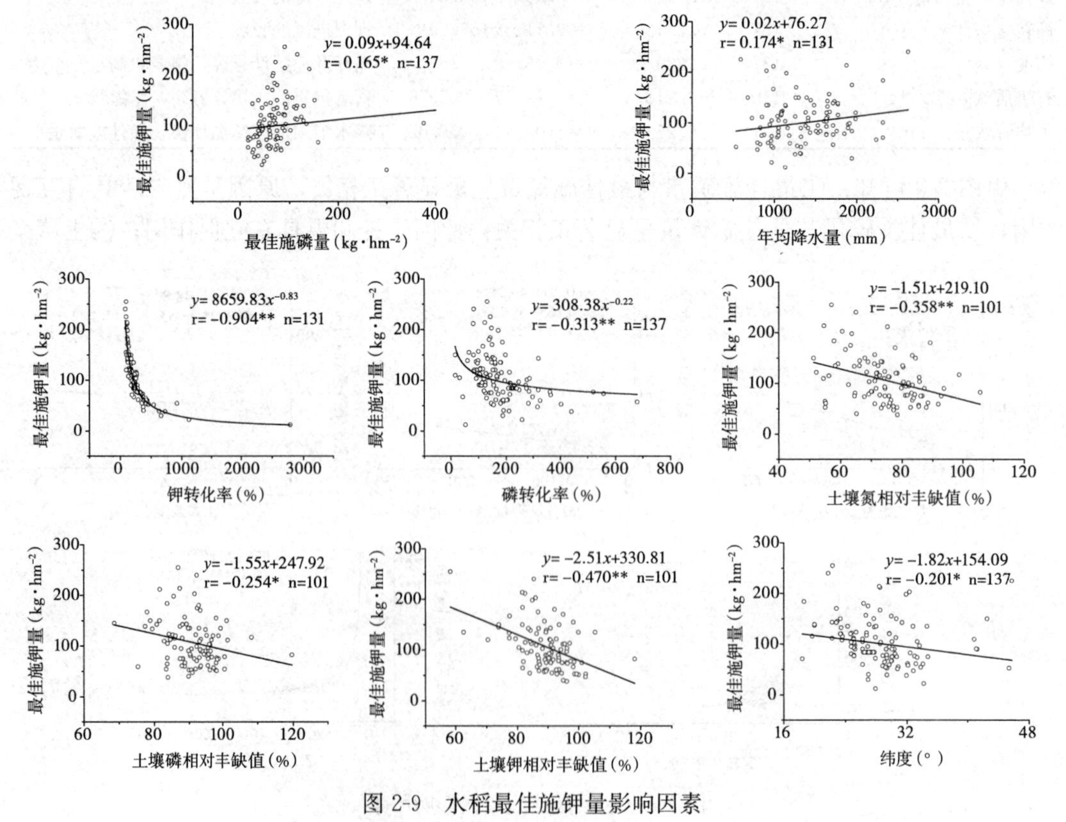

图 2-9　水稻最佳施钾量影响因素

之对应的最佳施钾量也不会很高；⑥最佳施钾量与土壤磷相对丰缺值呈显著负相关，原因可能是磷丰富时缺磷程度低，施磷效果不会很明显，因此与之对应的最佳施钾量也不会很高；⑦最佳施钾量与土壤钾相对丰缺值呈极显著负相关，原因是钾丰富时缺钾程度低，施钾效果不会很明显，因此最佳施钾量会降低；⑧最佳施钾量与纬度呈显著负相关，说明纬度大的地区降水少，土壤钾淋失的少，土壤钾含量高，因此施钾就少。

表 2-10　水稻最佳施钾量影响因素

影响因素	n	r	回归方程	可能的原因
最佳施磷量（kg·km^{-2}）	137	0.165*	$y=0.09x+94.64$	磷促进钾的吸收
年均降水量（mm）	131	0.174*	$y=0.02x+76.27$	降水多的地区钾淋失多，施钾就多
钾转化率（%）	131	−0.904**	$y=8659.83x^{-0.83}$	钾转化率高施钾就低
磷转化率（%）	137	−0.313**	$y=308.38x^{-0.22}$	磷转化率高时钾也高，施钾就少
氮丰缺值（%）	101	−0.358**	$y=-1.51x+219.10$	富氮时土壤肥力高，施钾会低
磷丰缺值（%）	101	−0.254*	$y=-1.55x+247.92$	富磷时土壤肥力高，施钾会低
钾丰缺值（%）	101	−0.470**	$y=-2.51x+330.81$	富钾时土壤肥力高，施钾会低
纬度（°）	137	−0.201*	$y=-1.82x+154.09$	高纬度大地区土壤钾含量高，施钾少

四、水稻土壤养分相对丰缺值影响因素

水稻氮、磷、钾土壤养分相对丰缺值影响因素及其可能的原因见表 2-11、表 2-12 和表 2-13。

由图 2-10 可知：①土壤氮相对丰缺值与钾转化率呈显著正相关，原因是土壤中氮含量高时对于钾转化具有促进作用；②土壤氮相对丰缺值与土壤磷相对丰缺值呈极显著正相关，原因是土壤中氮和磷的丰缺是相辅相成的关系；③土壤氮相对丰缺值与土壤钾相对丰

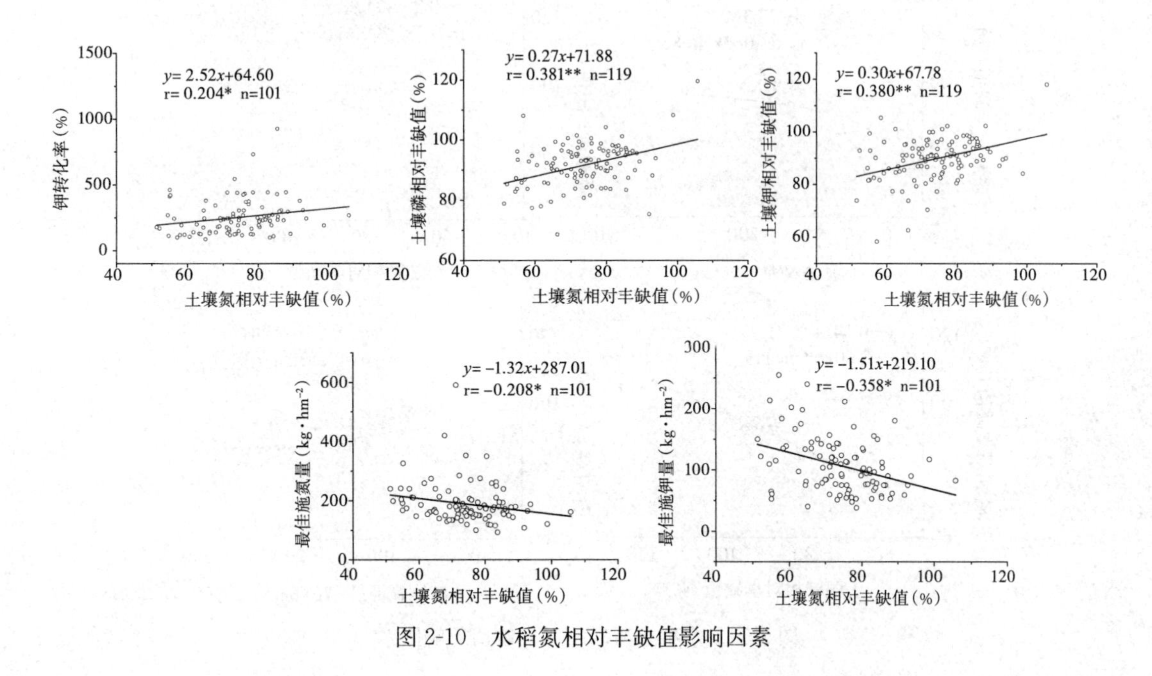

图 2-10　水稻氮相对丰缺值影响因素

缺值呈极显著正相关，原因是土壤中氮钾的丰缺也是相辅相成的关系；④土壤氮相对丰缺值与最佳施氮量呈显著负相关，原因是土壤中氮含量丰富时，自然降低最佳施氮量；⑤土壤氮相对丰缺值与最佳施钾量呈极显著负相关，说明土壤中氮含量丰富时，由于土壤中氮和钾的丰缺程度相辅相成，其结果是降低最佳施钾量。

表 2-11　水稻土壤氮相对丰缺值影响因素

影响因素	n	r	回归方程	可能的原因
钾转化率（%）与氮丰缺值（%）	101	0.194*	$y=0.02x+69.70$	钾和氮之间有协同作用
磷丰缺值（%）与氮丰缺值（%）	119	0.381**	$y=0.54x+23.75$	磷和氮之间有协同作用
钾丰缺值（%）与氮丰缺值（%）	119	0.380**	$y=0.48x+30.03$	钾和氮之间有协同作用
最佳施氮量（$kg \cdot hm^{-2}$）与氮丰缺值（%）	101	−0.208*	$y=-0.03x+80.27$	富氮土壤施氮量低
最佳施钾量（$kg \cdot hm^{-2}$）与氮丰缺值（%）	101	−0.358*	$y=-0.08x+83.19$	富氮土壤肥力高施钾低

由图 2-11 可知：①土壤磷相对丰缺值与土壤速效钾含量呈极显著正相关，原因是土壤钾和磷具有互促作用和一致性特点；②土壤磷相对丰缺值与土壤氮相对丰缺值呈极显著正相关，原因是土壤中氮和磷的丰缺是相辅相成的关系；③土壤磷相对丰缺值与土壤钾相对丰缺值呈极显著正相关，原因是土壤中磷和钾的丰缺也是相辅相成的关系；④土壤磷相对丰缺值与最佳施钾量呈显著负相关，由上文得知土壤钾和磷丰缺具有一致性特点，因此土壤中磷含量丰富时钾的转化也多，这时最佳施钾量是减少的。然而氮为什么没有这个关系？氮的损失项多，损失数量大，与氮不同，钾容易被土壤胶体吸附不容易损失；就是说土壤磷丰富时氮也丰富，但是氮损失项是必须的，少施氮残留的氮就满足不了作物高产需求了，而钾可以理解为在土壤胶体上，需要时解吸，多余时就被吸附不至于损失太多。

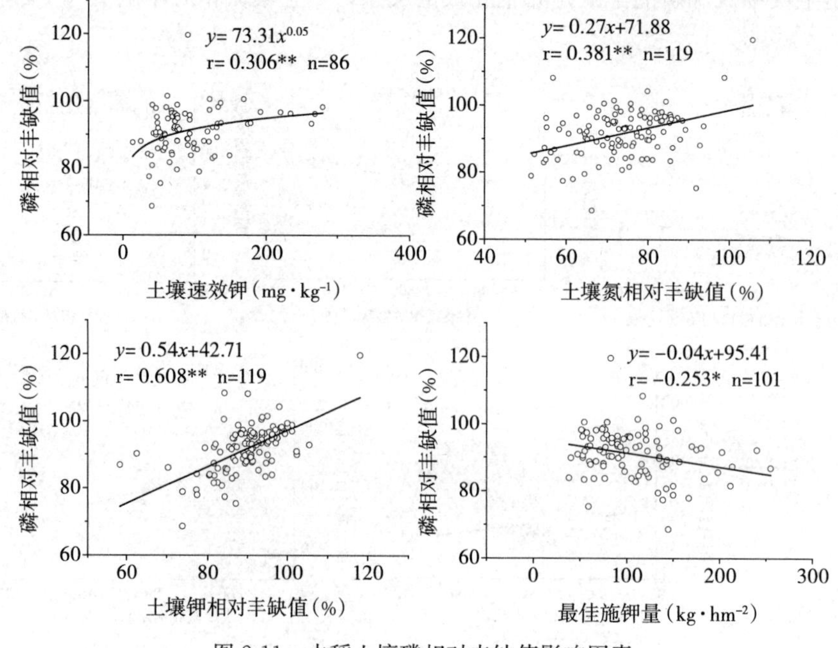

图 2-11　水稻土壤磷相对丰缺值影响因素

表 2-12　水稻土壤磷相对丰缺值影响因素

影响因素	n	r	回归方程	可能的原因
速效钾（mg·kg^{-1}）	86	0.306**	$y=73.31x^{0.05}$	高肥力土壤一般钾与磷同时高
氮丰缺值（%）	119	0.381**	$y=0.27x+71.88$	高肥力土壤一般氮与磷同时高
钾丰缺值（%）	119	0.608**	$y=0.54x+42.71$	高肥力土壤一般钾与磷同时高
最佳施钾量（kg·hm^{-2}）	101	−0.253*	$y=-0.04x+95.41$	磷含量丰富时土壤钾转化也高

由图 2-12 可知：①土壤钾相对丰缺值与速效钾呈显著正相关，原因是土壤中速效钾越丰富，土壤钾相对丰缺值就越高；②土壤钾相对丰缺值与磷转化率呈显著正相关，原因是土壤中钾丰富时能促进磷的转化；③土壤钾相对丰缺值与钾转化率呈极显著指数正相关，原因是土壤中钾丰富时为钾转化提供更多的钾源；④土壤钾相对丰缺值与土壤氮相对丰缺值极显著正相关，原因是土壤中氮和钾的丰缺是相辅相成的关系；⑤土壤钾相对丰缺值与土壤磷相对丰缺值呈极显著正相关，原因是土壤中磷和钾的丰缺也是相辅相成的关系；⑥土壤钾相对丰缺值与纬度呈显著正相关，原因是纬度大的地区土壤钾含量高，相对丰缺值必然高；⑦土壤钾相对丰缺值与最佳施钾量呈极显著负相关，原因是当土壤中钾含量丰富时，可降低部分施钾量。

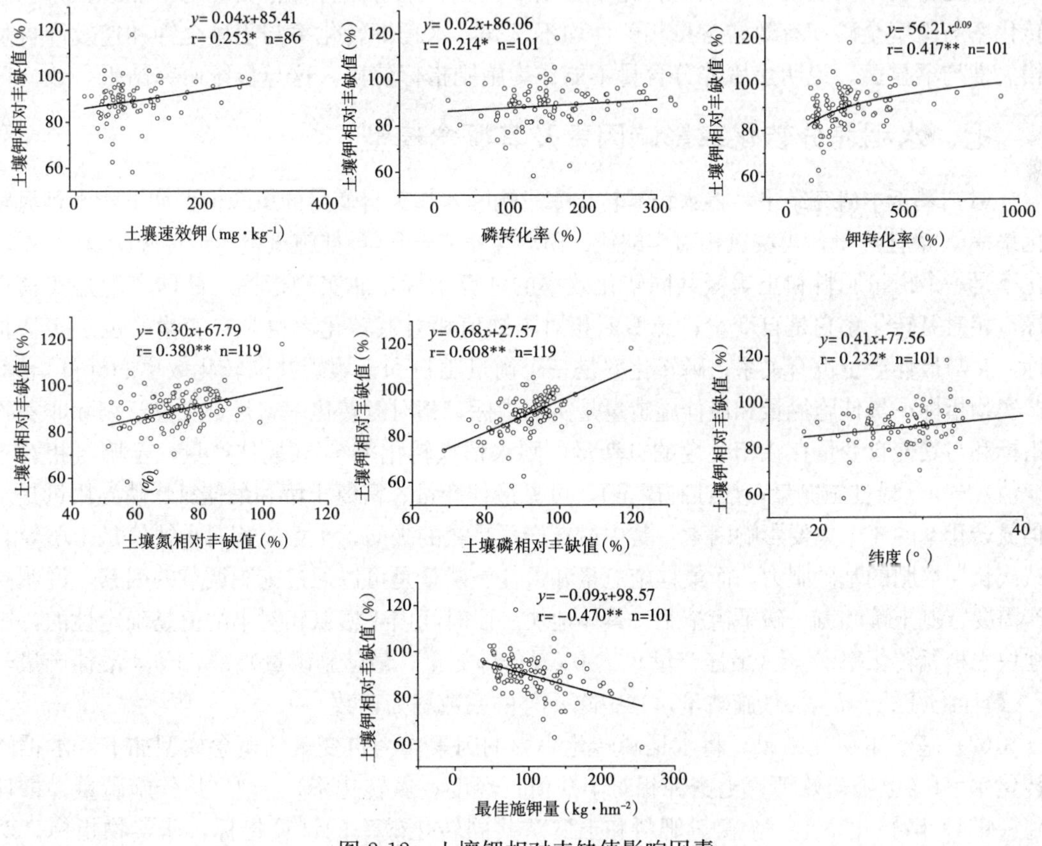

图 2-12　土壤钾相对丰缺值影响因素

表 2-13　水稻土壤钾相对丰缺值影响因素

影响因素	n	r	回归方程	可能的原因
速效钾（$mg \cdot kg^{-1}$）	86	0.253*	$y=0.04x+85.41$	速效钾是钾丰缺值高低的主要指标
磷转化率（%）	101	0.214*	$y=0.02x+86.06$	磷促进钾的吸收
钾转化率（%）	101	0.417**	$y=56.21x^{0.09}$	土壤钾丰富时钾转化高
氮丰缺值（%）	119	0.380**	$y=0.30x+67.79$	肥沃土壤氮和钾丰缺值具有一致性特征
磷丰缺值（%）	119	0.608**	$y=0.68x+27.57$	肥沃土壤磷和钾丰缺值具有一致性特征
纬度（°）	101	0.232*	$y=0.41x+77.56$	高纬度地区钾丰富，钾丰缺值高
最佳施钾量（$kg \cdot hm^{-2}$）	101	−0.470**	$y=-0.09x+98.57$	钾含量丰富时，施钾量低

五、与以往研究结果的对比

表 2-8 中，产量高时，最佳施氮量也高，与以往研究结果一致[21-23]；最佳施氮量与有机质含量呈显著负相关，与小范围内的研究结果相反[18]。

六、水稻土壤氮、磷、钾含量不能作为水稻施肥指标使用

多元分析结果表明，水稻氮转化率与土壤全氮和水解氮含量相关性均不显著，水稻磷转化率与土壤全磷和有效磷含量相关性均不显著，水稻钾转化率与土壤全钾和速效钾含量相关性均不显著，说明土壤养分含量不能作为施肥指标使用，这与传统研究结果一致。

七、水稻养分转化率影响因素及其概念模型

（1）基于本研究结果，将水稻氮转化率影响因素作为自变量的概念模型如下：水稻氮转化率=f（最佳产量；土壤氮相对丰缺值；磷转化率）−f（最佳施氮量；最佳施磷量），氮转化率是一个衡量肥料和土壤氮共同转化效率的计算指标，非实物指标；最佳产量是实物指标，相对氮转化率它是自变量；土壤氮相对丰缺值相对氮转化率也是自变量，也是实物指标，它与最佳产量也有关系；磷转化率是一个衡量肥料和土壤磷共同转化效率的计算指标，非实物指标；最佳施氮量和最佳施磷量是实物指标，相对氮转化率它是自变量。剔除非实物指标和与其他自变量存在相关性的自变量，则水稻氮转化率≈f（最佳产量；土壤氮相对丰缺值）−f（最佳施氮量；最佳施磷量），可见最佳产量、富氮土壤和最佳氮、磷施用量是水稻氮转化率的 4 个主要影响因素，其中最佳产量是氮的去向，土壤氮相对丰缺值是土壤氮自然或长期培肥的基础肥力，而最佳施氮量和最佳施磷量是可以通过施肥调节的因素，说明高产需要富氮土壤和氮、磷平衡施肥。具体地块一段时间内土壤氮相对丰缺值是确定性的，则地块水稻氮转化率 $Y \approx$ f（最佳产量）−f（最佳施氮量；最佳施磷量）$\approx a+b$ * 最佳产量−c * 最佳施氮量−d * 最佳施磷量，其中除 a 外的系数均为正数。

（2）基于本研究结果，将水稻磷转化率影响因素作为自变量的概念模型如下：水稻磷转化率=f（土壤速效钾；土壤钾相对丰缺值；经度；氮转化率）−f（最佳施磷量；最佳施钾量），磷转化率是一个衡量肥料和土壤磷共同转化效率的计算指标，非实物指标；对于具体区域或地块而言经度是固定的。剔除非实物指标和位置指标，则水稻磷转化率≈

f（土壤速效钾；土壤钾相对丰缺值）－f（最佳施磷量；最佳施钾量），可见土壤速效钾、土壤钾相对丰缺值、最佳施磷量和最佳施钾量是水稻磷转化率的4个主要影响因素，其中3个指标是有关钾的，可见钾对磷转化率影响的两面性，最佳施磷量高时被固定的多，因此磷转化率低。具体地块一段时间内土壤速效钾和土壤钾相对丰缺值是确定性的，则地块水稻磷转化率 $Y \approx a - b$ * 最佳施磷量 $- c$ * 最佳施钾量，其中除 a 外的系数均为正数。

（3）基于本书研究结果，将水稻钾转化率影响因素作为自变量的概念模型如下：水稻钾转化率＝f（最佳产量；土壤钾相对丰缺值；最佳施氮量；土壤氮相对丰缺值；pH；纬度）－f（最佳施钾量；土壤水解氮含量；土壤速效磷含量；年均降水量），对于具体区域或地块而言pH、纬度是固定的。剔除位置指标，则，水稻钾转化率≈f（最佳产量；土壤氮相对丰缺值；土壤钾相对丰缺值；最佳施氮量）－f（土壤水解氮含量；土壤速效磷含量；最佳施钾量；年均降水量），可见除没有最佳施磷量外，水稻钾转化率的影响因素包括了最佳产量、土壤氮磷钾养分状况、最佳氮和钾施用量、甚至降水量，说明氮、钾相对丰缺值高、产量高和多施氮有利于钾转化率的提高，而施钾量多和土壤速效氮、磷高不利于钾的转化，降水多不利于钾转化。具体地块一段时间内土壤氮相对丰缺值、土壤钾相对丰缺值、土壤水解氮含量、土壤速效磷含量是确定性的，则地块水稻钾转化率 $Y \approx a + b$ * 最佳产量 $+ c$ * 最佳施氮量 $- d$ * 最佳施钾量 $- e$ * 年均降水量，其中除 a 外的系数均为正数。

八、水稻最佳施肥量影响因素及其概念模型

（1）基于本书研究结果，将水稻最佳施氮量影响因素作为自变量的概念模型如下：水稻最佳施氮量＝f（最佳产量；最佳施磷量；纬度；钾转化率）－f（有机质含量；年均降水量；氮转化率），参照前述分析以及考虑纬度和年均降水量的相关性，则水稻最佳施氮量≈f（最佳产量；最佳施磷量）－f（有机质含量；年均降水量），可见最佳产量、最佳施磷量、有机质含量和年均降水量是最佳施氮量的4个主要影响因素，其中最佳产量是氮的去向，有机质是基础肥力，最佳施磷量是可以通过施肥调节的因素，年均降水量是环境因素，可以根据生长期降水量多少调整氮的用量。具体地块一段时间内有机质含量是确定性的，则地块水稻最佳施氮量 $Y \approx a + b$ * 最佳产量 $+ c$ * 最佳施磷量 $- d$ * 生长季降水量，其中除 a 外的系数均为正数。

（2）基于本书研究结果，将水稻最佳施磷量影响因素作为自变量的概念模型如下：水稻最佳施磷量＝f（最佳施氮量；最佳施钾量；土壤全氮含量）－f（氮转化率；磷转化率），参照前述分析，则水稻最佳施磷量≈f（最佳施氮量；最佳施钾量；土壤全氮含量），可见氮、钾最佳施用量和富氮土壤是水稻磷转化率高的条件，其中前两项是调控因素，说明氮、磷、钾平衡施肥的重要性。具体地块一段时间内土壤全氮含量是确定性的，则地块水稻最佳施磷量 $Y \approx a + b$ * 最佳施氮量 $+ c$ * 最佳施钾量，其中除 a 外的系数均为正数。

（3）基于本书研究结果，将水稻最佳施钾量影响因素作为自变量的概念模型如下：水稻最佳施钾量＝f（最佳施磷量；年均降水量）－f（土壤氮相对丰缺值；土壤磷相对丰缺值；土壤钾相对丰缺值；纬度；钾转化率；磷转化率），转化率属于计算指标的非实物指标，剔除非实物指标和位置指标，则水稻最佳施钾量≈f（最佳施磷量；年均降水量）－f（土壤氮相对丰缺值；土壤磷相对丰缺值；土壤钾相对丰缺值），可见磷肥的促钾作用和降

水量多施钾多的原则以及土壤养分多施钾少的规律。具体地块一段时间内土壤氮、磷、钾相对丰缺值是确定性的，则地块水稻最佳施钾量≈$Y \approx a+b*$最佳施磷量$+c*$生长季降水量，其中除a外的系数均为正数。

九、水稻土壤养分相对丰缺值影响因素及其概念模型

（1）基于本著研究结果，将水稻土壤氮相对丰缺值影响因素作为自变量的概念模型如下：水稻土壤氮相对丰缺值＝f（土壤磷相对丰缺值；土壤钾相对丰缺值；氮转化率；钾转化率）－f（最佳施氮量；最佳施钾量），参照前述分析，则水稻土壤氮相对丰缺值≈（土壤磷相对丰缺值；土壤钾相对丰缺值）－f（最佳施氮量；最佳施钾量），可见土壤磷相对丰缺值、土壤钾相对丰缺值、最佳施氮量和最佳施钾量是水稻土壤氮相对丰缺值的4个主要影响因素，其中土壤磷相对丰缺值和土壤钾相对丰缺值相对氮是平衡项，最佳施氮量是土壤氮相对丰缺值的氮源，呈反相关是因素氮存在激发效应，最佳施钾量高时也将消耗土壤氮进而降低土壤氮相对丰缺值。具体地块一段时间内土壤磷相对丰缺值和土壤钾相对丰缺值是确定性的，则地块水稻土壤氮相对丰缺值$Y \approx a-b*$最佳施氮量$-c*$最佳施钾量，其中除a外的系数均为正数。

（2）基于本著研究结果，将水稻土壤磷相对丰缺值影响因素作为自变量的概念模型如下：水稻土壤磷相对丰缺值＝f（土壤氮相对丰缺值；土壤钾相对丰缺值；速效钾）－f（最佳施钾量），可见土壤基础肥力中的氮和钾与磷平衡的重要性以及钾肥过量施用不利于土壤磷的提高的抑制关系。具体地块一段时间内土壤氮相对丰缺值和土壤钾相对丰缺值是确定性的，则地块水稻土壤磷相对丰缺值$Y \approx a+b*$速效钾$-c*$最佳施钾量，其中除a外的系数均为正数。

（3）基于本著研究结果，将水稻土壤钾相对丰缺值影响因素作为自变量的概念模型如下：水稻土壤钾相对丰缺值＝f（土壤速效钾含量；土壤氮相对丰缺值；土壤磷相对丰缺值；纬度；钾转化率；磷转化率）－f（最佳施钾量），参照前述分析，则水稻土壤钾相对丰缺值≈f（土壤速效钾含量；土壤氮相对丰缺值；土壤磷相对丰缺值）－f（最佳施钾量），可见土壤钾和钾肥与土壤钾相对丰缺指标之间的正反向关系，也说明土壤氮、磷与钾平衡的重要性。具体地块一段时间内土壤速效钾含量、土壤氮相对丰缺值和土壤磷相对丰缺值是确定性的，则地块水稻土壤钾相对丰缺值$Y \approx a-b*$最佳施钾量，其中除a外的系数均为正数。

十、结论

（1）地块水稻氮、磷、钾转化率都可以通过模型方式表达和确定参数，其中，影响氮、磷、钾转化率因素分别为：最佳产量、最佳施氮量、最佳施磷量；最佳施磷量、最佳施钾量；最佳产量、最佳施氮量、最佳施钾量、年均降水量。

（2）地块水稻氮、磷、钾施用量都可以通过模型方式表达和确定参数，其中，影响氮、磷、钾施用量因素分别为：最佳产量、最佳施磷量、年均降水量；最佳施氮量、最佳施钾量；最佳施磷量、年均降水量。

第三节　水稻氮、磷、钾利用率与转化率关系研究

有关肥料利用率影响因素研究结果可以归纳为以下几个方面：①利用率与肥料用量；②利用率与产量；③利用率与土壤养分含量；④利用率与环境条件；⑤利用率与其他养分用量关系。一般地，肥料利用率与施肥量呈负相关，与产量呈正相关，与土壤养分含量呈负相关[24-26]。

一、水稻肥料利用率影响因素

将影响水稻氮、磷和钾利用率显著以上相关关系的结果列入表 2-14、表 2-15 和表 2-16，并附上可能的原因。

由图 2-13 可知：①氮利用率与最佳产量呈显著正相关，原因是产量高所需氮就多；②氮利用率与最佳施钾量呈显著正相关，原因是产量高最佳施钾量会增加，必然导致多吸收氮；③氮利用率与磷利用率呈极显著正相关，原因是磷与氮的协同吸收作用较强；④氮利用率与钾利用率呈极显著正相关，原因是钾与氮具有协同吸收作用和平衡性；⑤氮利用率与土壤氮相对丰缺值呈极显著负相关，原因是土壤氮相对丰缺值越高，水稻吸收土壤氮越多，吸收肥料的氮就会越少；⑥氮利用率与土壤磷相对丰缺值呈极显著负相关，原因是土壤磷相对丰缺值越高，水稻吸收土壤磷越多，同样吸收土壤氮随之也会越多，所以吸收

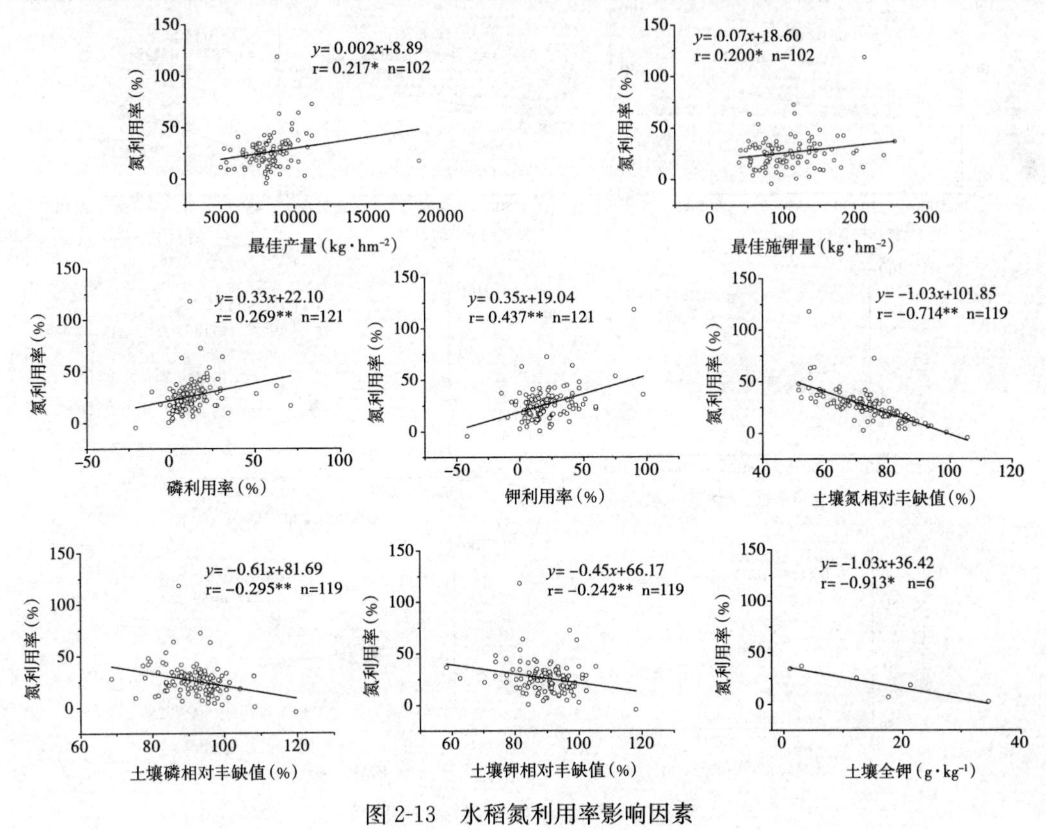

图 2-13　水稻氮利用率影响因素

的肥料氮就会越少；⑦氮利用率与土壤钾相对丰缺值呈极显著负相关，原因是土壤钾相对丰缺值越高，水稻吸收土壤钾越多，同样吸收土壤氮随之也越多，所以吸收的肥料氮就会越少；⑧氮利用率与土壤全钾呈显著负相关，原因是土壤钾越高，水稻吸收土壤钾就越多，同样吸收土壤氮随之也越多，所以吸收的肥料氮就会越少。

表 2-14 水稻氮利用率影响因素

影响因素	n	r	回归方程	可能的原因
最佳产量（$kg \cdot km^{-2}$）	102	0.217*	$y=0.002x+8.89$	产量高吸氮多，氮利用率就高
最佳施钾量（$kg \cdot km^{-2}$）	102	0.200*	$y=0.07x+18.60$	钾促进氮的吸收
磷利用率（%）	121	0.269**	$y=0.33x+22.10$	磷促进氮的吸收
钾利用率（%）	121	0.437**	$y=0.35x+19.04$	钾促进氮的吸收
氮丰缺值（%）	119	−0.714**	$y=-1.03x+101.85$	富氮土壤抑制肥料氮的吸收
磷丰缺值（%）	119	−0.295**	$y=-0.61x+81.69$	富磷土壤吸收土壤氮也多抑制氮的吸收
钾丰缺值（%）	119	−0.242**	$y=-0.45x+66.17$	富钾土壤吸收土壤氮也多抑制氮的吸收
全钾（%）	6	−0.913*	$y=-1.03x+36.42$	富钾土壤吸收土壤氮也多抑制氮的吸收

由图 2-14 可知：①磷利用率与最佳产量呈极显著正相关，原因是产量高吸收磷多，因此磷的利用率就高；②磷利用率与氮利用率呈极显著正相关，原因是氮和磷的协同吸收作用较强；③磷利用率与钾利用率呈极显著正相关，原因是钾和磷的协同吸收作用也较

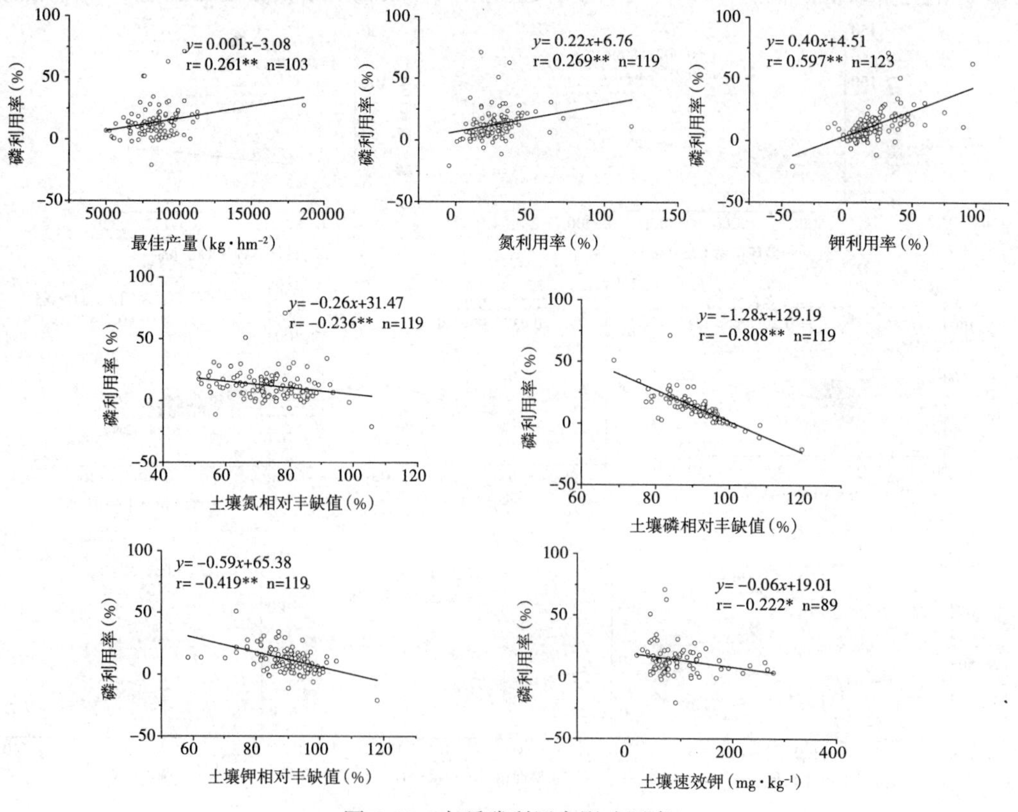

图 2-14 水稻磷利用率影响因素

强；④磷利用率与土壤氮相对丰缺值呈极显著负相关，原因是土壤氮高时吸收的土壤磷也会多，因此肥料磷的利用率就会降低；⑤磷利用率与土壤磷相对丰缺值呈极显著负相关，原因是土壤磷高时，肥料磷的利用率就会降低；⑥磷利用率与土壤钾相对丰缺值呈极显著负相关，原因是土壤钾高时，吸收的土壤磷也会多，因此肥料磷的利用率就会降低；⑦磷利用率与土壤速效钾呈显著负相关，原因是土壤钾高时，吸收的土壤磷也会多，因此肥料磷的利用率就会降低。

表 2-15　水稻磷利用率影响因素

影响因素	n	r	回归方程	可能的原因
最佳产量（$kg \cdot km^{-2}$）	103	0.261**	$y=0.001x-3.08$	高产吸磷多，磷利用率就高
氮利用率（%）	119	0.269**	$y=0.02x+6.76$	氮促进磷的吸收
钾利用率（%）	123	0.597**	$y=0.40x+4.51$	钾促进磷的吸收
氮丰缺值（%）	119	−0.236**	$y=-0.26x+31.47$	富氮土壤吸收土壤磷多，磷肥利用率低
磷丰缺值（%）	119	−0.808**	$y=-1.28x+129.19$	富磷土壤吸收土壤磷多，磷肥利用率低
钾丰缺值（%）	119	−0.419**	$y=-0.59x+65.38$	富钾土壤吸收土壤磷多，磷肥利用率低
速效钾（$mg \cdot kg^{-1}$）	89	−0.222*	$y=-0.06x+19.01$	富钾土壤吸收土壤磷多，磷肥利用率低

由图 2-15 可知：①钾利用率与氮利用率呈极显著正相关，原因是氮肥和钾肥的协同促进作用较强；②钾利用率与磷利用率呈极显著正相关，原因是磷和钾肥的协同促进作用较强；③钾利用率与土壤氮相对丰缺值呈极显著负相关，原因是土壤氮高时吸收的土壤钾也会多，因此肥料钾的利用率就会降低；④钾利用率与土壤磷相对丰缺值呈极显著负相关，原因是土壤磷高时吸收的土壤钾也会多，因此肥料钾的利用率就会降低；⑤钾利用率

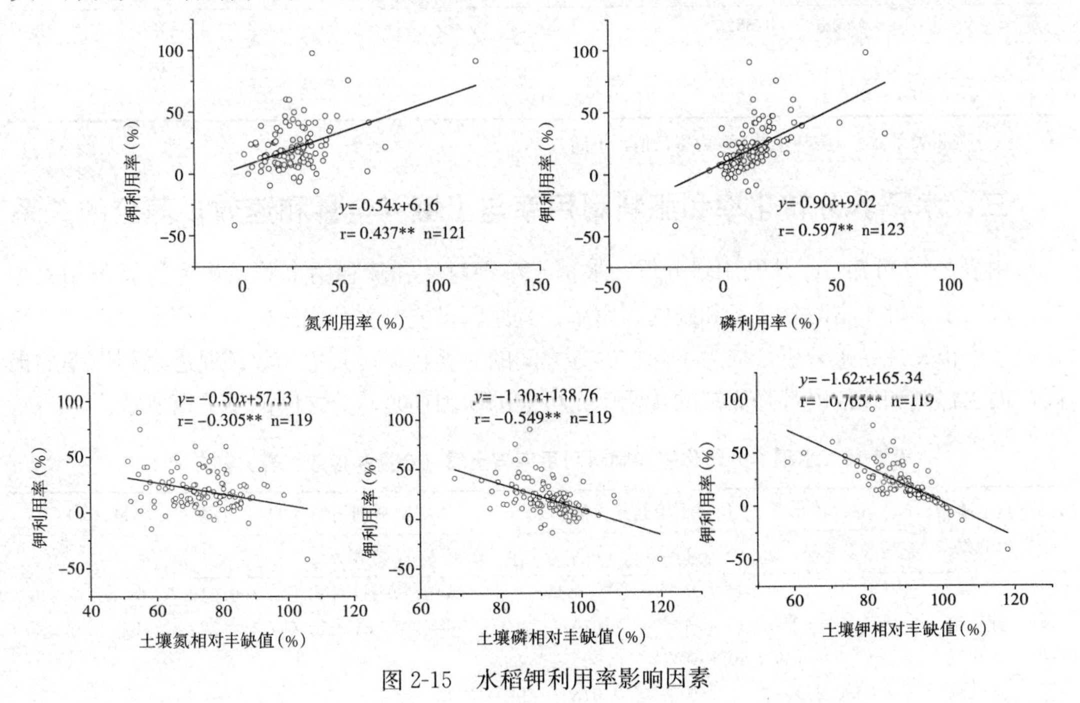

图 2-15　水稻钾利用率影响因素

与土壤钾相对丰缺值呈极显著负相关，原因是土壤钾高时肥料钾的利用率就会降低。

表 2-16　水稻钾利用率影响因素

影响因素	n	r	回归方程	可能的原因
氮利用率（%）	121	0.437**	$y=0.54x+6.16$	氮促进钾的吸收
磷利用率（%）	123	0.597**	$y=0.90x+9.02$	磷促进钾的吸收
氮丰缺值（%）	119	−0.305**	$y=-0.50x+57.13$	富氮土壤吸收土壤钾多，钾肥利用率低
磷丰缺值（%）	119	−0.549**	$y=-1.30x+138.76$	富磷土壤吸收土壤钾多，钾肥利用率低
钾丰缺值（%）	119	−0.765**	$y=-1.62x+165.34$	富钾土壤吸收土壤钾多，钾肥利用率低

二、水稻养分转化率和肥料利用率与最佳产量的关系

由表 2-17 可知：①氮转化率和利用率均与最佳产量呈极显著或显著正相关，这与文献报道的利用率随产量增加而增加的结果是一致的[27-29]，说明氮是决定水稻产量的重要养分；②钾转化率与最佳产量呈极显著正相关，说明钾也是决定水稻产量的重要养分；③磷利用率与最佳产量呈极显著正相关，说明磷也是决定水稻产量的重要养分；④最佳产量不与磷转化率呈正相关的原因是水稻土壤目前基本不缺磷，因为最近 30 年来连续施磷和水稻土壤 pH 接近中性，因此磷的转化效率较高；钾利用率与最佳产量不相关。

表 2-17　水稻养分转化率和肥料利用率与最佳产量的关系

养分	养分转化率（y）与最佳产量（x）				肥料利用率（y）与最佳产量（x）			
	方程	r	n	p	方程	r	n	p
氮	$y=0.01x+45.98$	0.362**	137	0.000	$y=0.002x+8.89$	0.217*	102	0.029
磷	—	—	—	—	$y=0.001x-3.08$	0.261**	103	0.008
钾	$y=0.08x-351.31$	0.483**	137	0.003	—	—	—	—

注：r 为相关系数，n 为样本数，p 为置信值，下同。

三、水稻养分转化率和肥料利用率与土壤（全量和速效）养分的关系

由表 2-18 可知：①从利用率分析，水稻土壤钾对氮和磷利用率关系均为负显著相关关系，说明土壤钾丰富时降低氮和磷的利用率，其原因可能是养分之间的不平衡所致；②从转化率 3 个相关性结果分析，均为不同类养分之间的显著相关，其中速效钾促进磷利用率的提高，而水解氮和速效磷都降低钾的转化率，可能的原因还是养分之间的不平衡所致。

表 2-18　水稻养分转化率和肥料利用率与土壤（全量和速效）养分的关系

养分与土壤养分含量的关系		养分转化率（y）与土壤养分含量（x）				肥料利用率（y）与土壤养分含量（x）			
		方程	r	n	p	方程	r	n	p
氮	全钾	—	—	—	—	$y=-1.03x+36.42$	−0.913	6	0.011
磷	速效钾	$y=0.28x+155.63$	0.197*	0.038	117	$y=-0.06x+19.01$	−0.222	89	0.037
钾	水解氮	$y=-0.69x+360.50$	−0.217*	0.041	89	—	—	—	—
钾	速效磷	$y=530.25x^{-0.26}$	−0.375*	0.018	117	—	—	—	—

四、水稻养分转化率和肥料利用率与最佳施肥量的关系

由表2-19可知：①只有氮的利用率与最佳施钾量呈显著正相关，原因是水稻钾也容易淋失，只有施钾多了，扣除淋失部分的钾，剩余的钾才与氮之间有互促作用；②在6个转化率显著相关关系中，只有最佳施氮量对钾转化率的提高具有促进作用，其他5个关系都表现为抑制作用，无论是同类还是非同类的养分均如此，可见某种养分施用多了不仅影响自身养分的吸收，还将通过不平衡的关系影响到其他养分的吸收；③氮、磷、钾最佳施肥量与其转化率相关系数较大，因此可以作为定量预测最佳施肥量的依据。

表 2-19　水稻养分转化率和肥料利用率与最佳施肥量的关系

养分与最佳施肥量的关系		养分转化率（y）与最佳施肥量（x）				肥料利用率（y）与最佳施肥量（x）			
		方程	r	n	p	方程	r	n	p
氮	氮	$y=4814.95x^{-0.75}$	−0.735**	137	0.000	—	—	—	—
	磷	$y=-0.10x+107.36$	−0.277**	137	0.000	—	—	—	—
	钾	—	—	—	—	$y=0.07x+18.60$	0.200*	0.044	102
磷	氮	—	—	—	—	—	—	—	—
	磷	$y=7083.24x^{-0.91}$	−0.973**	137	0.000	—	—	—	—
	钾	$y=-0.78x+257.18$	−0.377**	137	0.000	—	—	—	—
钾	氮	$y=1.34x+30.73$	0.371**	137	0.000	—	—	—	—
	磷	—	—	—	—	—	—	—	—
	钾	$y=55995.54x^{-1.21}$	−0.904**	137	0.000	—	—	—	—

五、水稻养分转化率和肥料利用率与环境因素的关系

由表2-20可知：①由于水稻为淹水作物，氮、磷和钾利用率与环境因素均没有关系；②即使在转化率中的12个关系中仅有3个呈显著关系，其中，年均降水量与钾转化率呈负相关，这是由钾的易失性决定的，因为在不淹水期间，降水量多同样也可以造成钾的淋失；这还可以通过钾转化率与纬度正相关得到解释，纬度大的地区降水少，每年淋失的钾少，施入的钾肥除被吸收外，残留的较多，转化率自然就高；③就水稻磷的转化率而言，经度大的地区转化率高，其对应的一定是降水量少的地方，研究表明，在经度100°～135°之间，特别是105°～135°之间降水量随经度增大而降低。

表 2-20　水稻养分转化率和肥料利用率与环境因素的关系

养分	环境因素	养分转化率（y）与环境因素（x）				肥料利用率（y）与环境因素（x）			
		方程	r	n	p	方程	r	n	p
氮	纬度	—	—	—	—	—	—	—	—
	经度	—	—	—	—	—	—	—	—
	年均温度	—	—	—	—	—	—	—	—
	年均降水量	—	—	—	—	—	—	—	—
磷	纬度	—	—	—	—	—	—	—	—
	经度	$y=3.78x-252.16$	0.228**	137	0.004	—	—	—	—
	年均温度	—	—	—	—	—	—	—	—
	年均降水量	—	—	—	—	—	—	—	—

（续）

养分	环境因素	养分转化率（y）与环境因素（x）				肥料利用率（y）与环境因素（x）			
		方程	r	n	p	方程	r	n	p
钾	纬度	$y=9.52x+12.41$	0.175*	137	0.038	—	—	—	—
	经度	—	—	—	—	—	—	—	—
	年均温度	—	—	—	—	—	—	—	—
	年均降水量	$y=-0.13x+463.22$	−0.206*	131	0.019	—	—	—	—

六、水稻养分转化率和肥料利用率与土壤养分相对丰缺值的关系

由表2-21可知：①氮的特性是容易损失不容易积累，当土壤中氮多时，氮的相对丰缺指标值必然高，因此氮转化率高；②钾和氮的道理是一样的；③由于钾和磷有互促作用，钾容易淋失，所以钾的相对丰缺指标值高时对磷的转化有促进作用；④氮相对丰缺指标值对钾转化率起促进作用；⑤土壤养分相对丰缺值反映的是土壤养分的高低，与肥料利用率的9个关系全部呈负显著相关，说明土壤养分高时肥料养分的利用率自然低，同时也可以看出土壤养分不但影响自身还影响其他养分的利用率。

表2-21 水稻养分转化率和肥料利用率与土壤养分相对丰缺值的关系

养分与土壤养分相对丰缺值的关系		养分转化率与（y）土壤养分相对丰缺值（x）				肥料利用率（y）与土壤养分相对丰缺值（x）			
		方程	r	n	p	方程	r	n	p
氮	氮	$y=0.63x+52.54$	0.230*	101	0.021	$y=-1.03x+101.85$	−0.714**	119	0.000
	磷	—	—	—	—	$y=-0.61x+81.69$	−0.295**	119	0.001
	钾	—	—	—	—	$y=-0.45x+66.17$	−0.242**	119	0.008
磷	氮	—	—	—	—	$y=-0.26x+31.47$	−0.236**	119	0.010
	磷	—	—	—	—	$y=-1.28x+129.19$	−0.808**	119	0.000
	钾	$y=2.71x-59.38$	0.214*	101	0.041	$y=-0.59x+65.38$	−0.419**	119	0.000
钾	氮	$y=2.52x+64.40$	0.204*	101	0.032	$y=-0.50x+57.13$	−0.305**	119	0.001
	磷	—	—	—	—	$y=-1.30x+138.76$	−0.549**	119	0.001
	钾	$y=2.52x+64.40$	0.372**	101	0.000	$y=-1.62x+165.34$	−0.765**	119	0.000

七、水稻养分转化率之间、肥料利用率之间的关系

由表2-22可知：①磷和氮转化率之间呈极显著正相关，说明水稻氮和磷的交互作用强；②从利用率分析，氮、磷和钾之间两两极显著正相关，说明当季氮、磷和钾之间的吸收都具有互促作用。

表2-22 水稻养分转化率和肥料利用率之间的关系

养分之间的关系		养分转化率（y）与养分转化率（x）				肥料利用率（y）与肥料利用率（x）			
		方程	r	n	p	方程	r	n	p
氮	磷	$y=0.07x+86.46$	0.233**	137	0.005	$y=0.33x+22.10$	0.269**	121	0.003
氮	钾	—	—	—	—	$y=0.35x+19.04$	0.437**	121	0.000
磷	钾	—	—	—	—	$y=0.40x+4.51$	0.597**	123	0.000

八、禾本科作物养分转化率实证

研究表明，水稻、小麦和玉米氮、磷转化率比利用率平均至少高20%以上，这项研究是基于经典的示踪试验和长期定位试验数据而获得的。本著所计算的养分转化率明显高于这项经典的研究结果的转化率[1-3]，是因为本著所使用的“3414肥料田间试验”既不是肥料长期定位试验，也不是示踪试验，很多情况下也没有测定收获后的土壤养分含量，因此，本著假设的是在最佳施肥量和最佳产量条件下的土壤养分是不减少的，只有这种情况，最佳产量带走的养分才能全部算做是多年肥料转化的养分，与施肥量相除就是转化率了。然而现实中果真如此吗？这需要今后长期的研究才能证明。一个明显的事实是30多年来中国的施肥实践说明，土壤磷和氮并没有明显减少反而是增加或平衡的，这也说明了按最佳施肥量施肥不会浪费多少，也不会消耗太多的土壤肥力，因此，假设最佳施肥量情况下土壤养分基本不会减少的情况也是合乎事实的。虽然计算的转化率明显高于经典方法测定的转化率[1-3]，但是这不能说明转化率的概念和计算方法不正确，反而说明我们太缺少长期定位试验数据了。

九、与以往研究的对比

由于本研究中所使用各类指标具有空间属性，并且转化率是新指标，因为与以往对比研究的资料比较少，对于大多数没有对比资料的结果分析附在上述各表中进行了简要分析。

在表2-14中，最佳产量与氮利用率呈正相关，与以往研究结果一致[27-29]；与以往较多文献只对同类养分施用量和利用率关系进行研究[24-26,30]相比，表2-14中最佳施钾量与氮利用率呈正相关，说明不同养分之间的施用量和利用率也存在相关关系。

十、水稻肥料利用率影响因素及其概念模型

（1）基于本著研究结果，将水稻氮利用率影响因素作为自变量的概念模型如下：水稻氮利用率＝f（最佳产量；最佳施钾量；磷利用率；钾利用率）－f（土壤氮相对丰缺值；土壤磷相对丰缺值；土壤钾相对丰缺值；土壤全钾）；由于养分转化率和肥料利用率属于计算指标而非实物指标，则水稻氮利用率≈f（最佳产量；最佳施钾量）－f（土壤氮相对丰缺值；土壤磷相对丰缺值；土壤钾相对丰缺值；土壤全钾），可见土壤氮、磷、钾含量高时不利于氮利用率的提高，最佳产量高必然多吸收氮，最佳施钾量高时要求多吸收氮，氮的利用率自然高，而土壤全钾高时抑制氮的吸收。具体就地块而言，一段时间内土壤氮相对丰缺值、土壤磷相对丰缺值、土壤钾相对丰缺值和土壤全钾是确定性的，则地块水稻氮利用率$Y \approx a + b *$最佳产量$+ c *$最佳施钾量，其中除a外的系数均为正数。

（2）基于本著研究结果，将水稻磷利用率影响因素作为自变量的概念模型如下：水稻磷利用率＝f（最佳产量；氮利用率；钾利用率）－f（土壤氮相对丰缺值；土壤磷相对丰缺值；土壤钾相对丰缺值；土壤速效钾），由于肥料利用率属于计算指标而非实物指标，则水稻磷利用率≈f（最佳产量）－f（土壤氮相对丰缺值；土壤磷相对丰缺值；土壤钾相

对丰缺值；土壤速效钾），可见土壤氮、磷、钾含量高时不利于磷利用率的提高，最佳产量高必然多吸收氮，而土壤速效钾高时抑制磷的吸收。具体就地块而言，一段时间内土壤氮相对丰缺值、土壤磷相对丰缺值、土壤钾相对丰缺值和土壤速效钾是确定性的，则地块水稻磷利用率 $Y \approx a + b *$ 最佳产量，其中除 a 外的系数均为正数。

（3）基于本著研究结果，将水稻钾利用率影响因素作为自变量的概念模型如下：水稻钾利用率＝f（氮利用率；磷利用率）－f（土壤氮相对丰缺值；土壤磷相对丰缺值；土壤钾相对丰缺值），由于利用率属于计算指标而非实物指标，则水稻钾利用率≈－f（土壤氮相对丰缺值；土壤磷相对丰缺值；土壤钾相对丰缺值），可见土壤氮、磷、钾含量高时不利于钾利用率的提高。具体就地块而言，一段时间内土壤氮相对丰缺值、土壤磷相对丰缺值、土壤钾相对丰缺值和土壤速效钾是确定性的，则地块水稻钾利用率 $Y \approx a$。

十一、水稻养分转化率和肥料利用率的异同

为了更明晰地比较水稻养分转化率和肥料利用率的异同，归纳成 54 个关系，见表 2-23。由表 2-23 可知：

（1）在 54 个关系中，无显著关系的为 25 个，其中出现在土壤养分方面的有 14 个，出现在环境因素方面的有 9 个，两者合计为 23 个，可见土壤养分和环境因素总体而言对于水稻的养分转化率和肥料利用率影响不大；剩余 2 个无显著相关的为磷的转化率和最佳施氮量、钾的转化率和最佳施磷量关系，原因是水稻磷转化率和肥料磷利用率高低主要取决于土壤 pH 和 Eh 或淹水和晒田条件，最佳施氮量对磷的互促作用不大；同理，钾转化率与最佳施磷量关系也不密切。

（2）一致显著关系的有 2 个，一个是氮转化率和利用率与最佳产量都为显著正相关，最佳产量代表氮的去向项，氮转化率也代表氮的去向项，产量高带走的氮多，氮的转化率就高；另外一个是磷转化率和磷利用率均与氮转化率和利用率呈显著正相关，说明氮和磷具有互促作用和必须达到平衡才能获得高产。

（3）相反显著关系的有 5 个，都是利用率为负转化率为正；磷和速效钾关系，一季的利用率情况下表现为速效钾降低磷利用率，累计贡献情况下速效钾提高磷的转化率；其余 4 个关系全部为土壤养分相对丰缺值与氮、磷、钾的关系，具体表现为土壤氮和钾的相对丰缺值对氮和钾转化率呈显著正相关，但是对于一季的利用率就呈负显著相关，说明肥沃的土壤氮和钾利用率低，但是转化率高；土壤氮相对丰缺值与钾转化率呈显著正相关、与钾利用率呈显著负相关，同样说明某养分高时对其他养分当季的利用率也不利，而是有利于其他养分的转化率；土壤钾相对丰缺值和磷的关系也如此，其高时一季抑制磷的利用，长期促进磷的转化。

（4）单一显著关系的有 22 个，产生单一现象的原因是利用率和转化率关系不密切。

以上分析不难发现在作物吸收养分相对稳定的情况下，土壤养分、肥料养分、养分损失之间的关系在短期和长期上的表现为辩证统一的关系，生态平衡施肥理论和方法就是要揭示自然和社会因素复合制约下的这种关系，包括土壤养分之间、土壤养分与肥料养分之间以及土壤和肥料养分与环境之间、甚至再加上与作物吸收养分之间的诸多不同时间和空间尺度组成的各种关系。

表 2-23　水稻养分转化率和肥料利用率异同

比较内容（X）	养分（Y）	肥料转化率（A）	肥料利用率（B）	关系
最佳产量	氮	+	+	一致
最佳产量	磷		+	单一
最佳产量	钾	+		单一
全氮	氮			无
全磷	氮			无
全钾	氮		－	单一
水解氮	氮			无
速效磷	氮			无
速效钾	氮			无
全氮	磷			无
全磷	磷			无
全钾	磷			无
水解氮	磷			无
速效磷	磷			无
速效钾	磷	+	－	相反
全氮	钾			无
全磷	钾			无
全钾	钾			无
水解氮	钾	－		单一
速效磷	钾	－		单一
速效钾	钾			无
最佳施氮量	氮	－		单一
最佳施磷量	氮	－		单一
最佳施钾量	氮		+	单一
最佳施氮量	磷			无
最佳施磷量	磷	－		单一
最佳施钾量	磷	－		单一
最佳施氮量	钾	+		单一
最佳施磷量	钾			无
最佳施钾量	钾	－		单一
纬度	氮			无
经度	氮			无
年均温度	氮			无
年均降水量	氮			无

（续）

比较内容（X）	养分（Y）	肥料转化率（A）	肥料利用率（B）	关系
纬度	磷			无
经度	磷	+		单一
年均温度	磷			无
年均降水量	磷			无
纬度	钾	+		单一
经度	钾			无
年均温度	钾			无
年均降水量	钾	−		单一
土壤氮相对丰缺值	氮	+	−	相反
土壤磷相对丰缺值	氮		−	单一
土壤钾相对丰缺值	氮		−	单一
土壤氮相对丰缺值	磷		−	单一
土壤磷相对丰缺值	磷		−	单一
土壤钾相对丰缺值	磷	+	−	相反
土壤氮相对丰缺值	钾	+	−	相反
土壤磷相对丰缺值	钾		−	单一
土壤钾相对丰缺值	钾	+	−	相反
磷转化率或利用率	氮	+	+	一致
钾转化率或利用率	磷		+	单一
氮转化率或利用率	钾		+	单一

备注：“单一”是指一个显著相关一个不显著相关；“一致”是指显著相关关系方向一致；“相反”是指显著相关关系但方向相反；“无”是指没有显著相关。

十二、结论

（1）地块水稻氮、磷、钾利用率都可以通过模型方式表达和确定参数，其中，影响氮、磷、钾利用率因素分别为：最佳产量、最佳施钾；最佳产量；没有。

（2）将肥料利用率和养分转化率的 54 个关系分为四类：第一类是无显著关系的有 25 个，其中 14 个为土壤养分、9 个为环境因素，说明土壤养分和环境因素总体而言对于水稻养分转化率和肥料利用率影响不大；第二类是一致显著关系的有 2 个，一个是氮转化率和利用率与最佳产量均为显著正相关，说明氮对产量的重要性，另一个是磷转化率和利用率与氮的转化率和利用率均呈显著正相关，说明氮和磷具有互促作用；第三类是相反显著关系的有 5 个，都是利用率为负相关转化率为正相关，说明短期利用的少长期利用的必然多；第四类是单一显著关系的有 22 个，产生单一现象的根本原因是肥料利用率为一季的肥效衡量指标，而养分转化率为多季的肥效衡量指标，具体表现为要么肥料利用率显著相关，要么养分转化率显著相关，可见第三类是第四类的特例。

参考文献

[1] 侯彦林．肥效评价的生态平衡施肥理论体系、指标体系及其实证［J］．农业环境科学学报，2011，30（7）：1257-1266.

[2] 侯彦林．肥效评价的生态平衡施肥指标体系的应用［J］．农业环境科学学报，2011，30（8）：1477-1481.

[3] 侯彦林．通用施肥模型及其应用［J］．农业环境科学学报，2011，30（10）：1917-1924.

[4] 侯彦林，周永娟，李红英，等．中国农田氮面源污染研究：Ⅰ污染类型区划和分省污染现状分析［J］．农业环境科学学报，2008，27（4）：1271-1276.

[5] 侯彦林，李红英，周永娟，等．中国农田氮面源污染研究：Ⅱ污染评价指标体系的初步制定［J］．农业环境科学学报，2008，27（4）：1277-1282.

[6] 侯彦林，赵慧明，李红英．中国农田氮肥面源污染估算方法及其实证：Ⅲ估算模型的实证［J］．农业环境科学学报，2009，28（7）：1337-1340.

[7] 侯彦林，李红英，赵慧明．中国农田氮肥面源污染估算方法及其实证：Ⅳ各类型区污染程度和趋势［J］．农业环境科学学报，2009，28（7）：1341-1345.

[8] 农业部．到2020年化肥使用量零增长行动方案［Z］．2015，发文字号：农农发〔2015〕2号．

[9] 张福锁，崔振岭，王激清，等．中国土壤和植物养分管理现状与改进策略［J］．植物学通报，2007，24（06）：687-694.

[10] 高祥照，马文奇，崔勇，等．我国耕地土壤养分变化与肥料投入状况［J］．植物营养与肥料学报，2000，6（4）：363-369.

[11] 曹宁，张玉斌，陈新平．中国农田土壤磷平衡现状及驱动因子分析［J］．中国农学通报，2009，25（13）：220-225.

[12] 卢志红，嵇素霞，张美良，等．长期定位施肥对水稻土有机质含量及组成的影响［J］．中国农学通报，2014，30（27）：98-103.

[13] 任意，张淑香，穆兰，等．我国不同地区土壤养分的差异及变化趋势［J］．中国土壤与肥料，2009，6：13-17.

[14] 李继明，黄庆海，袁天佑，等．长期施用绿肥对红壤稻田水稻产量和土壤养分的影响［J］．植物营养与肥料学报，2011，17（3）：563-570.

[15] 刘洪斌，武伟．产量决定因子的多元统计分析［J］．水土保持研究，1995，2（1）：51-55.

[16] 侯云鹏，孔丽丽，李前，等．不同施磷水平下水稻产量、养分吸收及土壤磷素平衡研究［J］．东北农业科学，2016，41（6）：61-66.

[17] 张亚洁，华晶晶，李亚超，等．种植方式和磷素水平互作对陆稻和水稻产量及磷素利用的影响［J］．作物学报，2011，37（08）：1423-1431.

[18] 柳金来，宋继娟，周柏明，等．钾肥施用量与土壤肥力和植株养分及水稻产量的关系［J］．土壤肥料，2003，（2）：21-24，32.

[19] 冀宏杰，张怀志，张维理，等．我国农田土壤钾平衡研究进展与展望［J］．中国生态农业学报，2017，25（6）：920-930.

[20] 胡玉婷，廖千家骅，王书伟，等．中国农田氮淋失相关因素分析及总氮淋失量估算［J］．土壤，2011，43（1）：19-25.

[21] 刘艳飞．基于测土配方施肥试验的肥料效应与最佳施肥量研究［D］．武汉：华中农业大学，2008.

[22] 魏海燕，林忠成，叶世超，等．太湖地区定位施氮与耗竭后施氮对水稻产量及氮肥利用率的影响

[J]. 中国水稻科学，2010，24（3）：271-277.

[23] 俞咏华，周瑞庆，萧光玉，等．施氮量对水稻产量及产量构成因素的影响［J］. 作物研究（增刊），1992（6）：21-26.

[24] 刘金山．水旱轮作区土壤养分循环及其肥力质量评价与作物施肥效应研究［D］. 武汉：华中农业大学，2011.

[25] 王华良，何小卫．2008年绩溪县水稻“3414”肥料效应田间试验报告［J］. 土壤，2009，41（2）：320-323.

[26] [21] 赵海东，赵小敏，谢林波，等．江西上饶市水稻肥料利用率的空间差异及其影响因素研究［J］. 土壤学报，2014，51（1）：22-31.

[27] Pan JF，Liu YZ，Zhong XH，etc. Grain yield，water productivity and nitrogen use efficiency of rice under different water management and fertilizer-N inputs in South China［J］. *Agricultural Water Management*，2017，184：191-200.

[28] 王健，崔月峰，孙国才，等．不同施氮水平和前氮后移措施对水稻产量及氮素利用率的影响［J］. 江苏农业科学，2013，41（4）：66-69.

[29] 王健，卢铁钢，崔月峰，等．氮肥运筹对水稻产量及氮素利用率的影响［J］. 作物研究，2012，26（4）：320-323.

[30] 易国英，戴平安，郑圣先，等．氮磷钾不同施用量对两系杂交水稻产量和养分吸收利用的影响［J］. 作物研究，2006（1）：40-43.

第三章　小麦生态平衡施肥指标体系研究

第一节　宏观统计分析

一、小麦生态平衡施肥指标统计结果和分析

小麦“3414 肥料田间试验”总体统计结果见表 3-1。表 3-1 可知，小麦最佳产量、最佳施氮量、最佳施磷量、最佳施钾量、氮转化率、磷转化率、钾转化率、氮利用率、磷利用率、钾利用率、土壤氮相对丰缺值、土壤磷相对丰缺值、土壤钾相对丰缺值以及土壤水解氮、速效磷、速效钾平均数分别为：5 471.08 kg·hm^{-2}、196.20 kg·hm^{-2}、100.35 kg·hm^{-2}、77.39 kg·hm^{-2}、82.41%、69.84%、216.35%、23.63%、11.21%、16.47%、71.91%、84.39%、89.11%和 90.88 mg·kg^{-1}、23.22 mg·kg^{-1}、124.16mg·kg^{-1}，氮、磷、钾施肥量合计为 373.95 kg·hm^{-2}，其比例为 1.96∶1.00∶0.77。以上结果说明：小麦最佳氮、磷、钾施用量和总量均在正常施肥量范围内（折算成亩为小麦最佳施氮量、最佳施磷量、最佳施钾量分别为 13.08 kg、6.69 kg、5.16 kg，且磷和钾之和为 11.85 kg 略低于氮的 13.08 kg，磷和钾比例大约为 1∶0.77，说明三大要素比例也适宜），这一结果给出的结论是按此标准施用不会引起明显的肥料面源污染[1-6]，即当前田间试验结果说明化肥零增长行动[7]在技术上是可行的；在最佳施肥量情况下氮、磷、钾转化率分别高于氮、磷、钾利用率 58.78%、58.63%、199.88%，由于多年来土壤全氮含量有升有降，土壤速效磷含量呈显著增加趋势，土壤有效钾含量持续下降[8]，所以从土壤磷角度分析，传统的土壤磷利用率计算方法是不科学和不实用的，推论到氮也一样，在有土壤全钾和速效钾两次以上监测数据的情况下也可以证明钾转化率明显高于当季利用率。

表 3-1　小麦“3414”试验的总体统计结果

指标	n*	最小值	最大值	平均数	标准偏差	单位
土壤 pH	69	4.90	8.83	7.78	0.83	—
土壤有机质	127	0.65	46.30	15.62	9.32	g·kg^{-1}
土壤全氮	84	0.12	52.00	7.31	15.72	g·kg^{-1}
土壤全磷	22	0.56	183.00	27.82	38.89	g·kg^{-1}
土壤全钾	22	0.74	180.00	100.71	75.55	g·kg^{-1}
土壤水解氮	60	42.50	216.05	90.88	34.09	mg·kg^{-1}
土壤速效磷	129	2.40	89.83	23.22	20.28	mg·kg^{-1}
土壤速效钾	129	40.00	336.00	124.16	58.61	mg·kg^{-1}

（续）

指标	n*	最小值	最大值	平均数	标准偏差	单位
最佳施氮量	144	0.00	487.00	196.20	68.22	$kg \cdot hm^{-2}$
最佳施磷量	144	0.00	625.30	100.35	63.90	$kg \cdot hm^{-2}$
最佳施钾量	140	2.55	321.60	77.39	44.30	$kg \cdot hm^{-2}$
最佳产量	144	1 539.95	14 626.67	5 471.08	1 656.31	$kg \cdot hm^{-2}$
氮转化率	131	28.05	347.24	82.41	37.61	%
磷转化率	130	11.69	149.53	69.84	25.71	%
钾转化率	128	34.11	1816.19	216.35	192.26	%
氮利用率	96	−22.05	75.60	23.63	18.72	%
磷利用率	99	−5.88	41.38	11.21	10.23	%
钾利用率	96	−16.41	114.66	16.47	21.12	%
氮相对丰缺值	81	21.62	123.65	71.91	19.52	%
磷相对丰缺值	83	27.53	112.83	84.39	12.92	%
钾相对丰缺值	81	37.71	110.48	89.11	11.71	%

注：n为样本数，下同。

二、各省小麦生态平衡施肥指标统计结果和分析

表3-2为各省小麦“3414肥料田间试验”的总体统计结果，就平均值的高低而言：土壤pH值甘肃省（样本数为1）最高，为8.50，贵州省（样本数为1）最低，为5.76；土壤有机质含量青海省（样本数为1）最高，为34.70$g \cdot kg^{-1}$，河北省最低，为7.47$g \cdot kg^{-1}$；土壤全氮含量陕西省最高，为28.99$g \cdot kg^{-1}$，宁夏（样本数为1）最低，为0.65$g \cdot kg^{-1}$；土壤全磷和全钾含量由于多省未测定，不予以比较；土壤水解氮含量青海省（样本数为1）最高，为186.00 $mg \cdot kg^{-1}$，宁夏（样本数为1）最低，为51.60 $mg \cdot kg^{-1}$；土壤速效磷含量安徽省最高，为63.88 $mg \cdot kg^{-1}$，宁夏（样本数为1）最低，为4.90 $mg \cdot kg^{-1}$；土壤速效钾含量山东省最高，为231.43 $mg \cdot kg^{-1}$，吉林省（样本数为2）最低，为71.80 $mg \cdot kg^{-1}$；最佳施氮量山东省（样本数为1）最高，为271.59 $kg \cdot hm^{-2}$，贵州省（样本数为1）最低，为75.62 $kg \cdot hm^{-2}$；最佳施磷量重庆市（样本数为1）最高，为460.80 $kg \cdot hm^{-2}$，贵州省（样本数为1）最低，为24.00 $kg \cdot hm^{-2}$；最佳施钾量重庆市（样本数为1）最高，为321.60 $kg \cdot hm^{-2}$，贵州省（样本数为1）最低，为17.21 $kg \cdot hm^{-2}$；最佳产量辽宁省（样本数为2）最高，为9 000.00 $kg \cdot hm^{-2}$，贵州省最低，为1 539.95 $kg \cdot hm^{-2}$；氮转化率青海省（样本数为1）最高，为157.54%，天津市（样本数为1）氮转化率最低，为44.55%；磷转化率宁夏（样本数为1）最高，为134.42%，重庆市（样本数为1）最低，为11.69%；钾转化率陕西省最高，为302.53%，重庆市（样本数为1）最低，为34.11%；氮利用率安徽省最高，为41.5%，贵州省（样本数为1）最低，为4.11%；磷利用率重庆市(样本数为1)最高,为41.38%,贵州省(样本数为1)最低,为−0.81%;钾利用率重庆市最高,为78.33%,吉林省(样本数为2)最低,为−1.89%;氮相对丰缺值贵州省(样本数为1)最高,为91.53%,江苏省最低,为56.91%;磷相对丰缺值贵州省(样本数为1)最高,为101.41%,甘肃省最低,为70.62%;钾相对丰缺值吉林省(样本数为2)最高,为101.26%,贵州省(样本数为1)最低,为68.97%;统计样本数仅为1的省份,其结果没有代表性。

表 3-2　各省小麦“3414 肥料田间试验”的总体统计结果

省份	pH			有机质($g \cdot kg^{-1}$)			全氮($g \cdot kg^{-1}$)			全磷($g \cdot kg^{-1}$)			全钾($g \cdot kg^{-1}$)			水解氮($mg \cdot kg^{-1}$)			速效磷($mg \cdot kg^{-1}$)			速效钾($mg \cdot kg^{-1}$)		
	n	平均数	标准差	n	平均数	标准差	n	平均数	标准差	n	平均数	标准差	n	平均数	标准差	n	平均数	标准差	n	平均数	标准差	n	平均数	标准差
吉林	0	—	—	2	12.40	0.00	2	1.17	0.00	0	—	—	0	—	—	2	88.60	0.00	2	12.30	0.00	2	71.80	0.00
辽宁	0	—	—	0	—	—	0	—	—	0	—	—	0	—	—	2	102.50	0.00	2	20.95	0.00	2	92.00	0.00
河北	1	8.10	—	30	7.47	9.19	20	0.86	0.24	0	—	—	0	—	—	11	64.64	25.45	30	17.89	7.80	30	103.17	44.51
天津	1	8.10	—	1	9.60	—	1	0.89	—	0	—	—	0	—	—	0	—	—	1	33.10	—	1	178.00	—
山西	1	8.41	—	2	12.42	4.50	1	0.80	—	0	—	—	0	—	—	1	66.00	—	2	12.27	8.39	2	115.75	3.89
陕西	19	8.01	0.13	19	11.84	1.32	19	28.99	22.32	19	22.48	17.79	19	113.38	73.34	0	—	—	19	21.84	3.36	19	171.73	12.18
宁夏	0	—	—	1	9.30	—	1	0.65	—	0	—	—	0	—	—	1	51.60	—	1	4.90	—	1	141.90	—
甘肃	1	8.50	—	1	15.70	—	0	—	—	0	—	—	0	—	—	1	76.00	—	2	8.75	0.07	2	207.50	54.45
青海	1	8.20	—	1	34.70	—	1	3.10	—	1	183.00	—	1	22.80	—	1	186.00	—	1	24.00	—	1	186.00	—
重庆	1	6.30	—	1	18.94	—	1	0.96	—	1	1.12	—	1	37.90	—	0	—	—	1	10.98	—	1	112.91	—
贵州	1	5.76	—	1	17.60	—	1	1.06	—	0	—	—	0	—	—	1	111.00	—	1	8.00	—	1	121.00	—
山东	0	—	—	7	14.00	2.13	0	—	—	0	—	—	0	—	—	7	82.61	9.88	7	42.50	6.42	7	231.43	87.83
河南	0	—	—	1	10.32	—	0	—	—	0	—	—	0	—	—	1	81.69	—	1	31.96	—	1	113.40	—
湖北	13	7.80	0.40	13	25.88	8.64	0	—	—	0	—	—	0	—	—	13	79.82	20.42	13	7.79	2.97	13	91.34	14.39
安徽	12	6.53	0.92	13	18.63	2.19	4	0.91	0.58	1	0.74	—	1	0.74	—	3	116.90	51.40	12	63.88	38.43	12	125.67	80.86
江苏	18	8.41	0.29	34	20.35	8.54	33	0.98	0.30	0	—	—	0	—	—	16	113.81	35.53	34	19.33	12.61	34	103.42	43.18

（续）

省份	最佳施氮量($kg \cdot hm^{-2}$)			最佳施磷量($kg \cdot hm^{-2}$)			最佳施钾量($kg \cdot hm^{-2}$)			最佳产量($kg \cdot hm^{-2}$)			氮转化率(%)			磷转化率(%)			钾转化率(%)		
	n	平均数	标准差	n	平均数	标准差	n	平均数	标准差	n	平均数	标准差	n	平均数	标准差	n	平均数	标准差	n	平均数	标准差
吉林	2	90.00	0.00	2	45.00	0.00	0	—	—	2	2 900.00	0.00	2	90.22	0.00	2	72.82	0.00	0	—	—
辽宁	2	183.75	47.73	2	135.00	0.00	2	108.75	5.30	2	9 000.00	1 060.66	2	139.76	20.14	2	75.33	8.88	2	191.12	31.75
河北	34	154.40	24.69	34	127.83	20.46	34	75.35	30.57	34	5 937.58	1 210.81	25	106.01	40.87	25	51.14	16.80	25	185.73	99.00
天津	1	255.00	—	1	180.00	—	1	75.00	—	1	4 057.50	—	1	44.55	—	0	—	—	1	124.43	—
山西	2	262.71	36.36	2	182.57	154.25	2	117.00	4.24	2	4 425.25	2 900.20	2	45.46	24.62	2	30.80	8.07	2	86.01	53.89
陕西	19	217.26	86.53	19	96.63	30.69	19	45.79	24.84	19	3 973.74	798.98	18	58.72	33.12	18	44.53	4.06	19	302.53	224.04
宁夏	1	157.50	—	1	37.50	—	0	—	—	1	4 461.00	—	1	79.31	—	1	134.42	—	0	—	—
甘肃	12	124.08	43.09	12	88.83	14.15	12	93.74	27.60	12	4 157.65	812.24	12	108.89	75.26	12	55.48	22.97	12	151.15	189.20
青海	1	130.70	—	1	131.10	—	1	60.00	—	1	7 353.70	—	1	157.54	—	1	63.38	—	1	281.89	—
重庆	1	253.95	—	1	460.80	—	1	321.60	—	1	4 769.00	—	1	52.58	—	1	11.69	—	1	34.11	—
贵州	1	75.62	—	1	24.00	—	1	17.21	—	1	1 539.95	—	1	57.02	—	1	72.51	—	1	205.80	—
山东	7	271.59	0.12	7	90.86	1.21	7	76.59	0.12	7	7 418.86	1.21	4	76.48	0.02	4	91.64	1.28	4	222.63	0.34
河南	1	225.15	—	1	112.20	—	1	129.15	—	1	7 287.30	—	1	90.63	—	1	73.39	—	1	129.78	—
湖北	13	142.62	6.55	13	61.46	10.79	13	62.69	19.43	13	4 225.72	186.63	13	83.01	2.60	13	80.04	14.69	13	167.41	43.27
安徽	13	231.91	85.65	13	118.60	153.14	12	139.70	63.91	13	6 172.53	2 838.48	13	73.33	13.17	13	78.41	27.37	12	256.67	496.05
江苏	34	248.41	25.64	34	75.16	6.61	34	64.60	27.17	34	6215.78	543.34	34	70.92	10.24	34	93.93	9.94	34	235.62	43.03

（续）

省份	氮利用率（%）			磷利用率（%）			钾利用率（%）			氮相对丰缺值（%）			磷相对丰缺值（%）			钾相对丰缺值（%）		
	n	平均数	标准差	n	平均数	标准差	n	平均数	标准差	n	平均数	标准差	n	平均数	标准差	n	平均数	标准差
吉林	2	24.93	1.23	2	16.95	2.02	2	−1.89	4.41	2	75.08	0.80	2	78.80	2.88	2	101.26	2.90
辽宁	1	29.90	—	1	9.40	—	1	25.30	—	0	—	—	0	—	—	0	—	—
河北	25	8.92	10.89	25	4.50	3.88	25	6.08	13.97	25	83.74	15.14	25	87.25	10.16	25	91.29	8.45
天津	1	14.63	—	1	7.60	—	1	13.71	—	1	69.35	—	1	71.90	—	1	88.98	—
山西	2	24.09	1.46	2	7.33	1.08	2	1.94	9.97	2	58.00	15.33	2	74.34	7.48	2	90.17	17.79
陕西	6	11.42	10.97	6	3.95	2.15	5	13.34	10.61	0	—	—	0	—	—	0	—	—
宁夏	0	—	—	0	—	—	0	—	—	0	—	—	0	—	—	0	—	—
甘肃	11	30.00	27.50	11	16.40	13.04	11	16.58	12.69	11	69.17	28.30	11	70.62	21.79	11	77.38	18.05
青海	1	20.51	—	1	6.20	—	1	0.00	—	1	69.85	—	1	77.21	—	1	100.00	—
重庆	1	26.32	—	1	41.38	—	1	78.33	—	0	—	—	0	—	—	0	—	—
贵州	1	4.11	—	1	−0.81	—	1	64.32	—	1	91.53	—	1	101.41	—	1	68.97	—
山东	4	25.72	1.80	4	4.66	0.60	4	3.49	0.19	4	73.99	1.83	4	94.51	0.69	4	98.16	0.09
河南	1	32.03	—	1	20.00	—	1	44.28	—	1	73.85	—	1	81.86	—	1	79.05	—
湖北	13	26.41	11.13	13	19.23	6.32	13	30.81	17.69	13	68.69	11.51	13	81.14	7.00	13	82.23	6.96
安徽	12	41.50	21.92	12	19.17	11.23	11	36.97	32.09	5	71.48	27.05	5	87.66	4.53	4	92.63	12.88
江苏	15	31.81	15.13	18	9.00	9.20	17	7.81	8.42	15	56.91	17.51	17	90.40	9.52	16	95.76	4.70

三、省际间小麦生态平衡施肥指标平均值相关性的统计结果和分析

图 3-1 表明：①最佳施氮量与速效磷呈显著正相关，原因是土壤速效磷高的土壤要求最佳施氮量也高才能达到磷和氮的平衡吸收；②最佳施磷量与最佳施氮量呈显著正相关，

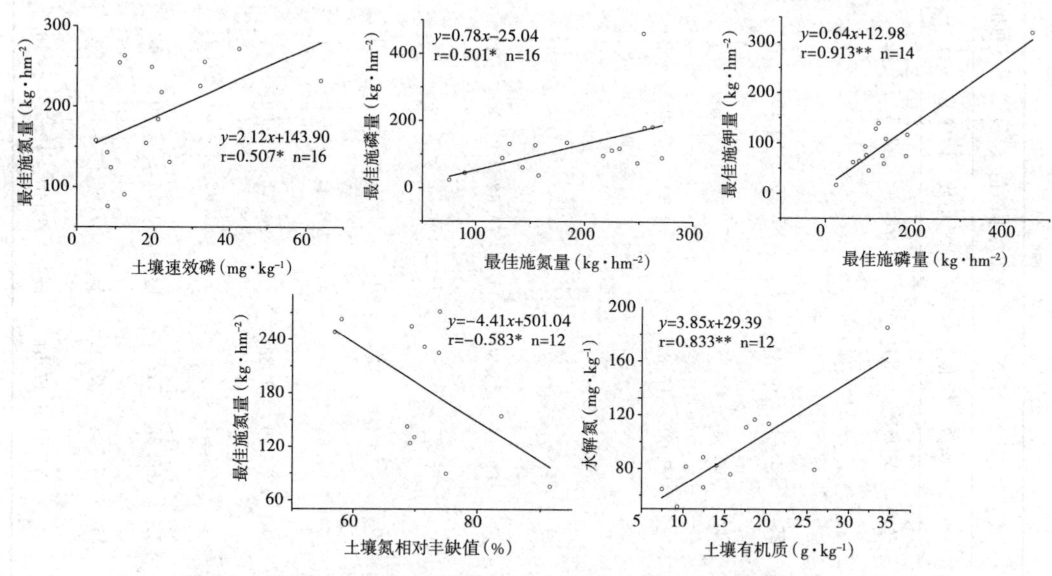

图 3-1　省际间小麦生态平衡施肥指标平均值相关性的统计结果（一）

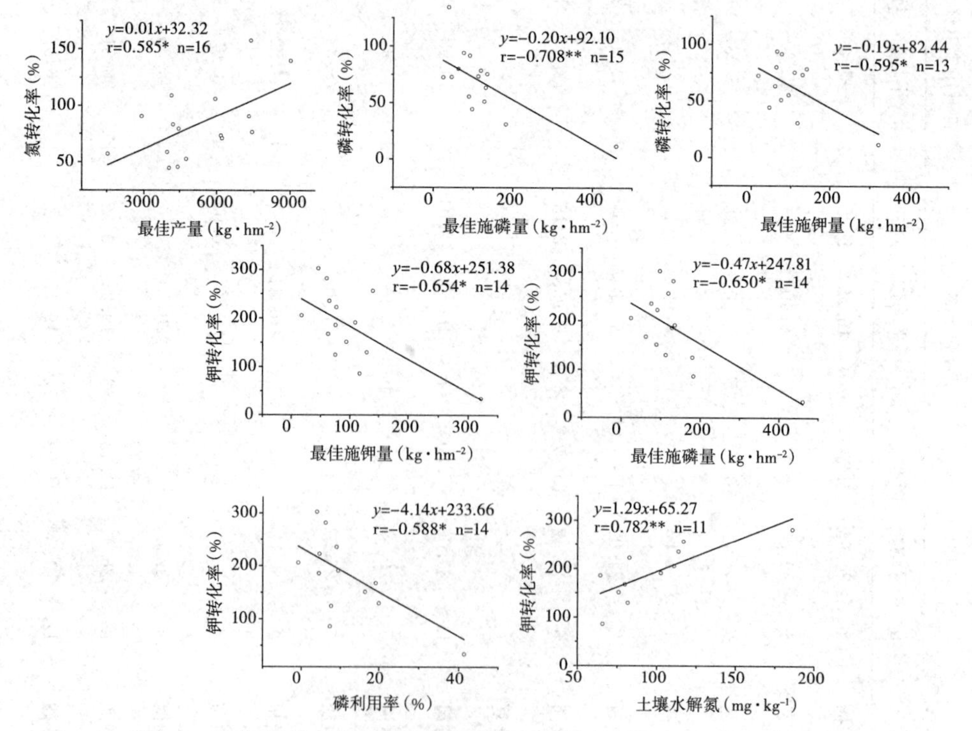

图 3-2　省际间小麦生态平衡施肥指标平均值相关性的统计结果（二）

原因是小麦最佳施氮量高时其最佳施磷量也高才能保证氮和磷养分的平衡吸收；③最佳施钾量与最佳施磷量呈极显著正相关，原因是小麦的最佳施磷量高其最佳施钾量也高才能保证钾和磷养分的平衡吸收；④最佳施氮量与土壤氮相对丰缺值呈显著负相关，原因是土壤氮相对丰缺值越高土壤缺氮程度越低，因此最佳施氮量就越少；⑤土壤水解氮与土壤有机质含量呈极显著正相关，原因是土壤水解氮主要在有机质中。

图 3-2 说明：①氮转化率与最佳产量呈显著正相关，原因是产量越高吸收氮越多，氮的转化率就越高；②磷转化率与最佳施磷量呈极显著负相关，原因是多施磷情况下降低磷的转化率，符合报酬递减规律；③磷转化率与最佳施钾量呈显著负相关，说明多施钾也降低磷的转化率，可能的原因是施钾多要求施磷也多，施磷多必然降低磷的转化率，或施钾多造成与磷的不平衡所致；④钾转化率与最佳施钾量呈显著负相关，说明多施钾情况下降低钾转化率；⑤钾转化率与最佳施磷量呈显著负相关，说明多施磷也将降低钾的转化率，可能的原因是施磷多要求施钾也多，施钾多必然降低钾的转化率；⑥钾转化率与磷利用率呈显著负相关，一般地，利用率与转化率呈正相关，因此磷利用率越高的情况下说明其转化率也越高，在磷利用率（转化率）高的情况下钾转化率反而低的原因可能是需要施钾比较多，这样钾的转化率就相对降低了；⑦钾转化率与水解氮呈极显著正相关，原因是土壤水解氮越高小麦吸氮量越多，按比例需要吸收的钾也就越多，因此钾转化率越高；

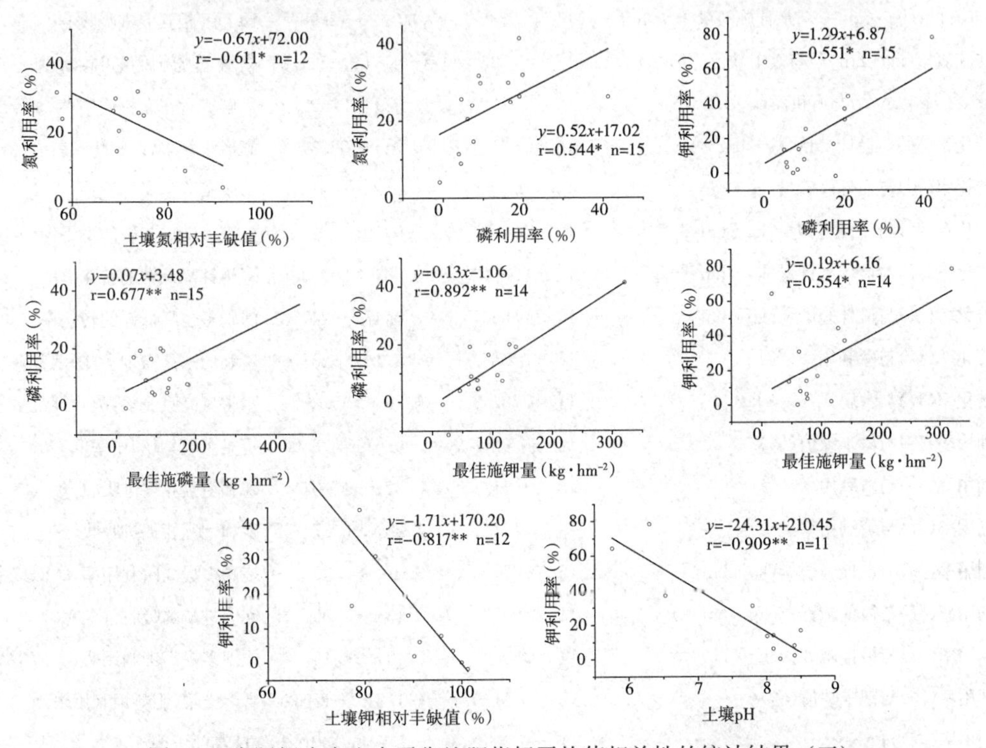

图 3-3 省际间小麦生态平衡施肥指标平均值相关性的统计结果（三）

图 3-3 说明：①氮利用率与土壤氮相对丰缺值呈显著负相关，原因是土壤氮相对丰缺值越高，小麦从土壤中吸收的氮越多，从肥料中吸收的氮越少，氮的利用率必然降低；②磷利用率与氮利用率、磷利用率与钾利用率均呈显著正相关，原因是磷和氮、磷和钾之

间在吸收上是相互促进和平衡的；③磷利用率与最佳施磷量和最佳施钾量均呈极显著正相关，可以这样理解，磷利用率越高，要求最佳施磷量越高，这样才能保持土壤中有足够有效磷浓度供小麦吸收，这一结果与常规的施磷多利用率低似乎矛盾，强调指出磷是容易被土壤固定的养分，集中施用可以提高磷的利用率，和施磷量大能够提高磷的利用率的道理是一致的；磷利用率越高，同时要求最佳施钾量也越高才能保持磷和钾的平衡吸收；④钾利用率与最佳施钾量呈显著正相关，说明最佳施钾量越高，钾利用率越高，这个看似矛盾的结果可以理解为小麦一般是冬小麦，钾肥一般在越冬前施用，受低温的影响，施钾多吸收会多，和集中施肥能够提高利用率的道理一致；⑤钾利用率与土壤钾相对丰缺值呈极显著负相关，原因是土壤钾相对丰缺值越高，作物从土壤中吸收的钾越多，钾利用率必将降低；⑥钾利用率与 pH 呈极显著负相关，说明 pH 高的土壤钾相对丰富，因此钾的利用率就低。

省际间小麦生态平衡施肥指标平均值相关性统计结果汇总见表 3-3（n 为省数）。

表 3-3　省际间小麦生态平衡施肥指标平均值回归分析

相关关系	n	r	回归方程	可能的原因
最佳施氮量($kg \cdot hm^{-2}$)与速效磷($mg \cdot kg^{-1}$)	16	0.507*	$y=2.12x+143.90$	磷促进氮的吸收
最佳施磷量($kg \cdot hm^{-2}$)与最佳施氮量($kg \cdot hm^{-2}$)	16	0.501*	$y=0.78x-25.04$	氮促进磷的吸收
最佳施钾量($kg \cdot hm^{-2}$)与最佳施磷量($kg \cdot hm^{-2}$)	14	0.913**	$y=0.64x+12.98$	磷和钾相互促进吸收
最佳施氮量($kg \cdot hm^{-2}$)与氮丰缺值(%)	12	−0.583*	$y=-4.41x+501.04$	富氮土壤施氮量可相对少
水解氮($mg \cdot kg^{-1}$)与有机质($g \cdot kg^{-1}$)	12	0.833**	$y=3.85x+29.39$	水解氮含在有机质中
氮转化率(%)与最佳产量($kg \cdot hm^{-2}$)	16	0.585*	$y=0.01x+32.32$	高产吸氮多，氮转化率就高
磷转化率(%)与最佳施磷量($kg \cdot hm^{-2}$)	15	−0.708**	$y=-0.20x+92.10$	多施磷降低磷转化率
磷转化率(%)与最佳施钾量($kg \cdot hm^{-2}$)	13	−0.595*	$y=-0.19x+82.44$	施钾多造成与磷的不平衡
钾转化率(%)与最佳施钾量($kg \cdot hm^{-2}$)	14	−0.654*	$y=0.68x+251.38$	多施钾降低钾的转化率
钾转化率(%)与最佳施磷量($kg \cdot hm^{-2}$)	14	−0.650*	$y=-0.47x+247.81$	施磷多也降低钾的转化率
钾转化率(%)与磷利用率(%)	14	−0.588*	$y=-4.14x+233.66$	磷利用率高需钾多，降低钾转化率
钾转化率(%)与水解氮($mg \cdot kg^{-1}$)	11	0.782**	$y=1.29x+65.27$	水解氮高吸氮多，吸收钾也多
氮利用率(%)与氮丰缺值(%)	12	−0.611*	$y=-0.67x+72.00$	富氮土壤，氮利用率低
氮利用率(%)与磷利用率(%)	15	0.544*	$y=0.52x+17.02$	磷和氮互相促进吸收
钾利用率(%)与磷利用率(%)	15	0.551*	$y=1.29x+6.87$	磷和钾互相促进吸收
磷利用率(%)与最佳施磷量($kg \cdot hm^{-2}$)	15	0.677**	$y=0.07x+3.48$	施磷多提高磷利用率，类似集中施
磷利用率(%)与最佳施钾量($kg \cdot hm^{-2}$)	14	0.892**	$y=0.13x-1.06$	钾促进磷的吸收
钾利用率(%)与最佳施钾量($kg \cdot hm^{-2}$)	14	0.554*	$y=0.19x+6.16$	施钾多提高钾利用率，类似集中施
钾利用率(%)与钾丰缺值(%)	12	−0.817**	$y=-1.71x+170.20$	富钾土壤，肥料钾利用率低
钾利用率(%)与 pH	11	−0.909**	$y=-24.31x+210.45$	pH 高的土壤钾丰富，钾利用率低

四、与以往研究的对比

由于本研究中所使用的各类指标具有空间属性，并且转化率是新指标，因为与以往对比研究的资料比较少，对于大多数没有对比资料的结果分析附在表 3-3 中进行了简要分析。

在表 3-3 中，最佳施氮量与土壤速效磷正相关，说明磷促进氮的吸收，这与施氮降低土壤速效磷和速效钾含量结果是一致的；钾利用率与最佳施钾量正相关，说明施钾多提高钾的利用率，类似集中施钾[6-10]。

五、关于我国小麦生态平衡施肥指标体系中主要指标现状的讨论

研究结果表明：①小麦最佳氮、磷、钾施用量在正常范围内，按此标准施用不会引起明显的肥料面源污染，即化肥零增长行动计划或生态平衡施肥目的在技术上是可行的，从而揭示了养分在小麦最佳产量—土壤养分平衡—最佳施肥量—环境损失量之间循环的客观规律；②在最佳施肥量情况下氮、磷、钾转化率分别显著高于氮、磷、钾利用率，说明用一季的利用率衡量肥效低估了肥料的长期效应，如果用利用率推荐施肥必然导致施肥量失真并带来长期环境污染和土壤养分失衡，这是因为转化率和利用率的含义和计算方法不同，而转化率指标更科学和实用；③从土壤氮、磷、钾相对丰缺值看，土壤氮总体处于与目前高产相对应的低水平平衡阶段，土壤磷和钾总体上处于中、高水平阶段，其中磷处于积累阶段，钾处于消耗阶段，这是因为小麦多数为冬小麦且生长时间长，磷肥一直重施，而氮和钾在高产条件下基本不能积累，或淋失或被吸收。

六、关于省际间小麦生态平衡施肥指标平均值相关性统计结果的讨论

研究结果表明：省际间小麦生态平衡施肥指标平均值之间存在着各种相关关系，由表 3-3 归纳如下：①肥效与自身和其他养分最佳施肥量或利用率之间呈显著负相关：如磷转化率与最佳施磷量呈极显著负相关、磷转化率与最佳施钾量呈显著负相关、钾转化率与最佳施钾量呈显著负相关、钾转化率与最佳施磷量呈显著负相关、钾转化率与磷利用率呈显著负相关；②氮、磷、钾施肥量平衡时具有互促作用：如最佳施磷量与最佳施氮量呈显著正相关、最佳施钾量与最佳施磷量呈极显著正相关、磷利用率与氮利用率呈显著正相关、磷利用率与钾利用率呈显著正相关、磷利用率与最佳施钾量均呈极显著正相关；③土壤养分对自身养分肥效的发挥起抑制作用：如最佳施氮量与土壤氮相对丰缺值呈显著负相关、氮利用率与土壤氮相对丰缺值呈显著负相关、钾利用率与土壤钾相对丰缺值呈极显著负相关；④土壤养分对其他养分肥效的发挥起促进作用：如最佳施氮量与速效磷呈显著正相关、钾转化率与水解氮呈极显著正相关；⑤肥效与最佳产量之间具有一致性：如氮转化率与最佳产量呈显著正相关；⑥同类土壤养分之间具有正相关关系：如土壤水解氮与土壤有机质含量呈极显著正相关；⑦肥效与土壤属性关系的一致性：钾利用率与 pH 呈极显者负相关；⑧与传统解释矛盾的结果：如磷利用率与最佳施磷量呈极显著正相关可以解释为利用率是一季肥效的衡量标准，最佳施磷量高相当于集中施磷的效果；钾利用率与最佳施钾量呈显著正相关可以解释为最佳施钾量高相当于集中施钾的效果，有利于冬小麦越冬；这一重要结果提供了小麦磷和钾集中施肥的科学依据。

七、结论

小麦生态平衡施肥指标在大的空间尺度上多数存在显著相关，进一步揭示了养分在作

物—土壤—肥料—环境之间的相辅相成的客观规律，这是生态平衡施肥的理论基础；省际间生态平衡施肥指标的显著相关结果为各省最佳氮、磷、钾的平均施用量和最佳产量的确定提供了定量依据。

第二节　小麦养分转化率主要影响因素研究

一、小麦养分转化率的回归分析

式（3-1）至（3-3）为小麦氮转化率与土壤氮素含量、最佳施氮量和最佳产量的多元回归分析结果，其非标准化参数和显著性差异见表 3-4。

$$y=0.189x_1-0.469x_3+0.014x_4+100.770 \tag{3-1}$$

$$y=0.064x_2-0.443x_3+0.016x_4+74.669 \tag{3-2}$$

$$y=23.156x_1-0.244x_2-0.337x_3+0.015x_4+65.305 \tag{3-3}$$

其中：y 为氮转化率；x_1为土壤全氮含量；x_2为土壤水解氮含量；x_3为最佳施氮量；x_4为最佳产量；数字项（a）为常数，其中式（3-3）中土壤全氮含量和土壤水解氮含量信息有重叠，未进行正交化处理或主成分分析。

由表 3-4 可知，3 个回归方程非标准化系数的决定系数高，回归差异性极显著。其中：①氮转化率与最佳产量呈极显著正相关，说明产量越高需要带走的氮越多氮转化率也就越高；②氮转化率与最佳施氮量呈极显著负相关，说明施氮多将导致氮转化率降低；③氮转化率与土壤全氮含量、土壤水解氮含量的 T 检验差异性不显著，说明土壤全氮和水解氮含量不能很好地作为施氮指标使用，这与以往诸多研究得到的土壤氮不适合作为施氮指标的结论是一致的。

表 3-4　小麦氮转化率影响因素的回归分析结果

模型式	项目	土壤全氮含量 k1	土壤水解氮含量 k2	最佳施氮量 k3	最佳产量 k4	a	r	n	回归显著性
式 1	非标准化系数	0.189	—	−0.469	0.014	100.770	0.908	74	0.000
	T 检验显著性	0.162	—	0.000	0.000	0.000	—	—	—
式 2	非标准化系数	—	0.064	−0.443	0.016	74.669	0.960	13	0.000
	T 检验显著性	—	0.528	0.000	0.000	0.000	—	—	—
式 3	非标准化系数	23.156	−0.244	−0.337	0.015	65.305	0.997	24	0.000
	T 检验显著性	0.025	0.061	0.003	0.002	0.002	—	—	—

同理，对小麦磷转化率与土壤磷素含量、最佳施磷量和最佳产量进行多元回归分析，回归方程非标准化系数的决定系数高，回归方程差异性显著。其中：①磷转化率与最佳产量呈显著正相关，说明产量越高需要带走的磷越多，磷转化率也就越高；②磷转化率与最佳施磷量呈显著负相关，说明施磷多将导致磷转化率降低；③磷转化率与土壤全磷和速效磷含量的 T 检验差异性不显著，说明土壤全磷和速效磷含量不能很好地作为施磷指标使用，这与以往诸多研究得到的土壤磷也不是很适合作为施磷指标的结论是一致的。

小麦钾转化率与土壤钾素含量、最佳施钾量和最佳产量进行多元回归分析结果表明，回归方程非标准化系数的决定系数高，但只有以土壤速效钾为指标时回归方程差异性极显著，而以土壤全钾为指标时及以土壤全钾和速效钾同时为指标时，回归方程在 P＝0.1 下差异性显著。其中：①钾转化率与最佳施钾量呈差异性极显著负相关，说明施钾多将导致钾转化率降低；②钾转化率与土壤全钾含量、土壤水解钾含量的 T 检验差异性不显著，说明土壤全钾和水解钾含量不能很好地作为施钾指标使用，这与以往诸多研究得到的土壤钾不适合作为施钾指标的结果是一致的[11]。

二、小麦养分转化率影响因素

小麦氮、磷、钾转化率影响因素及其可能的原因见表 3-5、表 3-6 和表 3-7。

图 3-4 为小麦氮转化率与纬度、年均温度和年均降水量的关系，结果表明：①氮转化率与纬度呈极显著正相关，原因是纬度越大，降水量越少，氮损失越少残留越多，因而氮转化率越高；②氮转化率与年均温度呈显著负相关，原因是年均温度越高，降水也越多，氮淋失和挥发损失越多，因而氮转化率就越低；③氮转化率与年均降水量呈极显著负相关，原因是年均降水量越高，氮淋失越多，因而氮转化率就越低。

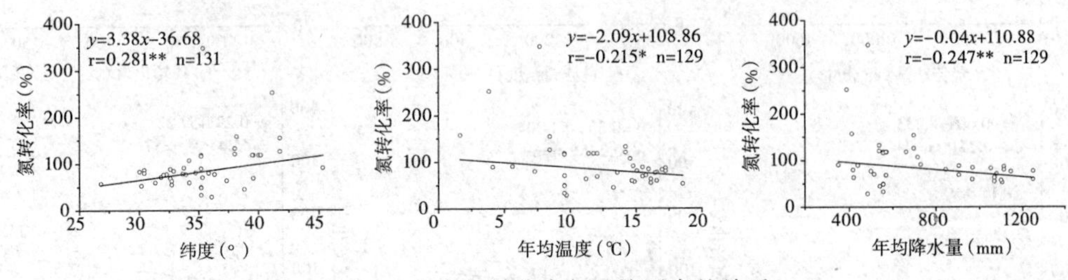

图 3-4　小麦氮转化率与环境因素的关系

由图 3-5 可知：①氮转化率与最佳产量呈极显著正相关，原因是产量越高，吸收氮越多，氮转化率就越高；②氮转化率与最佳施氮量呈极显著负相关，原因是施氮越多，氮的损失越多，氮的转化率就越低；③氮转化率与磷转化率呈显著正相关，原因是小麦吸收磷多的同时吸收氮也多，氮和磷之间具有一致性和平衡性；④氮转化率与土壤全氮含量呈显著负相关，如果是氮的利用率与土壤全氮含量呈显著负相关就好理解了，因为土壤氮多了，氮的利用率必然低，又因为利用率是转化率的一部分，转化率低就容易理解了；⑤氮转化率与氮相对丰缺值呈显著正相关，原因是土壤氮相对丰缺值越高，土壤氮越多，因而氮转化率越高；⑥氮转化率与水解氮呈极显著正相关，原因是土壤水解氮含量越高，供给氮转化的氮源越多因而转化率就越高；⑦氮转化率与全磷呈显著正相关，原因是土壤全磷含量越高，能促进氮的吸收，氮和磷之间具有互促作用。

表 3-5　小麦氮转化率影响因素

影响因素	n	r	回归方程	可能的原因
纬度（°）	131	0.281**	$y=3.38x-36.68$	高纬度地区降水少，氮残留多，氮转化率高
年均温度（℃）	129	−0.215*	$y=-2.09x+108.86$	高温区降水多，氮损失多，氮转化率低

（续）

影响因素	n	r	回归方程	可能的原因
年均降水量（mm）	129	−0.247**	$y=-0.04x+110.88$	降水多氮损失多，氮转化率低
最佳产量（$kg \cdot hm^{-2}$）	131	0.256**	$y=0.01x+50.83$	高产吸氮多，氮转化率高
最佳施氮量（$kg \cdot hm^{-2}$）	131	−0.584**	$y=-0.33x+147.24$	施氮多损失多，氮转化率低
磷转化率（%）	129	0.192*	$y=0.28x+9.57$	磷促进氮的吸收
全氮（$g \cdot kg^{-1}$）	74	−0.271*	$y=-0.60x+83.33$	全氮为非有效氮，此规律需要验证
氮丰缺值（%）	69	0.245*	$y=0.39x+54.00$	富有效氮的土壤，氮转化率高
水解氮（$mg \cdot kg^{-1}$）	57	0.347**	$y=0.29x+57.22$	富有效氮的土壤，氮转化率高
全磷（$g \cdot kg^{-1}$）	21	0.463*	$y=0.44x+51.10$	磷促进氮的吸收

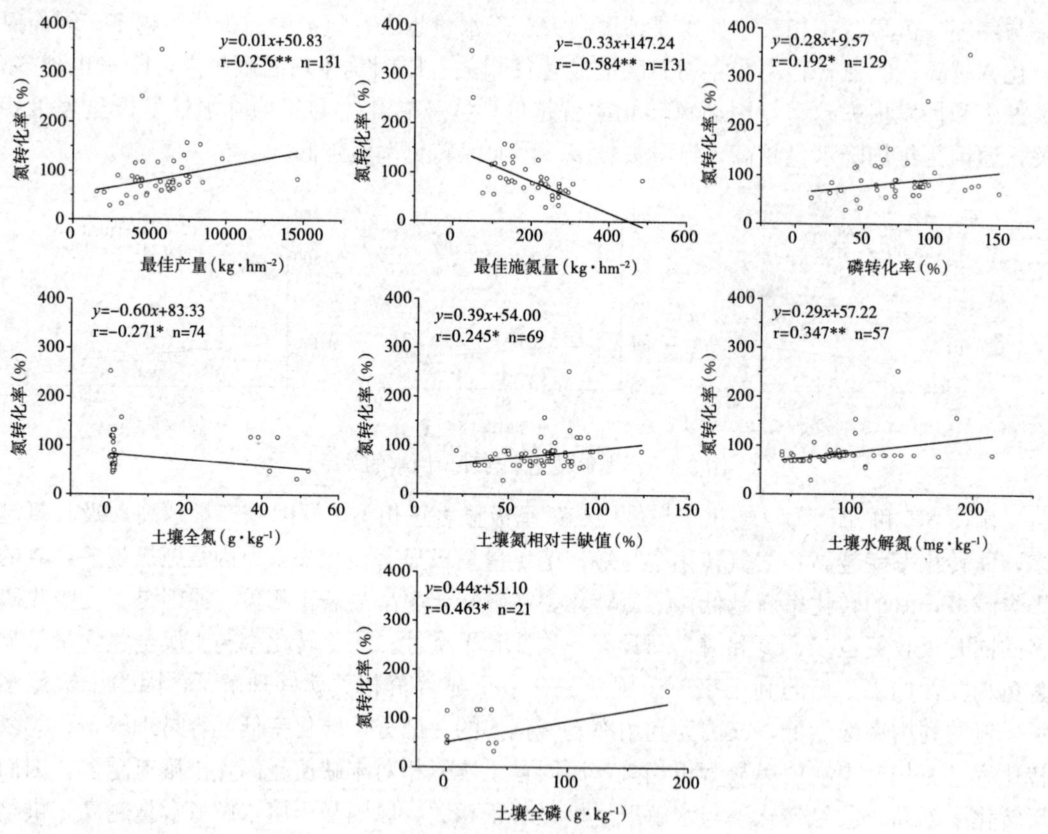

图 3-5 小麦氮转化率影响因素

由图 3-6 可知：①磷转化率与最佳产量呈极显著正相关，原因是最佳产量高吸收磷多，因此磷的转化率就高；②磷转化率与最佳施磷量呈极显著负相关，原因是最佳施磷量越多，小麦吸收磷的比例越少，因此转化率就低，符合报酬递减规律；③磷转化率与最佳施钾量呈极显著负相关，原因可能是最佳施钾量越高，与磷之间越不平衡，导致磷转化率降低；④磷转化率与氮转化率呈显著正相关，原因是氮转化率高吸收氮就多，相应地促进磷的多吸收，因此磷的转化率就高；⑤磷转化率与有机质呈极显著正相关，原因是有机质含量高的土壤磷含量也高，因此磷的转化率高；⑥磷转化率与全氮含量呈极显著负相关，原因可能是土壤全氮含量高时与磷不平衡，抑制磷的转化；⑦磷转化率与氮相对丰缺值呈显著负相关，原因可能是氮相对丰缺值高的土壤氮比较丰富，与磷之间不平衡，导致磷转化率降低；⑧磷转化率与水解氮呈极显著正相关，原因是土壤水解氮高的土壤吸收氮也多，

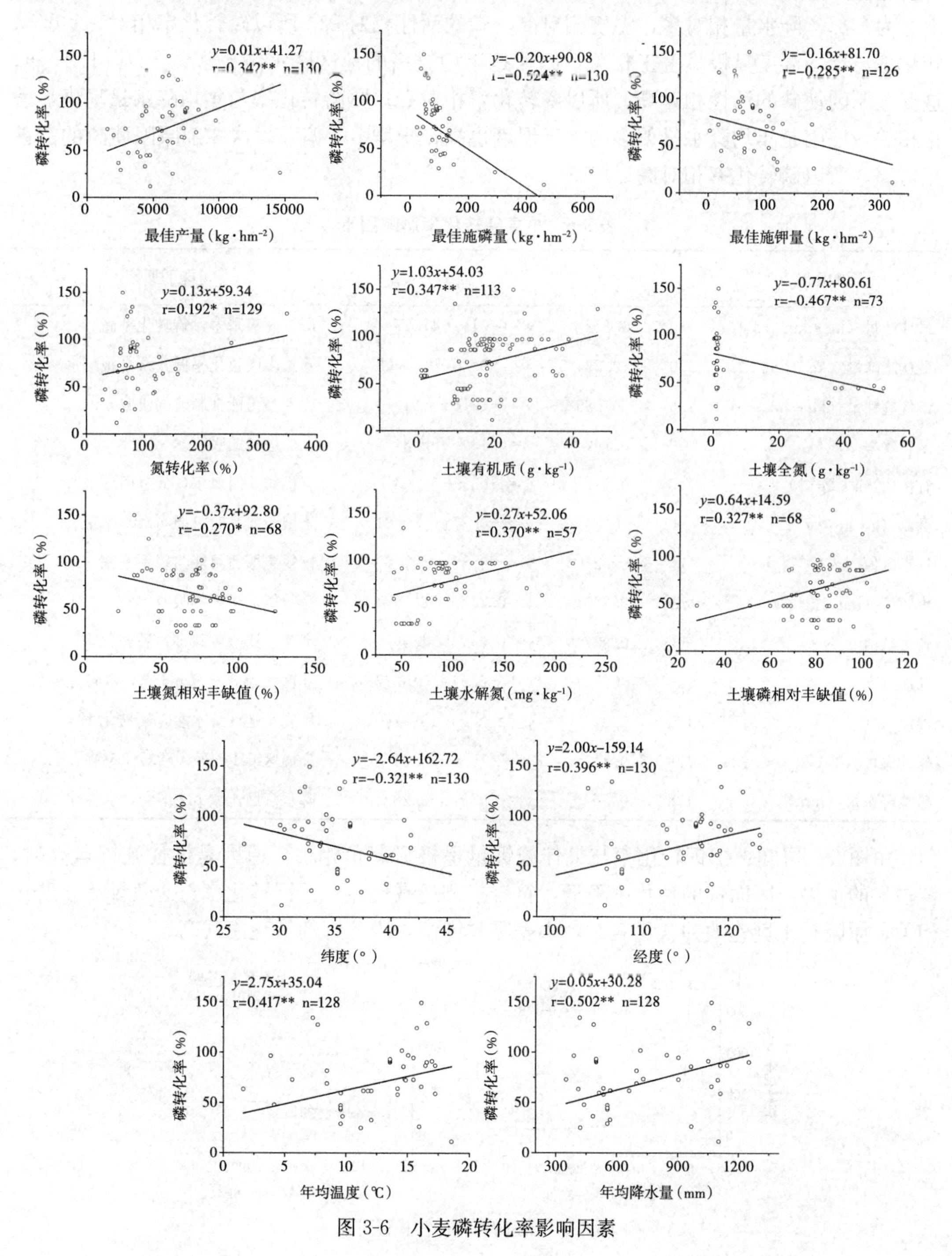

图 3-6　小麦磷转化率影响因素

氮转化率高促进磷的转化率也高；⑨磷转化率与磷相对丰缺值呈极显著正相关，原因是土壤磷相对丰缺值高的土壤吸收磷也多，磷的转化率也高；⑩磷转化率与纬度呈极显著负相关，原因是纬度大的地区降水量相对少，温度也低，土壤 pH 偏高，这 3 个原因使磷的活性相对低，所以磷转化率相对也低；⑪磷转化率与经度呈极显著正相关，原因是经度大的地区为东部，降水量相对多，温度相对高，磷的活性相对高，所以磷转化率相对高；⑫磷转化率与年均温度呈极显著正相关，原因是年均温高的地区降水量也多，土壤 pH 偏酸，这 3 个原因使磷的活性相对高，所以磷转化率相对高；⑬磷转化率与年均降水量呈极显著正相关，原因是年均降水量偏多的地区温度也高，土壤 pH 偏酸，这 3 个原因使磷的活性相对高，所以磷转化率相对高。

表 3-6　小麦磷转化率影响因素

影响因素	n	r	回归方程	可能的原因
最佳产量（$kg \cdot km^{-2}$）	130	0.342**	$y=0.01x+41.27$	产量高吸磷多，磷转化率高
最佳施磷量（$kg \cdot hm^{-2}$）	130	−0.524**	$y=-0.20x+90.08$	施磷多磷转化率低，符合报酬递减率
最佳施钾量（$kg \cdot hm^{-2}$）	126	−0.285**	$y=-0.16x+81.70$	施钾多可能抑制磷的吸收
氮转化率（%）	129	0.192*	$y=0.13x+59.34$	氮促进磷的吸收
有机质（$g \cdot kg^{-1}$）	113	0.347**	$y=1.03x+54.03$	有机质多时氮多，促进磷的吸收
全氮（$g \cdot kg^{-1}$）	73	−0.467**	$y=-0.77x+80.61$	土壤全氮高时可能与磷不平衡
氮丰缺值（%）	68	−0.270*	$y=-0.37x+92.80$	富氮土壤氮可能与磷不平衡
水解氮（$mg \cdot kg^{-1}$）	57	0.370**	$y=0.27x+52.06$	有效氮促进磷的吸收
磷丰缺值（%）	68	0.327**	$y=0.64x+14.59$	富磷土壤吸收磷多，磷转化率高
纬度（°）	130	−0.321**	$y=-2.64x+162.72$	纬度大地区土壤 pH 高，磷转化率低
经度（°）	130	0.396**	$y=2.00x-159.14$	经度大地区降水多，磷转化率高
年均温度（℃）	128	0.417**	$y=2.75x+35.04$	高温区 pH 偏酸，磷转化率高
年均降水量（mm）	128	0.502**	$y=0.05x+30.28$	降水多区土壤 pH 偏酸，磷转化率高

由图 3-7 可知：①钾转化率与最佳施钾量呈极显著负相关，原因是最佳施钾量高时，钾损失的也多，因而钾的转化率降低，符合报酬递减规律；②钾转化率与速效钾呈显著正相关，原因是土壤速效钾含量高时，小麦吸收钾多，因而钾的转化率就高。

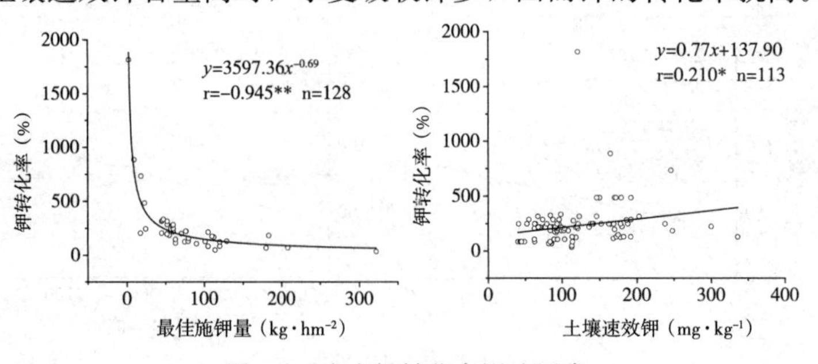

图 3-7　小麦钾转化率影响因素

表 3-7　小麦钾转化率影响因素

影响因素	n	r	回归方程	可能的原因
最佳施钾量（kg·km^{-2}）	128	−0.945**	$y=3597.36x^{-0.69}$	施钾多时钾转化率低，符合报酬递减率
速效钾（mg·kg^{-1}）	113	0.210*	$y=0.77x+137.90$	速效钾高时吸钾多，转化率高

三、小麦最佳施肥量影响因素

小麦氮、磷、钾最佳施肥量影响因素及其可能的原因见表 3-8、表 3-9 和表 3-10。

由图 3-8 可知：①最佳施氮量与最佳产量呈极显著正相关，原因是产量越高需要施入的氮就越多；②最佳施氮量与最佳施磷量呈极显著正相关，原因是氮和磷在施肥上需要平衡；③最佳施氮量与氮相对丰缺值呈极显著负相关，原因是土壤氮相对多时，最佳施氮量就必然少；④最佳施氮量与磷相对丰缺值呈显著正相关，说明土壤磷含量高时需要最佳施氮量也高才能保持平衡吸收；⑤最佳施氮量与纬度呈显著负相关，原因是纬度大的地区降水少温度也低，氮淋失和挥发损失的少因而最佳施氮量就低；⑥最佳施氮量与经度呈极显著正相关，原因是小麦产区内经度大的地区降水多和温度高，因此最佳施氮量必然高；⑦最佳施氮量与年均温度呈极显著正相关，原因是温度越高降水也越多，氮损失也越多，因而最佳施氮量也高；⑧最佳施氮量与年均降水呈极显著正相关，原因是降水量多氮损失也多，因而最佳施氮量也多。

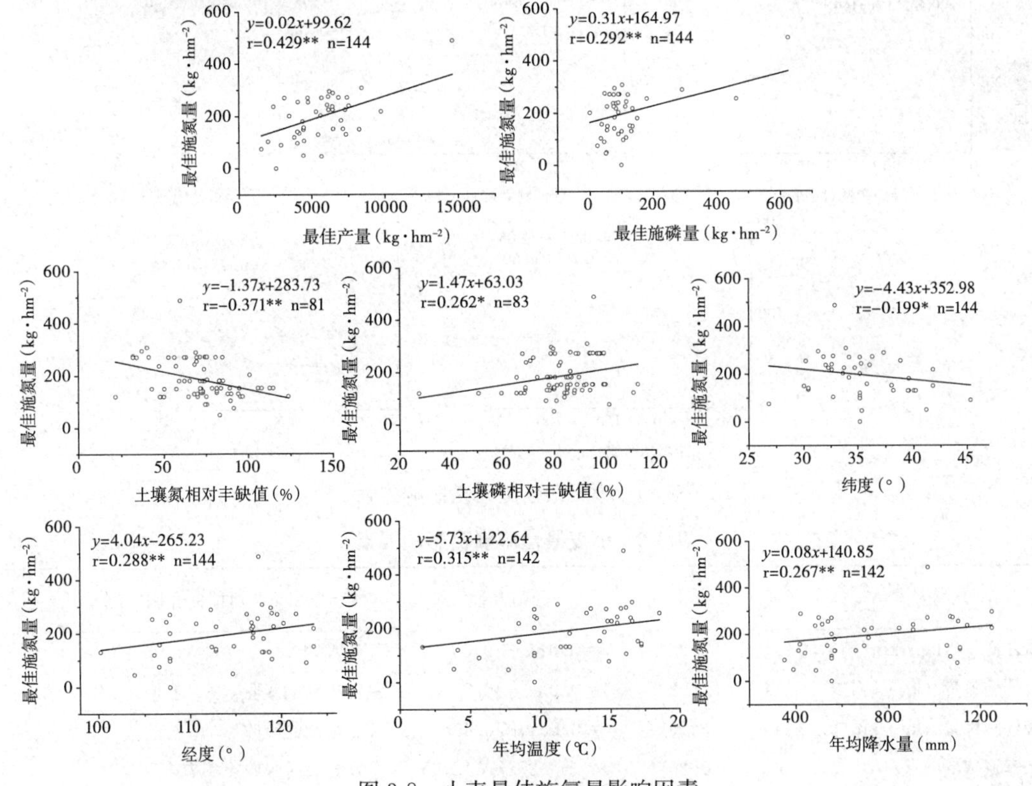

图 3-8　小麦最佳施氮量影响因素

表 3-8　小麦最佳施氮量影响因素

影响因素	n	r	回归方程	可能的原因
最佳产量（$kg \cdot km^{-2}$）	144	0.429**	$y=0.02x+99.62$	高产吸氮多
最佳施磷量（$kg \cdot km^{-2}$）	144	0.292**	$y=0.31x+164.97$	磷促进氮的吸收
氮丰缺值（%）	81	−0.371**	$y=-1.37x+283.73$	富氮土壤，施氮量少
磷丰缺值（%）	83	0.262*	$y=1.47x+63.06$	磷促进氮的吸收
纬度（°）	144	−0.199*	$y=-4.43x+352.98$	纬度大地区降水少，氮损失少，施氮量低
经度（°）	144	0.288**	$y=4.04x-265.23$	经度大地区降水多，施氮多
年均温度（℃）	142	0.315**	$y=5.73x+122.64$	高温区氮损失多，施氮多
年均降水量（mm）	142	0.267**	$y=0.08x+140.85$	降水多氮损失多，施氮多

由图 3-9 可知：①最佳施磷量与最佳产量呈极显著正相关，原因是最佳产量高时吸收磷也多，因而磷的转化率也高；②最佳施磷量与最佳施氮量呈极显著正相关，原因是氮和磷之间具有相促作用；③最佳施磷量与最佳施钾量呈极显著正相关，原因是钾和磷之间具有相促作用；④最佳施磷量与土壤水解氮呈显著负相关，原因是土壤水解氮高时可能与磷不平衡，导致最佳施磷量不升反降；⑤最佳施磷量与纬度呈极显著正相关，原因是纬度高的地区温度低和降水少，磷的活性低，因而最佳施磷量就高。

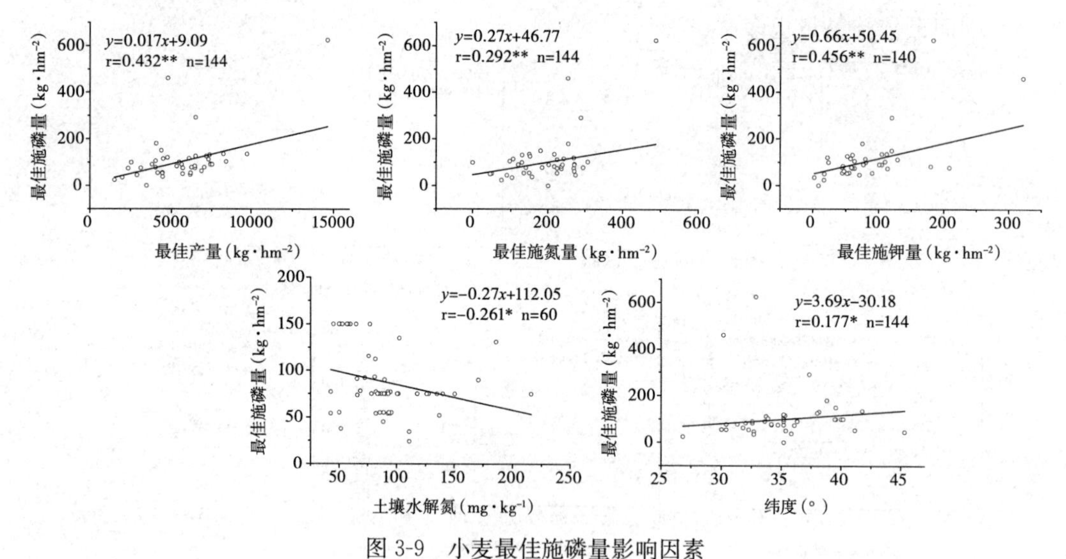

图 3-9　小麦最佳施磷量影响因素

表 3-9　小麦最佳施磷量影响因素

影响因素	n	r	回归方程	可能的原因
最佳产量（$kg \cdot km^{-2}$）	144	0.432**	$y=0.017x+9.09$	高产吸磷多
最佳施氮量（$kg \cdot km^{-2}$）	144	0.292**	$y=0.27x+46.77$	氮促进磷的吸收
最佳施钾量（$kg \cdot km^{-2}$）	140	0.456**	$y=0.66x+50.45$	钾促进磷的吸收
水解氮（$mg \cdot kg^{-1}$）	60	−0.261*	$y=-0.27x+112.05$	水解氮高时吸收土壤磷多
纬度（°）	144	−0.177*	$y=3.69x-30.18$	高纬度地区温度低降水少，磷损失少

由图 3-10 可知：①最佳施钾量与最佳施磷量呈极显著正相关，原因是磷和钾之间具有互促作用；②最佳施钾量与磷转化率呈极显著负相关，原因是最佳施钾量与最佳施磷量呈正相关，施钾多施磷就多，所以磷的转化率降低；③最佳施钾量与水解氮呈极显著负相关，原因可能是土壤水解氮高与施钾不平衡所致；④最佳施钾量与速效磷呈极显著正相关，原因是速效磷高的土壤也需要高的土壤钾含量，不足时需要施钾达到平衡；⑤最佳施钾量与速效钾呈显著负相关，原因是土壤速效钾含量高时，小麦从土壤里吸收钾更多，最佳施钾量必然降低；⑥最佳施钾量与土壤磷相对丰缺值呈极显著负相关，原因是土壤磷相对丰缺值高时，可能与钾不平衡导致最佳施钾量低；⑦最佳施钾量与 pH 呈极显著负相关，原因是 pH 高的土壤上钾相对丰富，因而最佳施钾量必然降低。

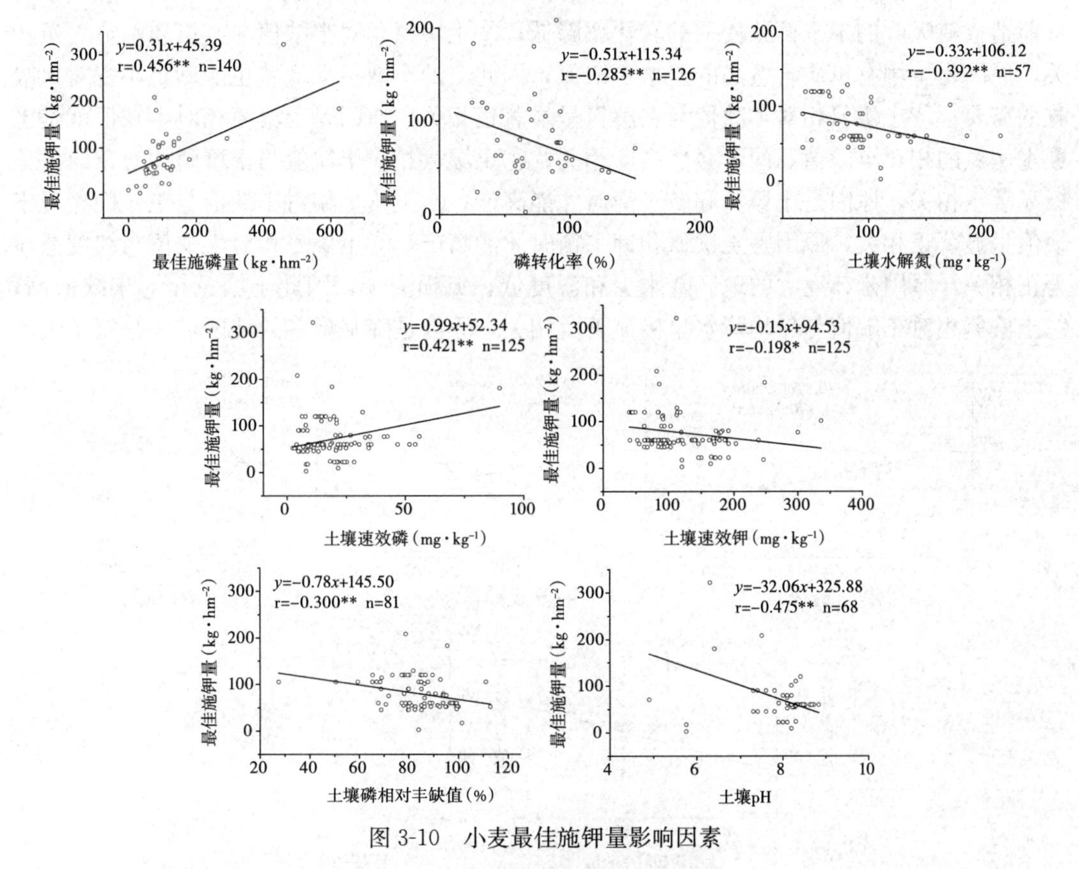

图 3-10　小麦最佳施钾量影响因素

表 3-10　小麦最佳施钾量影响因素

影响因素	n	r	回归方程	可能的原因
最佳施磷量（kg・km⁻²）	140	0.456**	$y=0.31x+45.39$	磷促进钾的吸收
磷转化率（%）	126	−0.285**	$y=-0.51x+115.34$	磷转化率高将伴随钾转化率高，施钾就少
水解氮（mg・kg⁻¹）	57	−0.392**	$y=-0.33x+106.12$	富氮土壤促进土壤钾吸收，施钾就少
速效磷（mg・kg⁻¹）	125	0.421**	$y=0.99x+52.34$	土壤磷对钾肥有促进作用
速效钾（mg・kg⁻¹）	125	−0.198*	$y=-0.15x+94.53$	富钾土壤钾肥用量低

（续）

影响因素	n	r	回归方程	可能的原因
磷丰缺值（%）	81	−0.300**	$y=-0.78x+145.50$	富磷土壤促进土壤钾吸收，施钾就低
pH	68	−0.475**	$y=-32.06x+325.88$	土壤 pH 高钾丰富，施钾少

四、小麦土壤养分相对丰缺值影响因素

小麦氮、磷、钾土壤养分相对丰缺值影响因素（相关关系）及其可能的原因见表 3-11、表 3-12 和表 3-13。

由图 3-11 可知：①土壤氮相对丰缺值与磷转化率呈显著负相关，原因是土壤氮多时可能造成磷吸收的不平衡致使磷的转化率降低；②土壤氮相对丰缺值与有机质呈显著负相关，原因是土壤有机质含量高的土壤不缺氮，因此氮的丰缺指标低些也能满足小麦对氮吸收的需要；③土壤氮相对丰缺值与水解氮呈显著正相关，原因是土壤氮相对丰缺值就是土壤水解氮的相对丰缺值，两者必然高度相关；④土壤氮相对丰缺值与土壤磷相对丰缺值呈极显著正相关，原因是土壤氮和磷平衡时才能高产；⑤土壤氮相对丰缺值与土壤钾相对丰缺值呈显著正相关，原因是土壤氮和钾平衡时才能高产；⑥土壤氮相对丰缺值与纬度呈显著正相关，原因是纬度大的地区降水少和温度低，氮损失少，因此土壤氮相对丰缺值高；⑦土壤氮相对丰缺值与年均降水呈极显著负相关，原因是降水量多的地区，一是氮损失的

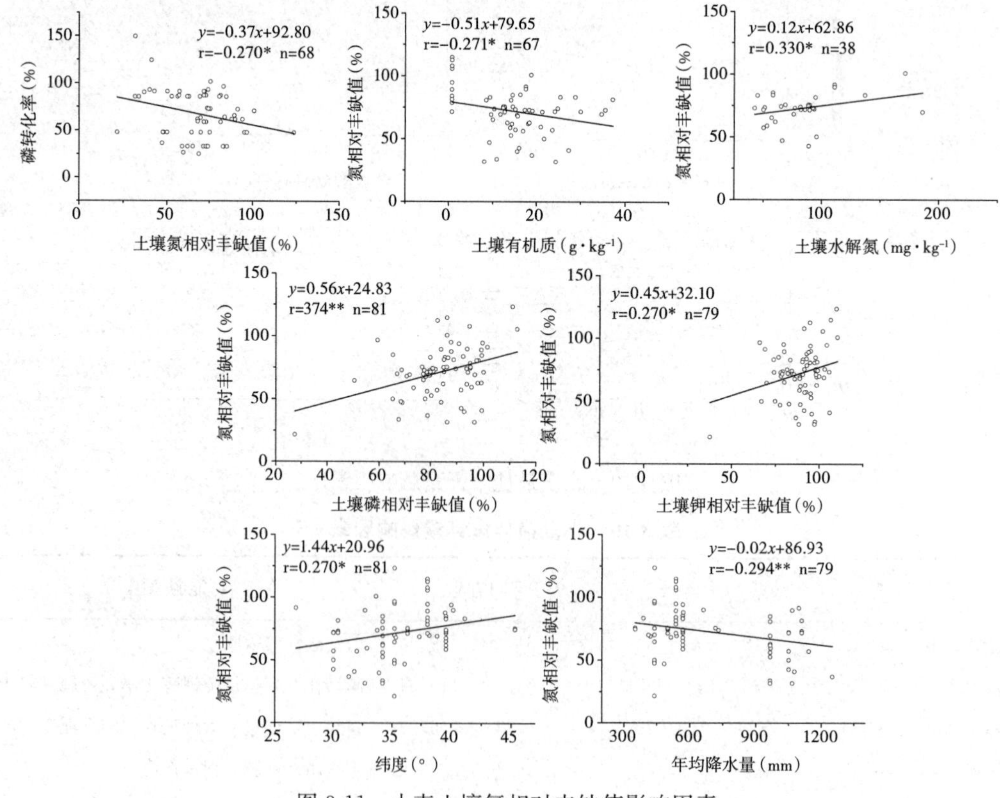

图 3-11　小麦土壤氮相对丰缺值影响因素

多，二是土壤胶体少吸附氮也少，三是氮转化的也快，因而土壤氮相对丰缺值低。

表 3-11　小麦土壤氮相对丰缺值影响因素

影响因素	n	r	回归方程	可能的原因
磷转化率（%）	67	0.270*	$y=-0.37x+92.80$	土壤氮多可造成磷吸收不平衡
有机质（$g\cdot kg^{-1}$）	67	−0.271*	$y=-0.51x+79.65$	土壤氮多可造成磷吸收不平衡
水解氮（$mg\cdot kg^{-1}$）	38	0.330*	$y=0.12x+62.86$	水解氮是土壤有效氮的主体
磷丰缺值（%）	81	0.374**	$y=0.56x+24.83$	肥土 NP 丰缺值具有一致性
钾丰缺值（%）	79	0.270*	$y=0.45x+32.10$	肥土 NK 丰缺值具有一致性
纬度（°）	81	0.270*	$y=1.44x+20.96$	高纬度区氮损失少，丰缺值高
年均降水量（mm）	79	−0.294**	$y=-0.02x+86.93$	降水多地区氮损失多丰缺值低

由图 3-12 可知：①土壤磷相对丰缺值与最佳产量呈极显著正相关，原因是土壤磷相对丰缺值高，意味着土壤磷丰富，必然促进产量的形成；②土壤磷相对丰缺值与最佳施氮量呈显著正相关，原因是土壤磷相对丰缺值高时，产量就高，必然要求最佳施氮量也高才能保持氮和磷的平衡吸收；③土壤磷相对丰缺值与最佳施钾量呈极显著负相关，原因是土壤磷相对丰缺值高时，土壤磷含量一般也高，导致最佳施钾量低的原因可能是高磷造成与钾的不平衡所致；④土壤磷相对丰缺值与有机质含量呈极显著负相关，原因可能是有机质含量高的土壤磷的含量也高，即使土壤磷相对丰缺值低些，由于土壤磷的容量指标大，也

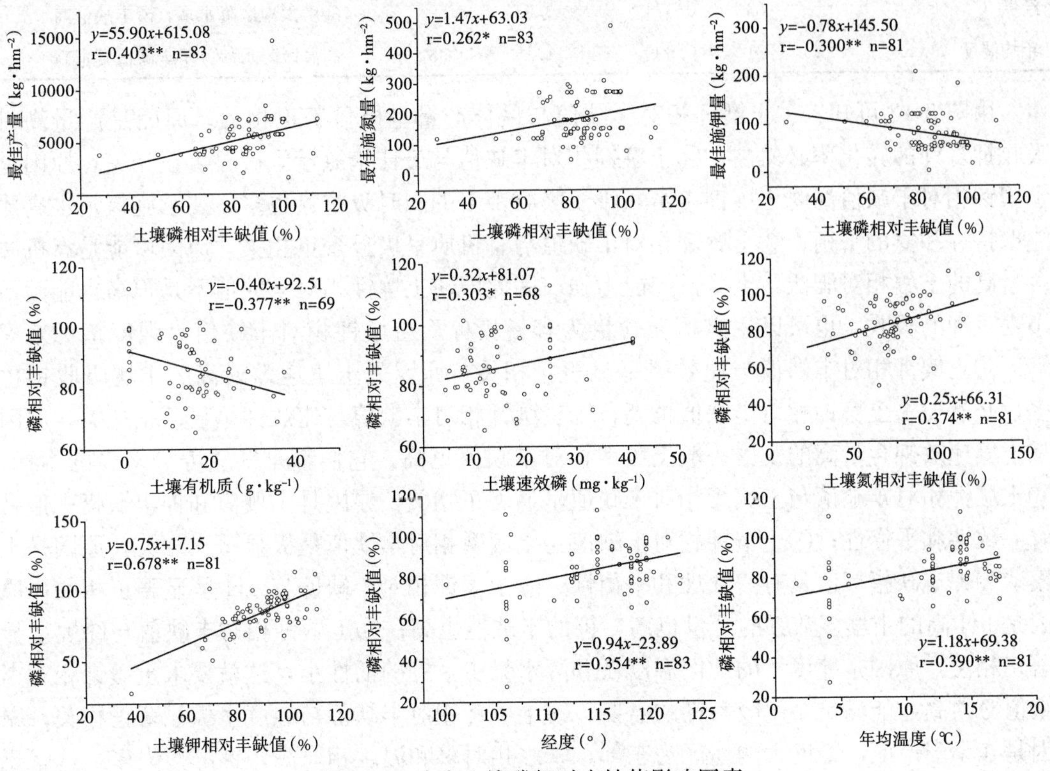

图 3-12　小麦土壤磷相对丰缺值影响因素

能满足作物的需求，根本原因在于土壤磷相对丰缺值和有机质含量分别是强度和容量指标；⑤土壤磷相对丰缺值与速效磷呈显著正相关，原因是土壤磷丰缺指标值就是基于产量再根据土壤速效磷高低划分的；⑥土壤磷相对丰缺值与土壤氮相对丰缺值呈极显著正相关，原因是氮和磷相对丰缺指标值之间具有一致性和平衡性；⑦土壤磷相对丰缺值与土壤钾相对丰缺值呈极显著正相关，原因是钾和磷相对丰缺指标值之间具有一致性和平衡性；⑧土壤磷相对丰缺值与经度呈极显著正相关，原因是经度大的地区降水量多，温度也高，磷的活性也大，要求的丰缺值也高；⑨土壤磷相对丰缺值与年均温度呈极显著正相关，原因是年均温高的地区降水量也多，磷的活性也大，丰缺值也高。

表 3-12　小麦土壤磷相对丰缺值影响因素

影响因素	n	r	回归方程	可能的原因
最佳产量（$kg \cdot hm^{-2}$）	70	0.307**	$y=42.01x+1546.94$	高产吸磷多
最佳施氮量（$kg \cdot hm^{-2}$）	70	0.314**	$y=1.86x+34.41$	氮和磷互相促进吸收
最佳施钾量（$kg \cdot hm^{-2}$）	68	0.238*	$y=-0.65x+136.82$	富磷土壤吸收土壤钾多
有机质（$g \cdot kg^{-1}$）	69	−0.377**	$y=-0.40x+92.51$	有机质高磷有效性高，丰缺值降低
速效磷（$mg \cdot kg^{-1}$）	68	0.303*	$y=0.32x+81.07$	速效磷决定磷丰缺程度
氮丰缺值（%）	81	0.374**	$y=0.25x+66.31$	肥土 NP 丰缺值具有一致性
钾丰缺值（%）	81	0.678**	$y=0.75x+17.15$	肥土 PK 丰缺值具有一致性
经度（°）	83	0.354**	$y=0.94x-23.89$	经度大地区降水多，磷丰缺值高
年均温度（℃）	81	0.390**	$y=1.18x+69.38$	高温区降水多，磷丰缺值要求高

由图 3-13 可知：①土壤钾相对丰缺值与最佳产量呈极显著正相关，原因是产量高时吸收钾多钾的转化率必然高；②土壤钾相对丰缺值与最佳施氮量呈极显著正相关，原因是土壤钾相对丰缺值高时土壤钾丰富，小麦吸收钾多的同时吸收氮也多，要求施氮量也高才能保持钾和氮的平衡；③土壤钾相对丰缺值与有机质呈极显著负相关，原因可能是有机质含量高的土壤相对肥沃，土壤供钾能力强，因此即使土壤钾相对丰缺值不是很高也能满足小麦对钾的吸收，也可以用有机质含量为容量指标而土壤钾相对丰缺值为强度指标来理解；④土壤钾相对丰缺值与速效磷呈显著正相关，原因是土壤速效磷高的土壤吸收钾也多，必然要求土壤钾相对丰缺值也高；⑤土壤钾相对丰缺值与速效钾呈显著正相关，原因是土壤速效钾含量高的土壤一般土壤钾相对丰缺值也高，它们都是衡量养分多少的指标；⑥土壤钾相对丰缺值与土壤氮相对丰缺值呈显著正相关，原因是土壤氮和钾丰缺指标值具有一致性和平衡性；⑦土壤钾相对丰缺值与土壤磷相对丰缺值呈极显著正相关，原因是土壤磷和钾丰缺指标值具有一致性和平衡性；⑧土壤钾相对丰缺值与 pH 呈显著正相关，原因是 pH 高的土壤多数钾的含量也高，钾的丰缺值也高；⑨土壤钾相对丰缺值与纬度呈显著正相关，原因是纬度大的地区温度低和降水量少，钾的活性小，这就要求土壤钾相对丰缺值必须高才能满足小麦吸收钾的需要；⑩土壤钾相对丰缺值与经度呈极显著正相关，原因是在小麦产区，经度大的地区为东部，降水相对多和温度相对高，钾的损失多，这就要求土壤钾相对丰缺值必须高些才能满足小麦吸收钾的需要。

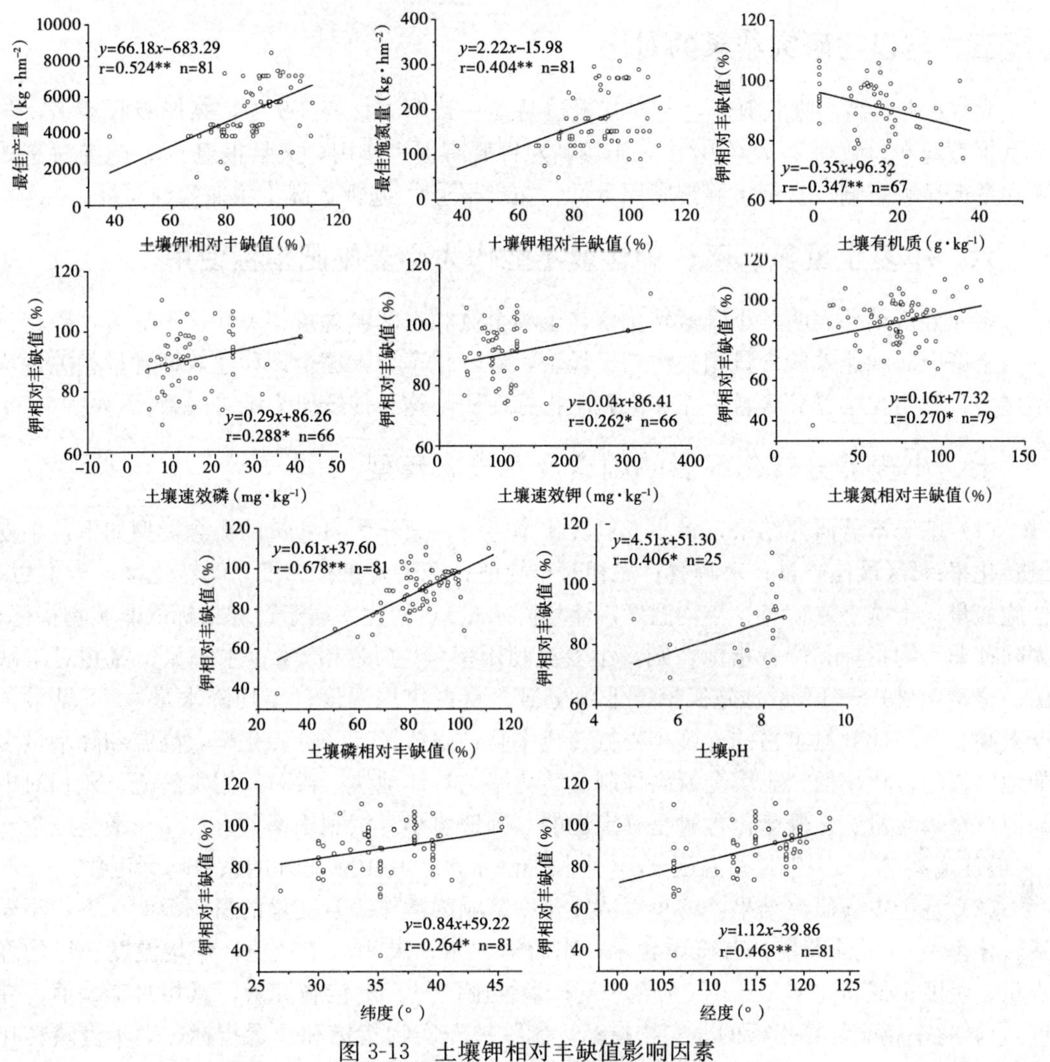

图 3-13　土壤钾相对丰缺值影响因素

表 3-13　小麦土壤钾相对丰缺值影响因素

影响因素	n	r	回归方程	可能的原因
最佳产量（$kg \cdot hm^{-2}$）	68	0.465**	$y=51.45x+352.67$	土壤钾多有利于高产
最佳施氮量（$kg \cdot hm^{-2}$）	68	0.447**	$y=2.49x-35.89$	钾促进氮的吸收
有机质（$g \cdot kg^{-1}$）	67	−0.347**	$y=-0.35x+96.32$	肥土钾转化率高，丰缺值低
速效磷（$mg \cdot kg^{-1}$）	66	0.288*	$y=0.29x+86.26$	富磷土壤要求钾丰缺值也高
速效钾（$mg \cdot kg^{-1}$）	66	0.262*	$y=0.04x+86.41$	速效钾是钾丰缺值的主体
氮丰缺值（%）	79	0.270*	$y=0.16x+77.32$	肥土 NK 丰缺值具有一致性
磷丰缺值（%）	81	0.678**	$y=0.61x+37.60$	肥土 PK 丰缺值具有一致性
pH	25	0.406*	$y=4.51x+51.30$	高 pH 土钾多，丰缺值也高
纬度（°）	81	0.264*	$y=0.84x+59.22$	高纬度区降水少钾活性小，要求丰缺值高
经度（°）	81	0.468**	$y=1.12x-39.86$	高经度区降水多钾损失多，要求丰缺值高

五、与以往研究结果的对比

表 3-8 中，高产吸收氮多，与文献报道基本一致[12-14]；表 3-9 中，高产吸收磷多，与文献报道基本一致[15]；表 3-10 中，土壤磷对钾肥有促进作用，文献报道[16]，施钾对有效磷含量无显著影响；富钾土壤钾肥用量低，文献报道[17]施钾提高土壤速效钾含量。

六、小麦土壤氮、磷、钾含量不能作为小麦施肥指标使用

多元分析结果表明，小麦氮转化率与土壤全氮和水解氮含量相关性均不显著，磷转化率与土壤全磷和速效磷含量相关性均不显著，钾转化率与土壤全钾和速效钾含量相关性均不显著，说明土壤养分含量不能作为施肥指标使用，这与传统研究结果一致。

七、小麦养分转化率影响因素及其概念模型

（1）基于本著研究结果，将小麦氮转化率影响因素作为自变量的概念模型如下：小麦氮转化率＝f（最佳产量；水解氮；氮相对丰缺值；全磷含量；纬度；磷转化率）－f（最佳施氮量；土壤全氮含量；年均温度；年均降水量），转化率属于计算指标的非实物指标，剔除掉非实物指标和位置指标，则，小麦氮利用率≈f（最佳产量；水解氮；氮相对丰缺值；全磷含量）－f（最佳施氮量；土壤全氮含量；年均温度；年均降水量），可见最佳产量高、磷和速效氮丰富的土壤小麦氮转化率高，施氮量高降低转化率，高温和降水量多的地区氮的转化率低，土壤全氮高抑制氮转化率。具体地块一段时间内水解氮、氮相对丰缺值、全磷含量、土壤全氮含量是确定性的，则地块小麦氮利用率 $Y \approx a + b$ * 最佳产量－c * 最佳施氮量－d * 生长季温度－e * 生长季降水量，其中除 a 外的系数均为正数。

（2）基于本著研究结果，将小麦磷转化率影响因素作为自变量的概念模型如下：小麦磷转化率＝f（最佳产量；有机质含量；水解氮含量；磷相对丰缺值；年均温度；年均降水量；经度；氮转化率）－f（全氮含量；最佳施磷量；最佳施钾量；氮相对丰缺值；纬度），转化率属于计算指标的非实物指标，剔除掉非实物指标和位置指标，则小麦磷转化率≈f（最佳产量；有机质含量；水解氮含量；磷相对丰缺值；年均温度；年均降水量）－f（全氮含量；最佳施磷量；最佳施钾量；氮相对丰缺值），可见除了没有最佳施氮量和土壤钾因素外，小麦磷转化率的影响因素众多。具体地块一段时间内有机质含量、水解氮含量、磷相对丰缺值、全氮含量、氮相对丰缺值是确定性的，则地块小麦磷转化率 $Y \approx a + b$ * 最佳产量＋c * 生长季温度＋d * 生长季降水量－e * 最佳施磷量－f * 最佳施钾量，其中除 a 外的系数均为正数。

（3）基于本著研究结果，将小麦钾转化率影响因素作为自变量的概念模型如下：小麦钾转化率＝f（速效钾）－f（最佳施钾量），可见小麦钾转化率概念是最简单的典型模型，富钾土壤和施钾量低钾的转化率高，反之亦然。具体地块一段时间内土壤速效钾是确定性的，则地块小麦钾转化率 $Y \approx a - b$ * 最佳施钾量，其中除 a 外的系数均为正数。

八、小麦最佳施肥量影响因素及其概念模型

（1）基于本著研究结果，将小麦最佳施氮量影响因素作为自变量的概念模型如下：水

稻最佳施氮量=f（最佳产量；最佳施磷量；磷相对丰缺值）－f（氮相对丰缺值；年均温度；年均降水量），可见最佳产量、富磷、少氮、低温、少水五个条件与最佳施氮量呈正相关，说明小麦最佳施氮量既与基础肥力有关，也深受环境条件的影响。具体地块一段时间内磷相对丰缺值、氮相对丰缺值是确定性的，则地块水稻最佳施氮量 $Y \approx a + b$ * 最佳产量 $+ c$ * 最佳施磷量 $- d$ * 生长季温度 $- e$ * 生长季降水量，其中除 a 外的系数均为正数。

（2）基于本著研究结果，将小麦最佳施磷量影响因素作为自变量的概念模型如下：小麦最佳施磷量=f（最佳产量；最佳施氮量；最佳施钾量；纬度）－f（水解氮），可见剔除纬度位置因素，最佳产量、最佳施氮量、最佳施钾量、水解氮是决定小麦最佳施磷量的主要因素。具体地块一段时间内水解氮是确定性的，则地块小麦最佳施磷量 $Y \approx a + b$ * 最佳产量 $+ c$ * 最佳施氮量 $+ d$ * 最佳施钾量，其中除 a 外的系数均为正数。

（3）基于本著研究结果，将小麦最佳施钾量影响因素作为自变量的概念模型如下：小麦最佳施钾量=f（最佳施磷量；土壤速效磷含量）－f（磷转化率；土壤水解氮含量；土壤速效钾含量；土壤磷相对丰缺值；土壤 pH），可见速效磷对钾肥的促进作用，土壤速效氮、钾和磷相对丰缺值高时钾的施用量少。具体地块一段时间内土壤速效磷含量、土壤水解氮含量、土壤速效钾含量、土壤磷相对丰缺值和土壤 pH 是确定性的，则地块小麦最佳施钾量 $Y \approx a + b$ * 最佳施磷量，其中除 a 外的系数均为正数。

九、小麦土壤养分相对丰缺值影响因素及概念模型

（1）基于本著研究结果，将小麦土壤氮相对丰缺值影响因素作为自变量的概念模型如下：小麦土壤氮相对丰缺值=f（水解氮含量；土壤磷相对丰缺值；土壤钾相对丰缺值）－f（年均温度；年均降水量；磷转化率），转化率属于计算指标的非实物指标，则小麦土壤氮相对丰缺值≈f（水解氮含量；土壤磷相对丰缺值；土壤钾相对丰缺值）－f（年均温度；年均降水量），可见土壤氮、磷、钾平衡的重要性，高温多雨条件不利于土壤氮的积累。具体地块一段时间内水解氮含量、土壤磷相对丰缺值、土壤钾相对丰缺值是确定性的，则地块小麦土壤氮相对丰缺值 $Y \approx a - b$ * 生长季温度 $- c$ * 生长季降水量，其中除 a 外的系数均为正数。

（2）基于本著研究结果，将小麦土壤磷相对丰缺值影响因素作为自变量的概念模型如下：小麦土壤磷相对丰缺值=f（最佳产量；最佳施氮量；土壤速效磷含量；土壤氮相对丰缺值；土壤钾相对丰缺值；年均温度；经度）－f（最佳施钾量；有机质含量），可见剔除经度位置因素，除最佳施磷量没有外，小麦土壤磷相对丰缺值包括了最佳产量、土壤氮磷钾状况、最佳施氮和钾量以及环境条件。具体地块一段时间内土壤速效磷含量、土壤氮相对丰缺值、土壤钾相对丰缺值和有机质含量是确定性的，则地块小麦土壤磷相对丰缺值 $Y \approx a + b$ * 最佳产量 $+ c$ * 最佳施氮量 $+ d$ * 生长季温度 $- e$ * 最佳施钾量，其中除 a 外的系数均为正数。

（3）基于本著研究结果，将小麦土壤钾相对丰缺值影响因素作为自变量的概念模型如下：小麦土壤钾相对丰缺值=f（最佳产量；最佳施氮量；土壤速效磷含量；土壤速效钾含量；土壤氮相对丰缺值；土壤钾相对丰缺值；土壤 pH；纬度；经度；）－f（土壤有机质含量），可见影响土壤钾丰缺指标的因素很多。具体地块一段时间内土壤速效磷含量、土壤速效钾含量、土壤氮相对丰缺值、土壤钾相对丰缺值、土壤 pH 和土壤有机质含量是

确定性的，则地块小麦土壤钾相对丰缺值 $Y \approx a + b *$ 最佳产量 $+ c *$ 最佳施氮量，其中除 a 外的系数均为正数。

十、结论

（1）地块小麦氮、磷、钾转化率都可以通过模型方式表达和确定参数，其中，影响氮、磷、钾转化率因素分别为：最佳产量、最佳施氮量、生长季温度、生长季降水量；最佳产量、生长季温度、生长季降水量、最佳施磷量、最佳施钾量；最佳施钾量。

（2）地块小麦氮、磷、钾最佳施用量都可以通过模型方式表达和确定参数，其中，影响氮、磷、钾转化率因素分别为：最佳产量、最佳施磷量、生长季温度；最佳产量、最佳施氮量、最佳施钾量；最佳施磷量。

第三节　小麦氮、磷、钾利用率与转化率关系研究

一、小麦肥料利用率影响因素

将影响小麦氮、磷、钾利用率显著以上相关关系的结果分别列入表 3-14、表 3-15 和表 3-16，并将可能的原因列入表中。

由图 3-14 可知：①氮利用率与最佳施氮量呈显著正相关，原因是最佳施氮量多，小麦产量高，从肥料里吸收的氮就多，因此氮的利用率就高；在最佳施氮量情况下，氮利用率是增加的规律，为化肥零增长计划的实施和生态平衡施肥理论提供了新的依据；②氮利用率与土壤最佳施钾量呈极显著正相关，原因是最佳施钾量多，小麦产量高，吸收氮也就多，氮的利用率就高；③氮利用率与磷转化率呈极显著正相关；④氮利用率与磷利用率呈极显著正相关；⑤氮利用率与钾利用率呈显著正相关，③、④和⑤显著正相关的原因是氮与磷、钾在吸收上具有一致性和平衡性，利用率是转化率中的一部分，没有统计出氮、磷、钾利用率和各自对应的转化率之间的显著相关关系，究其原因可能是利用率是当季的，转化率是多年的利用率的累计；一般地磷当季利用率极低但是累计利用率即转化率很高、钾当季和累计利用率都不算太低、氮当季和累计利用率都不高；⑥氮利用率与有机质呈显著正相关，原因是有机质含量高的土壤氮含量也高，氮的转化和吸收效率也高；⑦氮利用率与速效磷呈极显著正相关，原因是磷和氮平衡时，磷对氮有促进作用；⑧氮利用率与土壤氮相对丰缺值呈极显著负相关，原因是土壤氮相对丰缺值越高，土壤氮就越丰富，肥料氮的利用率就会越低；⑨氮利用率与土壤磷相对丰缺值呈极显著负相关，原因是土壤磷相对丰缺值高时，可能与氮不平衡，因此氮的利用率降低；⑩氮利用率与土壤钾相对丰缺值呈显著负相关，原因是土壤钾相对丰缺值高时，可能与氮不平衡，因此钾的利用率降低；⑪氮利用率与土壤 pH 呈显著负相关，原因是 pH 高的地区土壤溶液中氢氧离子多，旱田氮多以硝态氮负离子方式存在，与氢氧离子同性互相排斥，氮更容易淋失，所以氮的利用率低；⑫氮利用率与纬度呈极显著负相关，原因是高纬度地区降水偏少，水分条件往往限制氮肥肥效的发挥，因此氮的利用率相对低；⑬氮利用率与年均降水量呈极显著正相关，原因是小麦主产区生长季节降水量少，因此降水量相对多的地区水分条件能够保证氮肥肥效的发挥，促进氮的吸收因而氮利用率高。

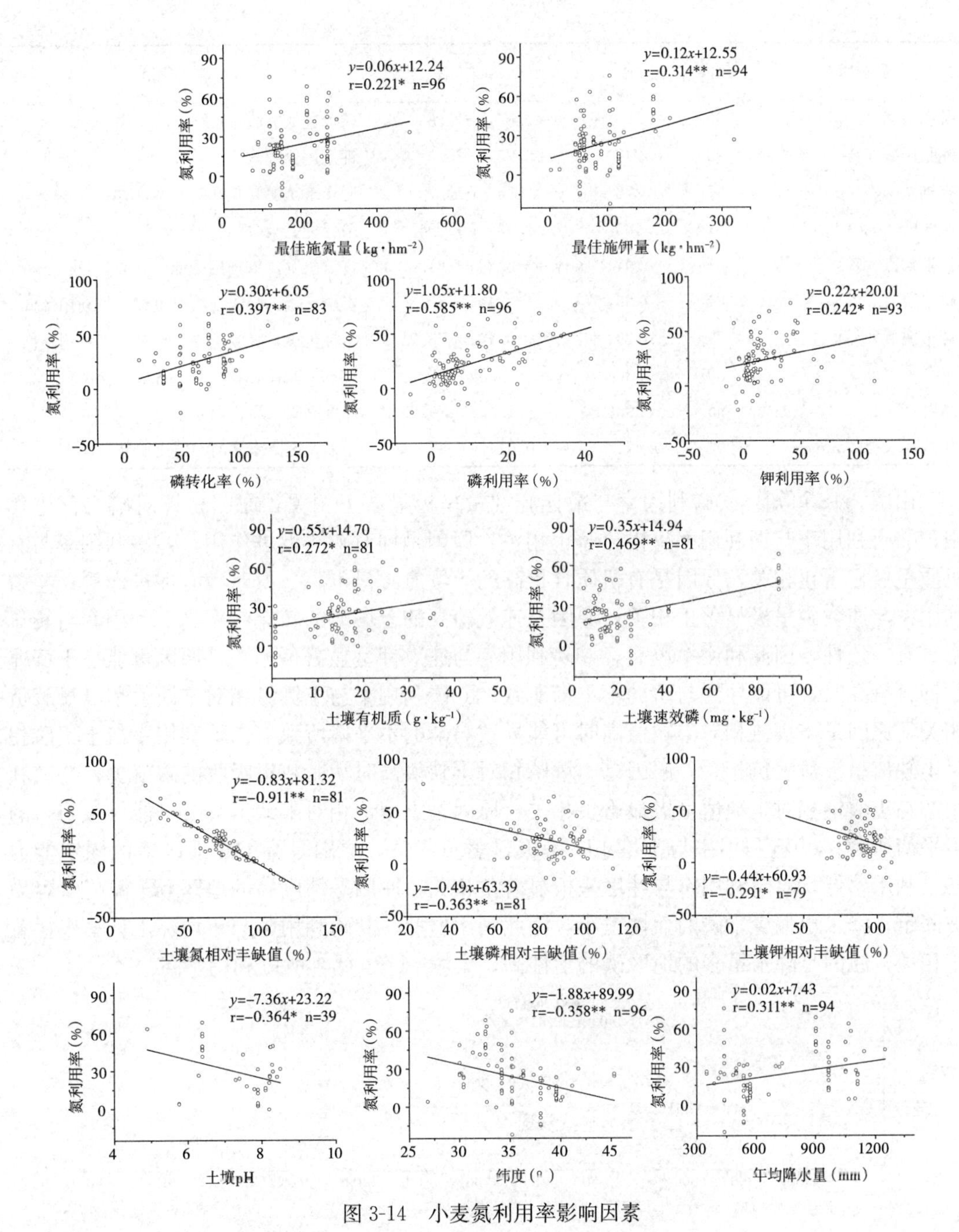

图 3-14　小麦氮利用率影响因素

表 3-14　小麦氮利用率影响因素

影响因素	n	r	回归方程	可能的原因
最佳施氮量（kg·km⁻²）	96	0.221*	$y=0.06x+12.24$	最佳施氮量高则产量高，吸收肥料氮多
最佳施钾量（kg·km⁻²）	94	0.314**	$y=0.12x+12.55$	钾促进氮吸收
磷转化率（%）	83	0.397**	$y=0.30x+6.05$	磷促进氮吸收

（续）

影响因素	n	r	回归方程	可能的原因
磷利用率（%）	96	0.585**	$y=1.05x+11.80$	磷促进氮吸收
钾利用率（%）	93	0.242*	$y=0.22x+20.01$	钾促进氮吸收
有机质（$g \cdot kg^{-1}$）	81	0.272*	$y=0.55x+14.70$	肥沃土壤氮转化和吸收率高
速效磷（$mg \cdot kg^{-1}$）	81	0.469**	$y=0.35x+14.94$	磷促进氮吸收
氮丰缺值（%）	81	−0.911**	$y=-0.83x+81.32$	富氮土壤，氮利用率低
磷丰缺值（%）	81	−0.363**	$y=-0.49x+63.39$	富磷土壤，吸收土壤氮也多，氮利用率低
钾丰缺值（%）	79	−0.291*	$y=-0.44x+60.93$	富钾土壤，吸收土壤氮也多，氮利用率低
pH	39	−0.364*	$y=-7.36x+23.22$	高 pH 氢氧根多，排斥硝态氮吸收
纬度（°）	96	−0.358**	$y=-1.88x+89.99$	纬度高降水少，限制氮肥发挥
年均降水量（mm）	94	0.311**	$y=0.02x+7.43$	小麦产区降水多时，氮肥肥效易发挥

由图 3-15 可知：①磷利用率与最佳施钾量呈极显著正相关，原因是钾对磷有促进作用；②磷利用率与钾利用率呈极显著正相关，原因是钾对磷有促进作用；③磷利用率与有机质呈极显著正相关，原因是有机质含量高的土壤氮含量也高，氮对磷有促进作用；④磷利用率与速效磷呈极显著正相关，原因是速效磷高的土壤磷的转化效率高，利用率与转化率具有一致性，因此利用率也高；⑤磷利用率与速效钾呈显著负相关，原因可能是土壤速效钾含量高时，可能导致与磷的不平衡所致；⑥磷利用率与土壤氮相对丰缺值呈极显著负相关，原因是土壤氮相对丰缺值高时可能导致与磷的不平衡所致；⑦磷利用率与土壤磷相对丰缺值呈极显著负相关，原因是土壤磷相对丰缺值高时从肥料里吸收的磷就少；⑧磷利用率与土壤钾相对丰缺值呈极显著负相关，原因是土壤钾相对丰缺值高时可能导致与磷的不平衡所致；⑨磷利用率与土壤 pH 呈极显著负相关，原因是高 pH 地区磷的固定能力强，利用率低；⑩磷利用率与纬度呈极显著负相关，原因是纬度高的地区 pH 偏高磷容易被固定，降水也偏少，磷的活性也小，因此利用率低；⑪磷利用率与年均降水量呈极显著正相关，原因是降水量多的地区磷的活性高、土壤 pH 也低，所以利用率高。

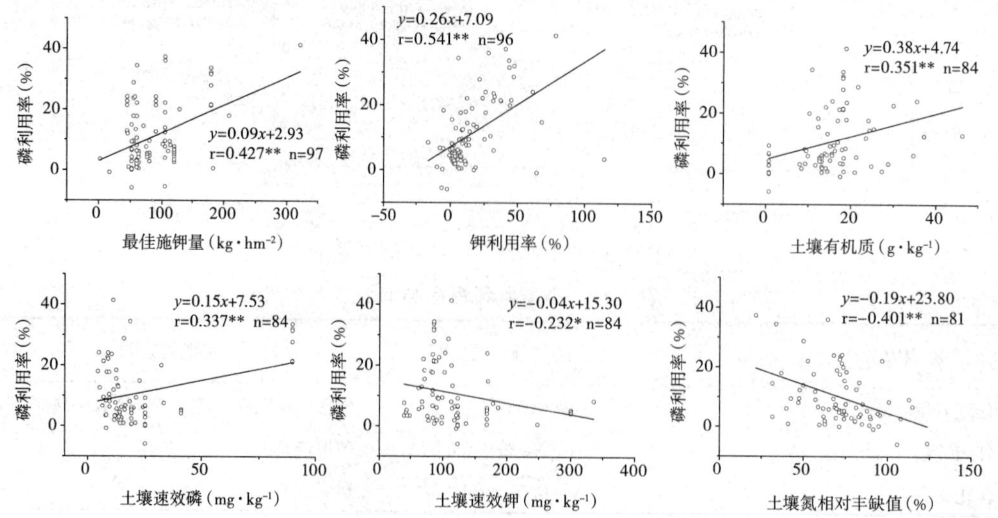

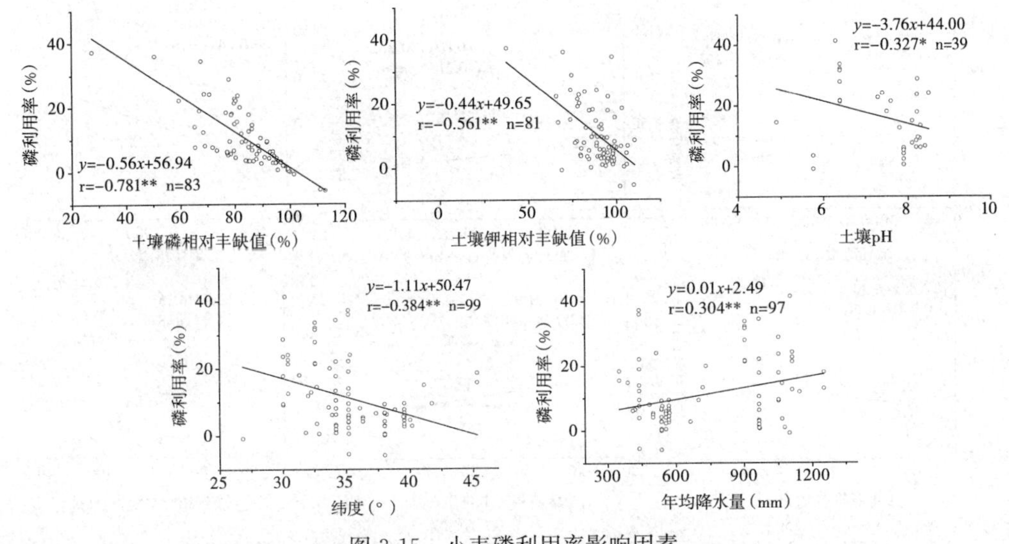

图 3-15　小麦磷利用率影响因素

表 3-15　小麦磷利用率影响因素

影响因素	n	r	回归方程	可能的原因
最佳施钾量（$kg \cdot km^{-2}$）	97	0.427**	$y=0.09x+2.93$	钾促进磷的吸收
钾利用率（%）	96	0.541**	$y=0.26x+7.09$	钾促进磷的吸收
有机质（$g \cdot kg^{-1}$）	84	0.531**	$y=0.38x+4.74$	肥沃土壤氮多，促进磷的吸收
速效磷（$mg \cdot kg^{-1}$）	84	0.337**	$y=0.15x+7.53$	速效磷高吸收土壤氮多，促进磷肥吸收
速效钾（$mg \cdot kg^{-1}$）	84	−0.232*	$y=-0.04x+15.30$	速效钾高时，吸收土壤磷多，抑制肥料磷吸收
氮相对丰缺值（%）	81	−0.401**	$y=-0.19x+23.80$	富氮土壤吸收土壤磷多，抑制肥料磷吸收
磷相对丰缺值（%）	83	−0.781**	$y=-0.56x+56.94$	富磷土壤吸收土壤磷多，抑制肥料磷吸收
钾相对丰缺值（%）	81	−0.561**	$y=-0.44x+49.65$	富钾土壤吸收土壤磷多，抑制肥料磷吸收
pH	39	−0.327*	$y=-3.76x+44.00$	高 pH 土壤固磷能力强，磷利用率低
纬度（°）	99	−0.384**	$y=-1.11x+50.47$	高纬度地区 pH 高磷易被固定，利用率低
年均降水量（mm）	97	0.304**	$y=-0.01x+2.49$	降水多土壤 pH 低，磷利用率高

由图 3-16 可知：①钾利用率与最佳产量呈极显著负相关，原因可能是产量高时需要施钾比较多，因此钾利用率低；②钾利用率与最佳施氮量呈显著负相关，原因是最佳施氮量高时可能与钾不平衡，降低钾的利用率；③钾利用率与钾转化率呈极显著正相关，原因是利用率是转化率的一部分，作物吸收的钾主要来自于土壤；④利用率与有机质呈显著正相关，原因是有机质高的土壤比较肥沃，钾的转化效率高；⑤钾利用率与土壤磷相对丰缺值呈极显著负相关，原因是土壤磷相对丰缺值高时与钾不平衡所致；⑥钾利用率与土壤钾相对丰缺值呈极显著负相关，原因是土壤钾相对丰缺值高，土壤里的钾丰富钾的利用率就低；⑦钾利用率与土壤 pH 呈极显著负相关，原因是 pH 高的地区土壤钾含量高，因此钾的利用率低；⑧钾利用率与纬度呈极显著负相关，原因是纬度高的地区土壤钾含量高，钾利用率低；⑨钾利用率与年均温度呈显著正相关，原因是温度高的地区降水也多，土壤钾含量相对少，因此钾利用率就高；⑩钾利用率与年均降水呈极显著正相关，原因如上。

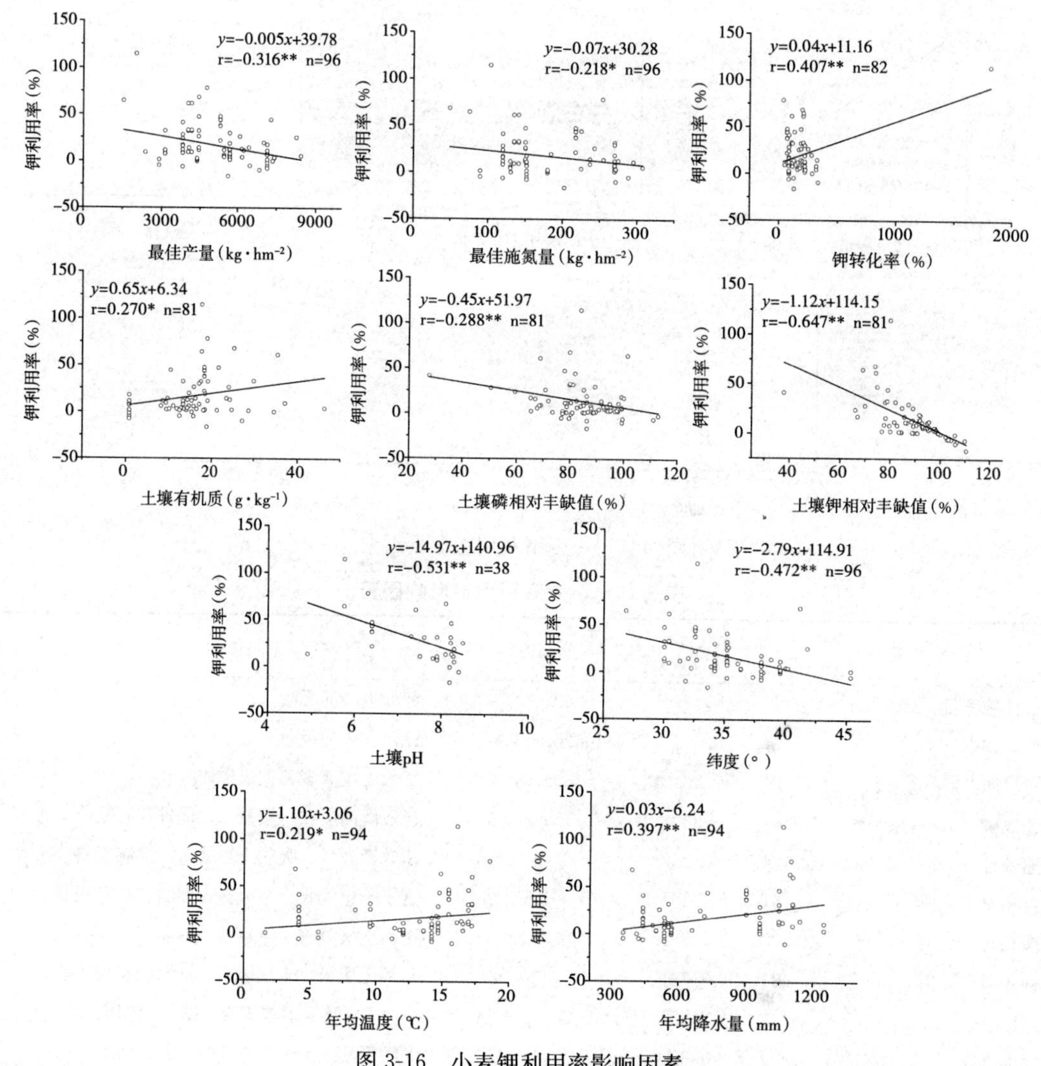

图 3-16　小麦钾利用率影响因素

表 3-16　小麦钾利用率影响因素

影响因素	n	r	回归方程	可能的原因
最佳产量（kg·hm^{-2}）	96	−0.316**	$y=-0.005x+39.78$	高产需钾多，钾利用率相对低
最佳施氮量（kg·hm^{-2}）	96	−0.218*	$y=-0.07x+30.28$	施氮多促进土壤钾吸收，降低钾利用率
钾转化率（%）	82	0.407**	$y=0.04x+11.16$	利用率是转化率的一部分
有机质（g·kg^{-1}）	81	0.270*	$y=0.65x+6.34$	肥沃土壤氮多促进钾的吸收
磷相对丰缺值（%）	81	−0.288**	$y=-0.45x+51.97$	富磷土壤吸收土壤钾多，降低钾肥利用率
钾相对丰缺值（%）	81	−0.647**	$y=-1.12x+114.15$	富钾土壤吸收土壤钾多，降低钾肥利用率
pH	38	−0.531**	$y=-14.97x+140.96$	pH 高的土壤钾含量高，钾肥利用率低
纬度（°）	96	−0.472**	$y=-2.79x+114.91$	高纬度地区土壤钾含量高，钾肥利用率低
年均温度（℃）	94	0.219*	$y=1.10x+3.06$	高温区降水多，土壤钾少钾肥利用率高
年均降水量（mm）	94	0.397**	$y=0.03x-6.24$	降水多地区，土壤钾少，钾肥利用率高

二、小麦养分转化率和肥料利用率与最佳产量的关系

由表 3-17 可知：①小麦氮和磷转化率与最佳产量之间呈极显著正相关，为用氮和磷转化率衡量以产量为肥效评价标准提供了科学依据；②而肥料利用率与最佳产量之间只有钾呈极显著负相关，说明肥料利用率在衡量以产量为肥效评价标准时缺乏科学依据；③钾利用率与产量呈极显著负相关，也说明一季的产量越高，肥料钾的利用率越低，而作为长期利用率累计的钾转化率也没有和产量呈显著正相关，说明钾在一季未被利用部分较多，长期未被利用的应该残留在土壤中，但是钾转化率与最佳产量不显著相关也说明钾的淋失不可忽视；④与钾相反，氮和磷转化率与产量之间呈极显著正相关，说明氮和磷的长期肥效不可忽视，这为计算氮和磷长期肥效提供了科学依据。

表 3-17　小麦养分转化率和肥料利用率与最佳产量的关系

养分	养分转化率（y）与最佳产量（x）				肥料利用率（y）与最佳产量（x）			
	方程	r	n	p	方程	r	n	p
氮	$y=0.06x+50.83$	0.256**	131	0.003	—	—	—	—
磷	$y=0.05x+41.27$	0.342**	130	0.000	—	—	—	—
钾	—	—	—	—	$y=-0.05x+39.78$	−0.316**	96	0.002

注：r 为相关系数，n 为样本数，p 为置信值，下同。

三、小麦养分转化率和肥料利用率与土壤（全量和速效）养分的关系

由表 3-18 可知：①小麦氮转化率与土壤全氮含量呈显著负相关，说明土壤氮越多，氮转化率就越低，因为肥料养分和土壤养分两者共同为小麦提供氮营养，遵循此消彼长的吸肥规律；②小麦氮转化率与土壤全磷含量呈显著正相关，说明土壤磷越多，促进氮的转化率提高，原因是磷和氮的相互作用；③与土壤全氮相反，小麦氮转化率与土壤水解氮含量呈极显著正相关，因为水解氮转化的快，数量也比较少，可以直接被小麦吸收，因此它含量高时氮转化率就高，可见速效态氮有利于氮转化；④与小麦氮转化率与土壤全氮含量一样，小麦磷转化率与土壤全氮含量也呈负相关并且极显著，说明全氮高的土壤，氮与磷可能不平衡所致；⑤与小麦氮转化率与土壤水解氮含量一样，小麦磷转化率与土壤水解氮含量呈极显著正相关，说明水解氮高的土壤有利于促进磷的吸收，原因是水解氮是速效氮，与被吸收的磷之间可以达到平衡吸收；⑥小麦钾转化率与土壤速效钾呈极显著正相关，说明土壤速效钾含量高时能够提高钾的转化率，⑦小麦氮利用率与土壤全钾含量呈显著负相关，原因可能是土壤全钾含量高的土壤速效钾含量也高，与氮之间不平衡所致；⑧小麦氮利用率与土壤速效磷含量呈极显著正相关，说明氮和磷存在互促作用；⑨小麦磷利用率与土壤速效磷含量呈极显著正相关，说明土壤速效磷是磷利用率的直接贡献者（肥料示踪条件下）；⑩小麦磷利用率与土壤速效钾含量呈显著负相关，原因是土壤速效钾高时可能与磷不平衡所致。

总体而言：①养分转化率比肥料利用率在评价肥效时效果好；②在所统计的十个相关关系中，养分转化率和肥料利用率正好相反，凡是与养分转化率呈显著相关的因素利用率就不显著相关，反之亦然，可能的原因是肥料利用率属于一季的肥效评价指标，而养分转

化率属于多季的长期肥效评价指标，凡是与一季利用率显著相关的影响因素说明影响因素的主体贡献已经体现了，必然在转化率中贡献较小而呈不显著相关，反之亦然；③在考虑到土壤培肥和肥料给环境带来的污染时，转化率指标更为全面、客观，并且与最佳施肥量有极显著相关的定量关系，因此建议使用养分转化率作为肥效评价和指导施肥的重要参数，而肥料利用率只在评价一季肥效时使用，不能作为指导施肥的科学依据和指标使用，这进一步丰富了生态平衡施肥理论和方法体系的内涵。

表 3-18　小麦养分转化率和肥料利用率与土壤（全量和速效）养分的关系

养分与土壤养分含量的关系		养分转化率（y）与土壤养分含量（x）				肥料利用率（y）与土壤养分含量（x）			
		方程	r	n	p	方程	r	n	p
氮	全氮	$y=-0.60x+83.33$	-0.271^{*}	74	0.019	—	—	—	—
	全磷	$y=0.44x+51.10$	0.463^{*}	21	0.035	—	—	—	—
	全钾	—	—	—	—	$y=-0.176x+41.63$	-0.715^{*}	9	0.030
	水解氮	$y=0.23x+57.23$	0.347^{**}	57	0.008	—	—	—	—
	速效磷	—	—	—	—	$y=0.35x+14.95$	0.469^{**}	81	0.000
磷	全氮	$y=-0.77x+80.61$	-0.467^{**}	73	0.000	—	—	—	—
	水解氮	$y=0.269x+52.01$	0.370^{**}	57	0.005	—	—	—	—
	速效磷	—	—	—	—	$y=0.152x+7.53$	0.337^{**}	84	0.002
	速效钾	—	—	—	—	$y=-0.038+15.30$	-0.232^{*}	84	0.034
钾	速效钾	$y=0.77x+137.90$	0.210^{*}	113	0.025	—	—	—	—

四、小麦养分转化率和肥料利用率与最佳施肥量的关系

由表 3-19 可知：①小麦氮、磷、钾转化率均与各自的最佳施用量呈极显著的负相关，说明施肥多必然降低转化率；这三个定量关系是后文使用养分转化率预测施肥量的定量依据；②与此相比，小麦氮利用率仅与最佳施氮量呈显著正相关，说明在最佳施氮量情况下，存在氮的激发效应，氮的利用率反而升高；同时也说明利用利用率确定最佳施肥量时显然不如利用转化率，特别是磷和钾没有这种定量关系；③在利用率方面，最佳施钾量与氮利用率、最佳施钾量与磷利用率、最佳施磷量与钾利用率之间都呈显著和极显著关系，前两者是互促作用，而施磷多时与钾不平衡将降低钾的利用率；④磷转化率与最佳施钾量呈极显著负相关，说明钾肥对磷的转化有抑制作用；⑤磷转化率与最佳施氮量呈极显著正相关，说明氮肥对磷的转化有促进作用。

表 3-19　小麦养分转化率和肥料利用率与最佳施肥量的关系

养分与最佳施肥量的关系		养分转化率（y）与最佳施肥量（x）				肥料利用率（y）与最佳施肥量（x）			
		方程	r	n	p	方程	r	n	p
氮	氮	$y=-0.33x+147.24$	-0.584^{**}	131	0.000	$y=0.06x+12.24$	0.221^{*}	96	0.031
	磷	—	—	—	—	—	—	—	—
	钾	—	—	—	—	$y=0.12x+12.55$	0.314^{**}	94	0.002

（续）

养分与最佳施肥量的关系		养分转化率（y）与最佳施肥量（x）				肥料利用率（y）与最佳施肥量（x）			
		方程	r	n	p	方程	r	n	p
磷	氮	—	—	—	—	—	—	—	—
	磷	$y=-0.20x+90.08$	-0.524^{**}	130	0.000	—	—	—	—
	钾	$y=-0.16x+81.70$	-0.285^{**}	126	0.001	$y=0.09x+2.93$	0.427^{**}	97	0.000
钾	氮	$y=1.34x+30.73$	0.371^{**}	137	0.000	—	—	—	—
	磷	—	—	—	—	$y=-0.07+30.28$	-0.218^{*}	96	0.033
	钾	$y=-2.33x+400.82$	-0.555^{**}	128	0.000	—	—	—	—

五、小麦养分转化率和肥料利用率与环境因素的关系

由表 3-20 可知：①转化率在氮和磷方面与环境因素关系更显著，而钾在利用率方面更显著；②磷转化率在 4 个关系中全部显著，与其对应的磷利用率只有两个关系中显著，并且与转化率方向一致，说明使用磷转化率反映和环境之间的相关关系更为合适；③钾在利用率上与环境因素显著相关，充分反映出利用率是一季的肥效评价指标和水热条件对一季肥效发挥的促进作用；而钾转化率是长期肥效的累计作用，目前以土壤钾贡献为主，掩盖了肥料钾和环境条件的关系；④从年均温度和年均降水量两方面分析都是氮转化率在温度低和降水量少的北部转化率高，反映出高温和降水量多对氮的副作用和氮本身特性，磷与氮正好相反，反映出高温和降水量多对磷的正作用和磷本身特性，磷的转化率和利用率都是降水量多的地区高，这是因为磷在土壤里容易被固定和不易移动的原因，降水多的地区磷的移动性增加，土壤 pH 也会适当降低，这些因素都有利于磷活性的提高；⑤从氮的利用率角度分析，降水多的地方利用率高，因为小麦生长季节常常水分亏缺；利用率是一季的，转化率是多季的累加，降水量多的地方氮的淋失或损失会多，所以小麦氮转化率与年均降水量呈负相关，而当季降水量多有利于水肥耦合发挥出氮的肥效，氮的利用率就高；⑥钾的利用率也是降水量多温度高的地区高，这是因为这些地区钾的活性大，容易被小麦吸收；⑦在小麦主产区，经度大的地区降水量多，温度也高，因此当季的利用率低，残留的相对多，转化率就高。

表 3-20　小麦养分转化率和肥料利用率与环境因素的关系

养分	环境因素	养分转化率（y）与环境因素（x）				肥料利用率（y）与环境因素（x）			
		方程	r	n	p	方程	r	n	p
氮	纬度	—	—	—	—		—	—	—
	经度	$y=3.38x-36.68$	0.281^{**}	131	0.001	$y=-1.88x+89.99$	-0.358^{**}	96	0.000
	年均温度	$y=-2.09x+108.86$	-0.215^{*}	129	0.014	—	—	—	—
	年均降水量	$y=-0.04x+110.88$	-0.247^{**}	129	0.005	$y=0.02x+7.43$	0.311^{**}	94	0.002
磷	纬度	$y=2.00x-159.14$	0.396^{**}	130	0.000	—	—	—	—
	经度	$y=-2.64x+162.72$	-0.321^{**}	130	0.000	$y=-1.11x+50.47$	-0.384^{**}	99	0.000
	年均温度	$y=2.75x+35.04$	0.417^{**}	128	0.000	—	—	—	—
	年均降水量	$y=0.5x+30.28$	0.502^{**}	128	0.000	$y=0.01x+2.49$	0.304^{**}	97	0.002

（续）

养分	环境因素	养分转化率（y）与环境因素（x）				肥料利用率（y）与环境因素（x）			
		方程	r	n	p	方程	r	n	p
钾	纬度	—	—	—	—	—	—	—	—
	经度	—	—	—	—	$y=-2.79x+114.91$	-0.472^{**}	96	0.000
	年均温度	—	—	—	—	$y=1.10x+3.06$	0.219^{*}	94	0.034
	年均降水量	—	—	—	—	$y=0.03x-6.24$	0.397^{**}	94	0.000

六、小麦养分转化率和肥料利用率与土壤养分相对丰缺值的关系

由表 3-21 可知：①从养分转化率分析，氮和磷都与各自的土壤相对丰缺值呈显著和极显著正相关，说明土壤养分多转化率就高；而从氮和磷关系看，土壤氮丰富时与磷不平衡将降低磷的转化率；②从利用率角度分析几乎所有的关系都是负相关（除钾利用率与土壤氮相对丰缺值关系不显著相关外），这说明同类或异类土壤养分多时都将降低利用率；③利用率相关关系多的原因是土壤养分丰缺值是直接根据产量对应的土壤养分含量划分的参数，而不是根据转化率确定的参数，由此可见，生态平衡施肥也需要确定一个新的与之相对应的能够反映土壤和肥料共同提供养分的指标，而不再采用单一土壤的或肥料的指标（因为实践中很难区分土壤和肥料养分的各自贡献），这个指标就是后文将详细论述的养分转化率指标；④同样是氮和磷转化率为正显著相关关系，而利用率就为负显著相关关系，其原因是利用率是一季的，转化率是累积的，累积的贡献与土壤养分相对丰缺值的高低显著正相关是自然的，而当季利用率的高低与土壤养分相对丰缺值的高低呈负显著相关也是可以理解的，既然在根系附近土壤养分丰富，那根系一定会不加选择地吸收更多的土壤里原有的养分，这样当季肥料的养分被吸收的就少了，残留部分下季就变成土壤中的养分了。久而久之，转化率与土壤养分相对丰缺值就成显著正相关了；⑤不同养分之间呈负显著相关关系也说明了养分平衡时存在促进作用，过多时存在抑制作用的土壤肥料学的基本原理。

表 3-21　小麦养分转化率和肥料利用率与土壤养分相对丰缺值的关系

养分与土壤相对丰缺值的关系		养分转化率（y）与土壤养分相对丰缺值（x）				肥料利用率（y）与土壤养分相对丰缺值（x）			
		方程	r	n	p	方程	r	n	p
氮	氮	$y=0.39x+54.00$	0.245^{*}	69	0.042	$y=-0.83x+81.32$	-0.911^{**}	81	0.000
	磷	—	—	—	—	$y=-0.49x+63.39$	-0.363^{**}	81	0.001
	钾	—	—	—	—	$y=-0.44x+60.93$	-0.291^{**}	79	0.009
磷	氮	$y=-0.37+92.80$	-0.270^{*}	68	0.026	$y=-0.19x+23.80$	-0.401^{**}	81	0.000
	磷	$y=0.64x+14.59$	0.327^{**}	70	0.006	$y=-0.56x+56.94$	-0.781^{**}	83	0.000
	钾	—	—	—	—	$y=-0.44x+49.65$	-0.561^{**}	81	0.000
钾	氮	—	—	—	—	—	—	—	—
	磷	—	—	—	—	$y=-0.45x+51.97$	-0.288^{**}	81	0.009
	钾	—	—	—	—	$y=-1.12x+114.15$	-0.647^{**}	81	0.000

七、小麦养分转化率之间、肥料利用率之间的关系

由表 3-22 可知：①氮和磷转化率之间呈促进作用；②氮、磷、钾两两利用率之间都呈一致性和促进作用，这是因为作物是按比例吸收养分的；③氮和磷转化率和利用率都呈显著正相关，趋势一致；④氮和钾、磷和钾之间转化率不相关的原因可能是土壤钾存在有效钾、缓效钾和全钾，彼此之间互相转化，且钾以无机钾为主，小麦所吸收钾的数量目前主要来自于土壤而非肥料，这样一来，肥料钾所占转化率中的比重就比较小，以小麦为例，肥料提供的钾最多能占 40%（按每公顷施氧化钾 90 kg 计算，每公顷 9 000 kg 小麦带走的钾大致为 2.5 * 90=225 kg/hm²）。

表 3-22　小麦养分转化率和肥料利用率之间的关系

养分之间的关系		养分转化率（y）与养分转化率（x）				肥料利用率（y）与肥料利用率（x）			
		方程	r	n	p	方程	r	n	p
氮	磷	$y=0.28x+63.14$	0.192*	129	0.029	$y=1.05x+11.80$	0.585**	96	0.000
磷	钾	—	—	—	—	$y=0.26x+7.09$	0.541**	96	0.000
钾	氮	—	—	—	—	$y=0.27x+10.21$	0.242*	93	0.019

八、与以往研究的对比

由于本研究中所使用各类指标具有空间属性，并且转化率是新指标，因为与以往对比研究的资料比较少，对于大多数没有对比资料的结果分析附在上述各表中进行了简要分析。

表 3-14 中：小麦氮利用率与最佳施氮量呈显著正相关，这与以往报道的小范围内的结果相反[17-19]，这可能是由于本研究中的样本分布的空间范围大，包括各种气候和土壤等类型的影响；表 3-14 中，年均降水量与氮利用率呈正相关，说明小麦产区降水多时，氮肥肥效易发挥，这与文献报道的结果基本一致[20-22]。表 3-15 中：pH 与磷利用率呈负相关，因为中性偏酸时磷不容易被钙、镁、铁、铝固定，与文献报道一致[22]。表 3-18 中，小麦磷利用率与土壤速效磷含量呈极显著正相关，说明土壤速效磷是磷利用率的直接贡献者（肥料示踪条件下）；这与小范围内的研究结果相反[23]，可能的原因是本研究的样本来自全国，空间尺度大，包含了各种气候和土壤等因素。表 3-19 中，与此相比，小麦氮利用率仅与最佳施氮量呈显著正相关，而小区域的研究结果的结果相反[17-19]。

九、小麦养分转化率和肥料利用率的异同

为了更明晰地比较小麦养分转化率和肥料利用率的异同，归纳成 54 个关系，见表 3-23。由表 3-23 可知：

（1）在 54 个关系中，无显著关系的有 13 个，其中出现在土壤养分方面的有 8 个。

（2）一致显著关系的有 4 个，均为氮和磷，其中，磷与经度为负显著相关，原因是由于磷是容易被固定和不易移动的特点，决定了一季和多季磷的肥效在经度大降水量相对多的地区磷容易淋失，使利用率不高、残留的少，转化率也不高；磷与土壤氮相对丰缺值为负显著关系，说明土壤氮的过多都将导致利用率和磷的转化率的降低，这更说明了磷和氮

平衡作用的重要性；氮转化率与磷的磷转化率或利用率均呈显著正相关，说明氮和磷的互促作用和氮、磷平衡施肥的重要性。

（3）相反显著关系的有6个，均为氮和磷，其中，最佳施氮量短期对氮利用率提高是促进作用，长期对氮转化率提高是抑制作用，这可以理解为短期为氮激发效应其作用，长期为残留过多降低了氮转化率所致；最佳施钾量短期对磷利用率提高是促进作用，长期对磷转化率提高是抑制作用，这可以理解为短期为钾和磷平衡起促进作用，长期为钾残留过多与磷不平衡所致；在小麦主产区经度大的地区降水少，氮利用率低，说明残留的氮多，反映在转化率方面残留的多为长时间的转化提供了丰富的氮源，所以氮转化率高；年均降水量多的地区氮利用率高，残留的就少，转化率就低，这从另外一个方面又验证了经度与氮利用率和转化率的关系；氮利用率短期与土壤氮相对丰缺值呈负相关，说明土壤氮多时可以少施氮否则氮的利用率低，相反长期与土壤氮相对丰缺值呈正相关，说明土壤氮越丰富氮的转化率越高；与氮一样，磷利用率短期与土壤磷相对丰缺值呈负相关，说明土壤磷多时可以少施磷否则磷的利用率低，相反长期与土壤磷相对丰缺值呈正相关，说明土壤磷越丰富磷的转化率越高。

（4）单一显著关系的有31个，产生单一现象的原因是利用率与转化率关系不密切，前者是一季的贡献，后者是多季的贡献。

表3-23　小麦养分转化率和肥料利用率异同

比较内容（*X*）	养分（*Y*）	肥料转化率（*A*）	肥料利用率（*B*）	关系
最佳产量	氮	+		单一
最佳产量	磷	+		单一
最佳产量	钾		−	单一
全氮	氮	−		单一
全磷	氮	+		单一
全钾	氮		−	单一
水解氮	氮	+		单一
速效磷	氮		+	单一
速效钾	氮			无
全氮	磷	−		单一
全磷	磷			无
全钾	磷			无
水解氮	磷	+		单一
速效磷	磷		+	单一
速效钾	磷		−	单一
全氮	钾			无
全磷	钾			无
全钾	钾			无
水解氮	钾			无

（续）

比较内容（*X*）	养分（*Y*）	肥料转化率（*A*）	肥料利用率（*B*）	关系
速效磷	钾			无
速效钾	钾	+		单一
最佳施氮量	氮	—	+	相反
最佳施磷量	氮			无
最佳施钾量	氮		+	单一
最佳施氮量	磷			无
最佳施磷量	磷	—		单一
最佳施钾量	磷	—	+	相反
最佳施氮量	钾	+		单一
最佳施磷量	钾		—	单一
最佳施钾量	钾	—		单一
纬度	氮			无
经度	氮	+	—	相反
年均温度	氮	—		单一
年均降水量	氮	—	+	相反
纬度	磷	+		单一
经度	磷	—	—	一致
年均温度	磷	+		单一
年均降水量	磷	+	+	一致
纬度	钾			无
经度	钾		—	单一
年均温度	钾		+	单一
年均降水量	钾		+	单一
土壤氮相对丰缺值	氮	+	—	相反
土壤磷相对丰缺值	氮		—	单一
土壤钾相对丰缺值	氮		—	单一
土壤氮相对丰缺值	磷	—	—	一致
土壤磷相对丰缺值	磷	+	—	相反
土壤钾相对丰缺值	磷		—	单一
土壤氮相对丰缺值	钾			无
土壤磷相对丰缺值	钾		—	单一
土壤钾相对丰缺值	钾		—	单一
磷转化率或利用率	氮	+	+	一致
钾转化率或利用率	磷		+	单一
氮转化率或利用率	钾		+	单一

备注：“单一”是指一个显著相关一个不显著相关；“一致”是指显著相关关系方向一致；“相反”是指显著相关关系但方向相反；“无”是指没有显著相关。

十、小麦肥料利用率影响因素及其概念模型

（1）小麦氮利用率影响因素及其概念模型：基于本著研究结果，将小麦氮利用率影响因素作为自变量的概念模型如下：小麦氮利用率＝f（最佳施氮量；最佳施钾量；土壤有机质含量；土壤速效磷含量；年均降水量；磷转化率；磷利用率；钾利用率）－f（土壤氮相对丰缺值；土壤磷相对丰缺值；土壤钾相对丰缺值；土壤pH；纬度），由于养分转化率和肥料利用率属于计算指标而非实物指标，剔除掉非实物指标和位置指标，则小麦氮利用率≈f（最佳施氮量；最佳施钾量；土壤有机质含量；土壤速效磷含量；年均降水量）－f（土壤氮相对丰缺值；土壤磷相对丰缺值；土壤钾相对丰缺值；土壤pH），可见氮、钾施肥量对提高氮肥利用率的重要性以及土壤氮、磷、钾丰缺值高时小麦氮肥利用率降低的普遍规律，还有土壤有机质、速效磷、pH以及降水量的影响。具体就地块而言，一段时间内土壤有机质含量、土壤速效磷含量、土壤氮相对丰缺值、土壤磷相对丰缺值、土壤钾相对丰缺值和土壤pH是确定性的，则地块小麦氮利用率$Y \approx a + b *$最佳施氮量$+ c *$最佳施钾量$+ d *$生长季降水量，其中除a外的系数均为正数。

（2）小麦磷利用率影响因素及其概念模型：基于本著研究结果，将小麦磷利用率影响因素作为自变量的概念模型如下：小麦磷利用率＝f（最佳施钾量；土壤有机质含量；土壤速效磷含量；年均降水量；钾利用率）－f（土壤氮相对丰缺值；土壤磷相对丰缺值；土壤钾相对丰缺值；土壤速效钾含量；土壤pH；纬度），剔除掉非实物性指标钾利用率和纬度的影响，可见基础肥力高时磷的利用率高，以及土壤氮、磷、钾丰缺值高时小麦磷肥利用率降低的普遍规律，还有土壤pH和降水量的影响。具体就地块而言，一段时间内土壤有机质含量、土壤速效磷含量、土壤氮相对丰缺值、土壤磷相对丰缺值、土壤钾相对丰缺值、土壤速效钾含量和土壤pH是确定性的，则地块小麦磷利用率$Y \approx a + b *$最佳施钾量$+ c *$生长季降水量，其中除a外的系数均为正数。

（3）小麦钾利用率影响因素及其概念模型：基于本著研究结果，将小麦钾利用率影响因素作为自变量的概念模型如下：小麦钾利用率＝f（土壤有机质含量；年均温度；年均降水量；钾转化率）－f（最佳产量；最佳施氮量；土壤磷相对丰缺值；土壤钾相对丰缺值；土壤pH；纬度），剔除掉非实物性指标钾转化率和纬度的影响，可见基础肥力高时钾的利用率高，以及土壤磷、钾丰缺值高时小麦钾肥利用率降低的普遍规律，钾的利用率与环境条件、土壤pH关系密切。具体就地块而言，一段时间内土壤有机质含量、土壤磷相对丰缺值、土壤钾相对丰缺值和pH是确定性的，则地块小麦钾利用率$Y \approx a + b *$温度$+ c *$生长季降水量$- d *$最佳产量$- e *$最佳施氮量，其中除a外的系数均为正数。

十一、结论

（1）地块小麦氮、磷、钾利用率都可以通过模型方式表达和确定参数，其中，影响氮、磷、钾利用率因素分别为：最佳施氮量、最佳施钾量、生长季降水量；最佳施钾量、生长季降水量；生长季温度、生长季降水量、最佳产量、最佳施氮量。

（2）将肥料利用率和养分转化率的54个关系分为四类：第一类是无显著关系的有13个，其中8个为土壤养分，说明土壤养分总体而言对于养分转化率和肥料利用率影响不

大；第二类是一致显著关系的有 4 个，均为氮和磷，说明了磷和氮平衡的重要性；第三类是相反显著关系的有 6 个，均为氮和磷，说明了磷和氮同样存在抑制作用；第四类是单一显著关系的有 31 个，产生单一现象的根本原因是利用率为一季的肥效衡量指标，而转化率为多季的肥效衡量指标，具体表现为要么利用率显著相关，要么转化率显著相关，可见第三类是第四类的特例。

参考文献

[1] 侯彦林．肥效评价的生态平衡施肥理论体系、指标体系及其实证 [J]. 农业环境科学学报，2011，30 (7)：1257-1266.

[2] 侯彦林．肥效评价的生态平衡施肥指标体系的应用 [J]. 农业环境科学学报，2011，30 (8)：1477-1481.

[3] 侯彦林．通用施肥模型及其应用 [J]. 农业环境科学学报，2011，30 (10)：1917-1924.

[4] 李华．水稻钾高效营养机制研究 [D]. 杭州：浙江大学，2001.

[5] 卢志红，嵇素霞，张美良，等．长期定位施肥对水稻土有机质含量及组成的影响 [J]. 中国农学通报，2014，30 (27)：98-103.

[6] 邱淑芬，朱荣松，李勇，等．不同施肥处理对小麦产量及土壤养分的影响 [J]. 江西农业学报，2013，25 (4)：72-75.

[7] 任意，张淑香，穆兰，等．我国不同地区土壤养分的差异及变化趋势 [J]. 中国土壤与肥料，2009，6：13-17.

[8] 王淑娟，田霄鸿，李硕，等．长期地表覆盖及施氮对冬小麦产量及土壤肥力的影响 [J]. 植物营养与肥料学报，2012，18 (2)：291-299.

[9] 冯梦龙，翟丙年，金忠宇，等．冬小麦产量及土壤肥力的水氮调控效应 [J]. 麦类作物学报，2014，34 (1)：108-113.

[10] 薛晓辉，胡娅，王思会．黔西北山区施肥对小麦产量及肥料利用率的影响 [J]. 黑龙江农业科学，2015，11：39-43.

[11] 侯彦林，陈守伦．施肥模型研究综述 [J]. 土壤通报，2004，35 (4)：493-501.

[12] 李裕元，郭永杰，邵明安．施肥对丘陵旱地冬小麦生长发育和水分利用的影响 [J]. 干旱地区农业研究，2000，18 (1)：15-21.

[13] 帕尔哈提·吾甫尔，孜热皮古丽·赛都拉．高土壤肥力条件下施肥量和施肥配比对冬小麦产量的影响 [J]. 现代农业科技，2012，22：16-17.

[14] 王鹏，张定一，王姣爱，等．施肥对强筋小麦产量及品质的调控效应 [J]. 小麦研究，2005，26 (4)：1-5.

[15] 张建平，张立言．冬小麦高产优质高效氮磷钾锌肥用量及配比方案研究 [J]. 河北农业大学学报，1992，15 (4)：5-9.

[16] 魏猛，张爱君，诸葛玉平，等．长期不同施肥对黄潮土区冬小麦产量及土壤养分的影响 [J]. 植物营养与肥料学报，2017，23 (2)：304-312.

[17] 邱淑芬，朱荣松，李勇，等．不同施肥处理对小麦产量及土壤养分的影响 [J]. 江西农业学报，2013，25 (4)：72-75.

[18] 党廷辉，郝明德．黄土塬区不同水分条件下冬小麦氮肥效应与土壤氮素调节 [J]. 中国农业科学，2000，33 (4)：62-67.

[19] Nouriyani H，Majidi E，Mansoor Seyyednejad S，et al. Evaluation of nitrogen use efficiency of wheat

（*Triticum aestivum* L.）as affected by nitrogen fertilizer and different levels of paclobutrazol [J]. *Research on Crops*，2012，13：439-445.

[20] 秦姗姗，侯宗建，吴忠东，等．水氮耦合对冬小麦氮素吸收及产量的影响 [J]. 排灌机械工程学报，2017，35（5）：440-447.

[21] Gaudin ACM，Janovicek K，Martin RC，ect. Approaches to optimizing nitrogen fertilization in a winter wheat - red clover（*Trifolium pratense* L.）relay cropping system [J]. *Field Crops Research*，2014，155：192-201.

[22] 洪坚平，谢英荷，Neumann Guenter，等．两种微生物菌剂对小麦幼苗生长和磷吸收机理的影响研究 [J]. 中国生态学业学报，2008，16（1）：105-108.

[23] 张传忠，张慎举，汤向东．豫东潮土速效磷含量与土壤供磷量等的相关性研究 [J]. 河南农业科学，1999，11：25-27.

第四章　玉米生态平衡施肥指标体系研究

第一节　宏观统计分析

一、玉米生态平衡施肥指标统计结果和分析

玉米“3414 肥料田间试验”总体统计结果见表 4-1。表 4-1 可知:玉米最佳产量、最佳施氮量、最佳施磷量、最佳施钾量、氮转化率、磷转化率、钾转化率、氮利用率、磷利用率、钾利用率、土壤氮相对丰缺值、土壤磷相对丰缺值、土壤钾相对丰缺值以及土壤水解氮、速效磷、速效钾平均数分别为：10 705.11 kg·hm^{-2}、236.28 kg·hm^{-2}、108.35 kg·hm^{-2}、78.89 kg·hm^{-2}、157.36%、210.36%、432.14%、28.81%、17.14%、35.32%、74.16%、86.27%、89.12%和 103.12 mg·kg^{-1}、20.34 mg·kg^{-1}、182.00 mg·kg^{-1}，氮、磷、钾合计为 423.52 kg·hm^{-2}，其比例为 2.18∶1.00∶0.73，以上结果说明，玉米最佳氮、磷、钾施用量和总量均在正常施肥量范围内（折算成亩为玉米最佳施氮量、最佳施磷量、最佳施钾量分别为 15.75 kg、7.22 kg、5.26 kg，且磷和钾之和 12.48 kg 大约等于氮 15.75 kg，磷和钾比例大约为 1∶0.73，说明三大要素比例也适宜），按此标准施用不会引起明显的肥料面源污染，即当前田间试验结果说明化肥零增长行动技术上是可行的；在最佳施肥量情况下氮、磷、钾转化率分别高于氮、磷、钾利用率 128.55%、193.22%、357.98%，由于多年来土壤全氮含量有升有降，土壤速效磷含量呈显著增加趋势，土壤有效钾含量持续下降，所以从土壤磷角度分析，土壤磷的利用率计算方法是不科学和不实用的，推论到氮也一样，虽然钾的主要提供为土壤，但是钾的累计利用率即转化率也明显高于当季利用率，最终结果是在最佳施肥量情况下，作物更多地吸收土壤里现有的养分使得转化率非常高。

表 4-1　玉米“3414 肥料田间试验”的总体统计结果

指标	n*	最小值	最大值	平均数	标准偏差	单位
土壤 pH	27	4.80	8.63	6.61	1.13	—
土壤有机质	46	2.70	52.20	20.35	10.92	g·kg^{-1}
土壤全氮	22	0.02	2.40	1.08	0.61	g·kg^{-1}
土壤全磷	7	0.60	1.40	0.83	0.27	g·kg^{-1}
土壤全钾	3	4.95	19.70	12.23	7.38	g·kg^{-1}

（续）

指标	n*	最小值	最大值	平均数	标准偏差	单位
土壤水解氮	40	25.00	258.30	103.12	50.60	$mg \cdot kg^{-1}$
土壤速效磷	32	0.10	88.40	20.34	19.77	$mg \cdot kg^{-1}$
土壤速效钾	14	62.00	353.00	182.00	99.36	$mg \cdot kg^{-1}$
最佳施氮量	78	75.00	479.48	236.28	88.81	$kg \cdot hm^{-2}$
最佳施磷量	78	0.00	847.50	108.35	118.02	$kg \cdot hm^{-2}$
最佳施钾量	78	0.00	242.40	78.89	54.31	$kg \cdot hm^{-2}$
最佳产量	78	5 561.30	18 600.00	10 705.11	2 750.67	$kg \cdot hm^{-2}$
氮转化率	78	53.00	379.25	157.36	73.06	%
磷转化率	76	17.73	741.97	210.36	124.16	%
钾转化率	74	81.65	2 064.15	432.14	340.79	%
氮利用率	73	−4.62	78.29	28.81	16.43	%
磷利用率	70	−1.80	94.24	17.14	18.12	%
钾利用率	71	−40.22	305.51	35.32	54.08	%
氮相对丰缺值	73	45.59	104.02	74.16	55.08	%
磷相对丰缺值	73	48.77	117.28	86.27	62.21	%
钾相对丰缺值	73	33.90	181.82	89.12	67.04	%

注：n 为样本数，下同。

二、各省生态平衡施肥指标统计结果和分析

表 4-2 为各省玉米“3414 肥料田间试验”的总体统计结果，就平均值的高低而言：土壤 pH 值山西省（样本数为 1）最高，为 8.63，湖南省（样本数为 2）最低，为 5.10；土壤有机质含量云南省（样本数为 3）最高，为 36.99 $g \cdot kg^{-1}$，山西省（样本数为 3）最低，为 8.90 $g \cdot kg^{-1}$；土壤全氮含量黑龙江省（样本数为 4）最高，为 1.93$g \cdot kg^{-1}$，河北省（样本数为 2）最低，为 0.25 $g \cdot kg^{-1}$；土壤全磷和全钾含量由于多省未测定，不予以比较；土壤水解氮含量云南省（样本数为 3）最高，为 199.62 $mg \cdot kg^{-1}$，河北省（样本数为 1）最低，为 25 $mg \cdot kg^{-1}$；土壤速效磷含量山东省（样本数为 1）最高，为 88.40 $mg \cdot kg^{-1}$，宁夏回族自治区(样本数为1)最低，为 9.10 $mg \cdot kg^{-1}$；土壤速效钾含量广西壮族自治区（样本数为 1）最高，为 353.00 $mg \cdot kg^{-1}$，云南省（样本数为 1）最低，为 62.00 $mg \cdot kg^{-1}$；最佳施氮量四川省（样本数为 1）最高，为 479.48 $kg \cdot hm^{-2}$，黑龙江省（样本数为 4）最低，为 140.35 $kg \cdot hm^{-2}$；最佳施磷量山西省（样本数为 3）最高，为 358.50 $kg \cdot hm^{-2}$，山东省（样本数为 1）最低，为 0.00 $kg \cdot hm^{-2}$；最佳施钾量贵州省（样本数为 2）最高，为 220.75 $kg \cdot hm^{-2}$，山东省（样本数为 1）最低，为 0.00 $kg \cdot hm^{-2}$；最佳产量新疆维吾尔自治区（样本数为 2）最高，为 14 930.00 $kg \cdot hm^{-2}$，湖南省（样本数为 2）最低，为 6 548.75 $kg \cdot hm^{-2}$；氮转化率北京市（样本数为 2）最高，为 277.64%，重庆市（样本数为2）氮转化率最低，为 54.29%；磷转化率黑龙江省（样本数为 4）最高，为 381.03%，

表 4-2　各省玉米“3414 肥料田间试验”的总体统计结果

省份	pH			有机质(g·kg^{-1})			全氮(g·kg^{-1})			全磷(g·kg^{-1})			全钾(g·kg^{-1})			水解氮(mg·kg^{-1})			速效磷(mg·kg^{-1})			速效钾(mg·kg^{-1})		
	n	平均数	标准差	n	平均数	标准差	n	平均数	标准差	n	平均数	标准差	n	平均数	标准差	n	平均数	标准差	n	平均数	标准差	n	平均数	标准差
黑龙江	4	6.37	0.55	4	32.60	8.00	4	1.93	0.50	4	0.90	0.36	0			4	123.00	20.22	4	39.93	16.08	4	161.50	43.39
吉林	0			0			0			0			0			3	104.99	21.53	0			0		
辽宁	0			1	17.90		0			0			0			1	119.60		0			0		
北京	0			2	13.85	0.21	0			0			0			2	48.50	20.51	1	20.30		1	80.00	
河北	2	8.10	0.00	3	12.00	8.00	2	0.25	0.34	0			0			1	25.00		1	14.00		0		
山西	1	8.63		3	8.90	5.37	2	0.35	0.39	0			0			3	49.10	12.92	3	9.57	6.73	2	225.50	159.10
陕西	0			2	12.12	0.00	0			0			0			0			2	9.60	0.00	2	290.00	0.00
宁夏	0			5	12.21	1.86	5	0.80	0.07	0			0			5	63.97	3.36	1	9.10		0		
甘肃	1	8.05		2	10.72	2.01	1	0.98		0			0			2	83.85	10.12	1	37.50		1	182.00	
新疆	1	8.20		2	14.16	9.93	0			0			0			2	66.65	45.75	0			0		
河南	0			1	15.58		1	0.87		0			0			0			0			0		
湖北	7	6.31	1.08	7	27.99	9.86	0			0			0			7	126.57	31.64	7	12.57	9.59	0		
湖南	2	5.10	0.14	2	20.05	2.76	1	1.23		1	0.66		1	12.05		2	171.60	62.79	2	9.80	2.69	0		
山东	0			1	19.00		0			0			0			1	111.50		1	88.40		0		
安徽	0			1	14.40		1	1.18		0			0			1	86.00		1	9.80		1	104.00	
江苏	0			1	15.80		1	1.26		0			0			0			0			0		
重庆	2	7.04	0.62	2	18.41	10.46	1	1.18		1	0.74		1	19.70		2	105.75	55.93	2	9.12	9.36	1	90.00	
四川	0			0			0			0			0			0			0			0		
贵州	1	7.20		1	31.70		0			0			0			0			1	10.20		0		
云南	3	6.23	1.25	3	36.99	14.79	1	1.54		0			0			3	199.62	51.41	3	16.32	14.08	1	62.00	
广西	3	5.86	0.60	3	27.37	7.34	2	1.30	0.85	1	0.80		1	4.95		1	71.00		2	39.65	33.02	1	353.00	

（续）

省份	最佳施氮量(kg·hm^{-2})			最佳施磷量(kg·hm^{-2})			最佳施钾量(kg·hm^{-2})			最佳产量(kg·hm^{-2})			氮转化率(%)			磷转化率(%)			钾转化率		
	n	平均数	标准差	n	平均数	标准差	n	平均数	标准差	n	平均数	标准差	n	平均数	标准差	n	平均数	标准差	n	平均数	标准差
黑龙江	4	140.35	38.43	4	38.19	10.61	4	38.18	3.05	4	9 265.11	15.62	4	214.77	81.45	4	381.03	82.33	4	544.11	48.24
吉林	5	202.24	18.49	5	75.12	7.02	5	84.90	16.58	5	9 956.40	555.52	5	149.35	22.69	5	200.98	29.90	5	273.29	75.33
辽宁	3	169.22	37.98	3	125.47	11.50	3	149.40	44.25	3	10 704.12	2 540.58	3	192.85	46.53	3	130.12	41.69	3	172.92	69.97
北京	2	150.00	42.43	2	45.00	63.64	2	90.00	127.28	2	12 866.00	3 258.35	2	277.64	143.70	1	252.83		1	130.85	
河北	3	244.00	128.39	3	110.00	41.96	3	90.67	64.07	3	10 361.33	2 890.15	3	155.31	81.18	3	144.64	13.72	3	316.01	138.50
山西	3	303.50	136.79	3	358.50	423.53	3	77.50	67.22	3	12 872.10	2 993.86	3	148.41	72.68	3	132.47	104.46	2	275.61	58.47
陕西	2	262.50	0.00	2	112.50	0.00	2	75.00	0.00	2	12 179.70	0.00	2	139.20	0.00	2	162.40	0.00	2	362.14	0.00
宁夏	5	246.00	46.96	5	106.20	9.06	5	57.60	18.11	5	10 762.00	585.85	5	133.47	14.60	5	153.65	24.14	5	436.95	80.68
甘肃	22	200.37	52.73	22	92.29	98.02	22	53.34	45.48	22	12 444.82	2 671.86	22	198.39	65.99	22	288.20	155.08	22	728.68	421.90
新疆	2	260.65	50.42	2	91.30	6.65	2	36.50	9.19	2	14 930.00	1 131.37	2	176.40	47.14	2	245.26	0.73	2	951.03	308.63
河南	1	333.66		1	120.00		1	90.00		1	9 196.50		1	82.69		1	114.96		1	227.87	
湖北	7	380.00	0.00	7	123.00	0.00	7	129.00	0.00	7	8 659.00	0.00	7	68.36	0.00	7	105.60	0.00	7	149.69	0.00
湖南	2	223.95	77.85	2	48.65	19.87	2	86.85	68.09	2	6 548.75	1 257.87	2	90.25	14.52	2	211.65	47.66	2	224.49	143.71
山东	1	222.00		1	0.00		1	0.00		1	9 375.00		1	126.69		0			0		
安徽	1	299.10		1	99.00		1	175.30		1	7 343.00		1	73.65		1	111.26		1	93.41	
江苏	2	330.30	42.85	2	74.55	37.55	2	82.20	29.27	2	9 152.10	1 872.07	2	84.94	28.02	2	221.76	149.36	2	274.75	148.64
重庆	2	375.70	105.08	2	319.25	344.01	2	94.55	78.42	2	6 767.10	1 672.87	2	54.29	1.83	2	65.71	62.94	2	218.34	141.63
四川	1	479.48		1	262.53		1	41.82		1	9 694.50		1	60.66		1	55.39		1	516.95	
贵州	2	171.95	59.47	2	130.10	24.18	2	220.75	1.77	2	8 818.50	1 105.21	2	160.10	36.09	2	104.67	32.20	2	89.04	10.45
云南	5	189.11	68.20	5	86.77	37.58	5	59.74	43.32	5	10 367.74	4 725.90	5	184.24	90.19	5	196.43	84.52	4	286.95	122.63
广西	3	192.92	10.58	3	53.60	19.80	3	93.83	44.96	3	9 387.60	922.32	3	145.78	7.31	3	283.17	84.44	3	265.82	134.55

（续）

省份	氮利用率（%）			磷利用率（%）			钾利用率（%）			氮相对丰缺值（%）			磷相对丰缺值（%）			钾相对丰缺值（%）		
	n	平均数	标准差	n	平均数	标准差	n	平均数	标准差	n	平均数	标准差	n	平均数	标准差	n	平均数	标准差
黑龙江	2	14.58	11.96	2	12.31	8.69	2	12.38	16.37	2	87.56	7.23	2	91.64	0.51	2	97.03	3.79
吉林	3	33.08	11.45	3	19.38	6.92	3	41.75	24.97	3	74.59	2.05	3	83.93	3.24	3	83.47	7.78
辽宁	3	24.32	10.17	3	12.63	1.86	3	22.34	2.98	3	77.78	9.29	3	83.24	2.40	3	82.58	2.46
北京	2	26.47	9.39	0			0			2	83.04	10.93	2	98.16	27.05	2	103.92	6.68
河北	3	12.09	14.47	3	6.62	7.72	3	17.63	18.61	3	87.30	14.66	3	93.89	9.48	3	93.87	8.22
山西	3	27.55	22.63	3	8.67	8.54	3	13.06	51.82	3	79.08	6.69	3	94.91	9.30	3	118.33	55.37
陕西	1	52.35		1	1.88		1	2.56		1	60.53		1	97.98		1	98.84	
宁夏	5	44.44	13.44	5	2.33	2.56	5	−0.28	2.25	5	66.67	210.22	5	97.55	228.04	5	99.94	242.55
甘肃	22	34.59	15.20	22	26.03	23.18	22	65.95	79.42	22	72.52	12.99	22	80.24	12.86	22	87.09	14.62
新疆	2	29.57	6.19	2	29.91	3.34	2	110.39	63.60	2	80.96	1.30	2	83.47	2.34	2	87.13	0.59
河南	1	32.70		1	12.22		1	13.41		1	67.57		1	85.63		1	94.00	
湖北	7	20.60	8.64	7	10.47	4.21	7	17.14	3.88	7	73.26	11.52	7	85.82	6.49	7	82.75	3.30
湖南	2	4.59	10.60	2	6.95	2.99	2	14.88	1.24	2	93.87	13.07	2	91.46	4.04	2	89.97	0.94
山东	1	11.64		0			1	10.98		1	90.16		1	100.00		1	94.42	
安徽	1	31.94		1	3.25		1	11.74		1	56.18		1	96.47		1	85.66	
江苏	2	33.72	14.43	2	23.64	26.24	2	10.77	0.65	2	57.31	9.36	2	88.49	9.14	2	93.44	0.50
重庆	2	22.48	10.74	2	11.18	7.79	2	21.28	21.62	2	73.98	3.02	2	88.82	6.65	2	89.45	10.02
四川	1	19.31		1	5.41		1	2.16		1	66.69		1	85.26		1	97.77	
贵州	2	10.31	1.06	2	5.92	5.65	2	26.85	7.12	2	86.53	3.27	2	84.88	0.98	2	61.61	14.38
云南	5	26.59	15.13	5	26.54	31.54	5	29.47	43.51	5	70.90	12.06	5	80.08	19.72	5	83.02	27.63
广西	3	40.01	5.35	3	21.72	8.77	3	24.31	20.36	3	64.51	3.17	3	85.37	3.54	3	81.78	14.83

四川省（样本数为1）最低，为55.39%；钾转化率新疆维吾尔自治区（样本数为2）最高，为951.03%，贵州省（样本数为2）最低，为89.04%；氮利用率陕西省（样本数为1）最高，为52.35%，湖南省（样本数为2）最低，为4.59%；磷利用率新疆维吾尔自治区（样本数为2）最高，为29.91%，陕西省（样本数为1）最低，为1.88%；钾利用率新疆维吾尔自治区（样本数为2）最高，为110.39%，宁夏回族自治区（样本数为5）最低，为−0.28%；氮相对丰缺值湖南省（样本数为2）最高，为93.87%，安徽省（样本数为1）最低，为56.18%；磷相对丰缺值山东省（样本数为1）最高，为100.00%，云南省（样本数为5）最低，为80.08%；钾相对丰缺值山西省（样本数为3）最高，为118.33%，贵州省（样本数为2）最低，为61.61%；统计样本数仅为1的省份，其结果没有代表性。

三、省际间玉米生态平衡施肥指标平均值相关性统计结果

图4-1可见：①最佳产量与土壤pH呈极显著正相关，原因是pH高的地区多为一季春玉米，pH低的地区多为夏玉米，春玉米生长时间长产量相对高；②最佳施氮量与最佳施磷量呈极显著正相关，原因是氮和磷具有互促作用；③最佳施氮量与土壤氮相对丰缺值呈显著负相关，原因是二者都为氮的来源项，必然存在反正关系；④最佳施钾量与土壤速效磷呈显著负相关，原因是土壤中速效磷高时将与钾产生不平衡所致；⑤最佳施钾量与土壤钾相对丰缺值呈极显著负相关，原因是二者都为钾来源项，必然存在反正关系。

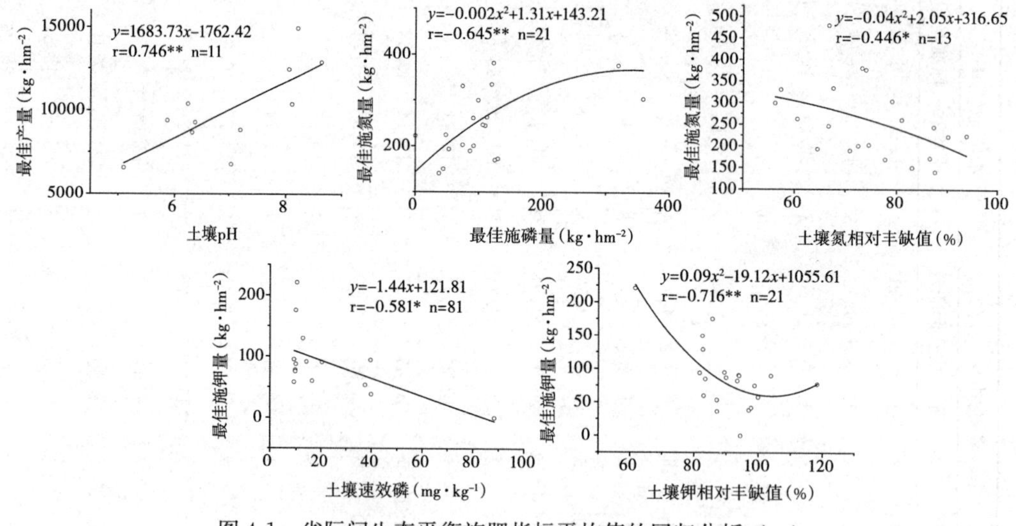

图4-1　省际间生态平衡施肥指标平均值的回归分析（一）

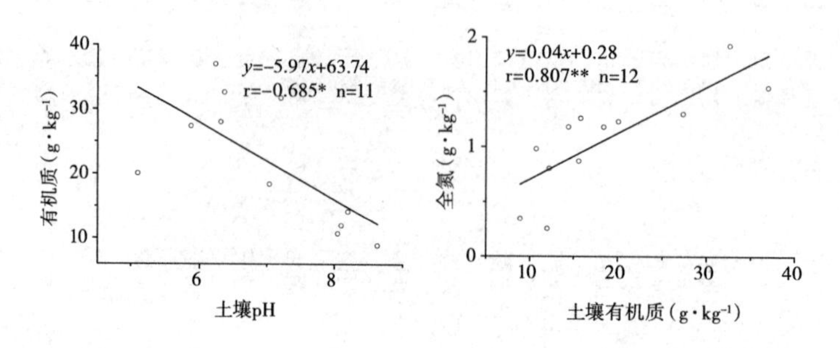

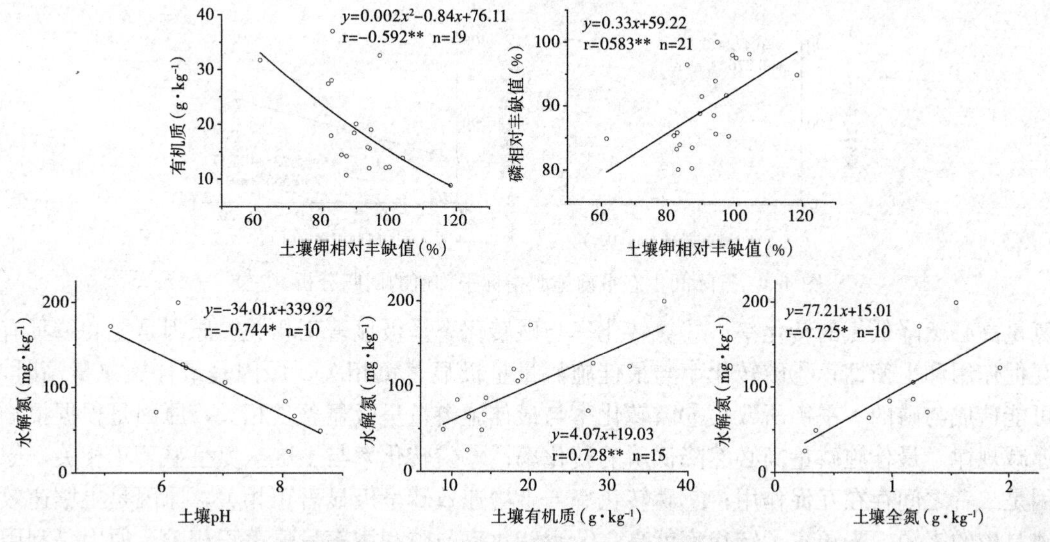

图 4-2 省际间生态平衡施肥指标平均值的回归分析（二）

图 4-2 说明：①土壤有机质含量与土壤 pH 呈显著负相关，原因是 pH 高的土壤其有机质容易矿化不容易保存；②土壤全氮与土壤有机质含量呈极显著正相关，原因是氮的绝大部分在有机质中；③土壤有机质含量与土壤钾相对丰缺值呈极显著负相关，原因是有机质高的土壤钾转化也快，钾相对丰缺值相比低些也能满足玉米对钾的需要；④土壤磷相对丰缺值与土壤钾相对丰缺值呈极显著正相关，原因是磷和钾具有互促作用和丰缺指标具有一致性的规律；⑤土壤水解氮含量与土壤 pH 呈极显著负相关，原因是 pH 越高土壤有机质越容易矿化，有机质少了水解氮必然少；⑥土壤水解氮含量与土壤有机质含量呈极显著正相关，原因是水解氮的绝大部分来自有机质；⑦土壤水解氮含量与土壤全氮含量呈显著正相关，原因是水解氮的绝大部分来自土壤全氮。

图 4-3 说明：①氮转化率与最佳产量呈极显著正相关，原因是产量高吸收氮多，氮转化率就高；②氮转化率与最佳施氮量呈极显著负相关，原因是根据报酬递减规律，最佳施

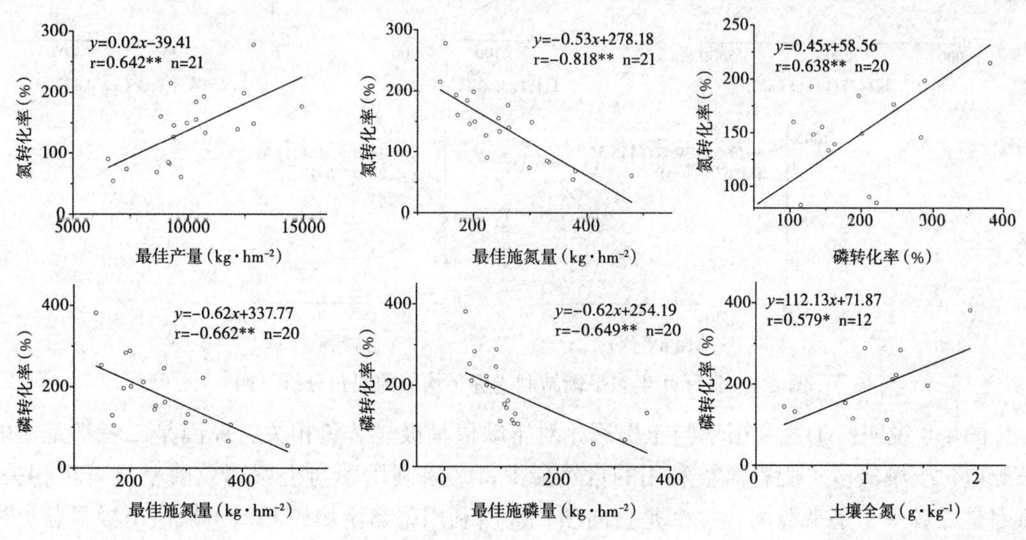

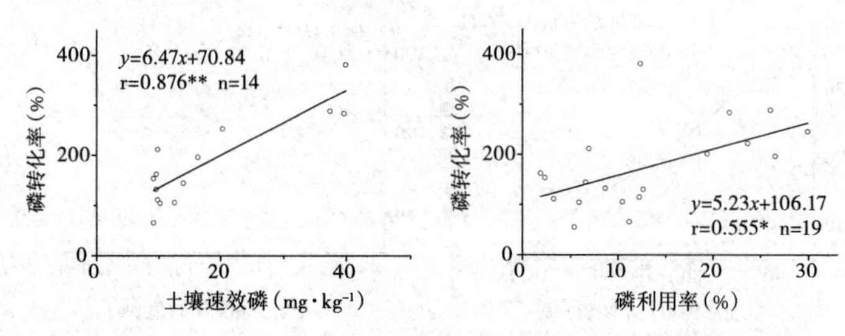

图 4-3 省际间生态平衡施肥指标平均值的回归分析（三）

氮量高必然降低氮的转化率；③氮转化率与磷转化率呈极显著正相关，原因是氮和磷具有互促作用和平衡性；④磷转化率与最佳施氮量呈极显著负相关，原因是最佳施氮量高时，可能造成与磷的不平衡所致；⑤磷转化率与最佳施磷量呈极显著负相关，原因是根据报酬递减规律，最佳施磷量高必然降低磷的转化率；⑥磷转化率与土壤全氮呈显著正相关，原因是二者之间存在互促作用；⑦磷转化率与土壤速效磷呈极显著正相关，原因是土壤速效磷是磷的来源，来源多了转化率就高；⑧磷转化率与磷利用率呈显著正相关，原因是利用率是转化率的一部分。

图 4-4 说明：①钾转化率与最佳产量呈极显著正相关，原因是产量高时吸收钾多，钾转化率就高；②钾转化率与最佳施钾量呈极显著负相关，原因是根据报酬递减规律，最佳施钾量高必然降低钾的转化率；③钾转化率与土壤速效钾呈显著正相关，原因是土壤速效钾是钾来源项，钾转化率是钾去向项；④钾转化率与磷利用率呈显著正相关，原因是磷和钾具有互促作用和平衡性；⑤钾转化率与钾利用率呈极显著正相关，原因是利用率是转化率的一部分。

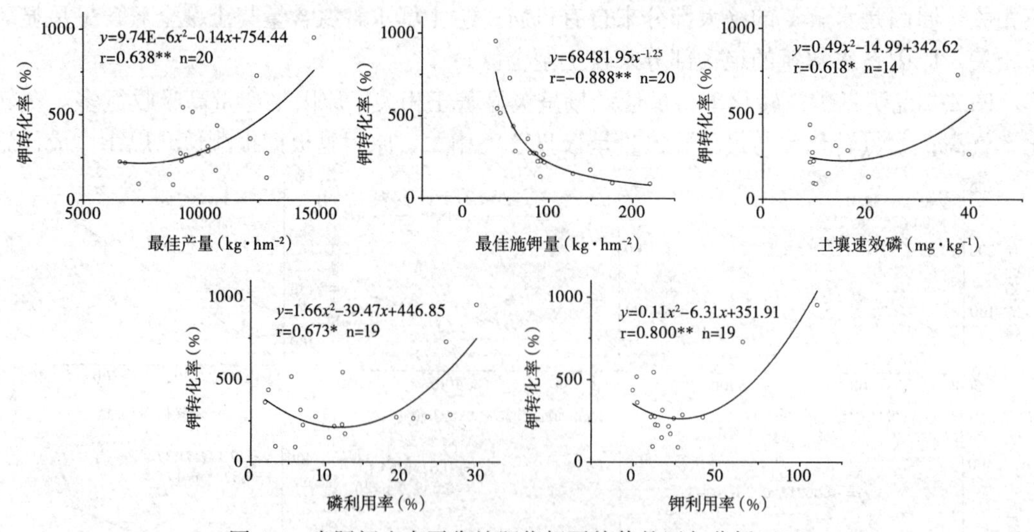

图 4-4 省际间生态平衡施肥指标平均值的回归分析（四）

图 4-5 说明：①氮利用率与土壤氮相对丰缺值呈极显著负相关，原因是二者都是氮的来源项，土壤氮多了肥料氮被利用的自然会少；②磷利用率与土壤速效磷呈显著正相关，原因是二者一个是来源项，一个是去向项；③磷利用率与土壤磷相对丰缺值呈极显著负相

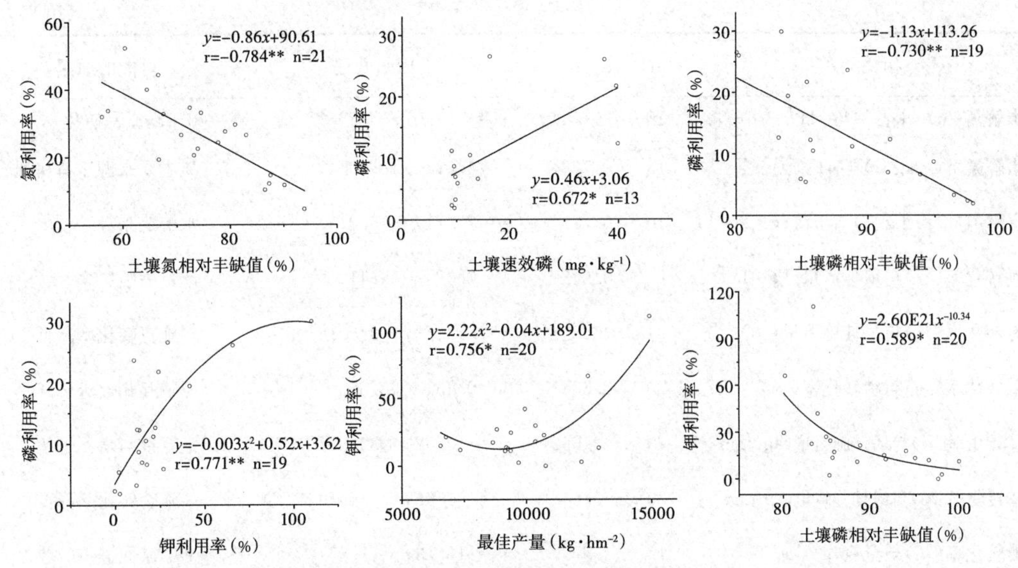

图 4-5　省际间生态平衡施肥指标平均值的回归分析（五）

关，原因是土壤磷相对丰缺值高时土壤提供磷多，自然肥料提供的磷就少；④磷利用率与钾利用率呈极显著正相关，原因是磷和钾具有互促作用和平衡性；⑤钾利用率与最佳产量呈显著正相关，原因是产量高时吸收钾就多；⑥钾利用率与土壤磷相对丰缺值呈显著负相关，原因是土壤磷相对丰缺值高时土壤钾也同样被利用的比较就高，自然肥料钾的利用率会降低。

省际间玉米生态平衡施肥指标平均值相关性统计结果汇总见表 4-3（n 为省数）。

表 4-3　省际间生态平衡施肥指标平均值的回归分析

相关关系	n	r	回归方程	可能的原因
最佳产量(kg·km^{-2})与 pH	11	0.746**	$y=1683.731x-1762.42$	高 pH 为北方土壤
最佳施氮量(kg·km^{-2})与最佳施磷量(kg·km^{-2})	21	−0.645**	$y=-0.002x^2+1.31x+141.21$	主体部分为二次函数上升部分，磷促氮的吸收
氮相对丰缺值(%)与最佳施氮量(kg·km^{-2})	13	−0.446**	$y=-0.04x^2+2.05x+316.65$	主体部分为二次函数下降部分，负相关，同为氮源
速效磷(mg·kg^{-1})与最佳施钾量(kg·km^{-2})	18	−0.581**	$y=-1.44x+121.81$	土壤高磷与施钾量不平衡所致
最佳施钾量(kg·km^{-2})与钾相对丰缺值(%)	21	−0.716**	$y=0.09x^2-19.12x+105561$	主体部分为二次函数下降部分，负相关，同为钾源
有机质(g·kg^{-1})与 pH	11	−0.685*	$y=-5.97x+63.74$	pH 高有机质易矿化
全氮(g·kg^{-1})与有机质(g·kg^{-1})	12	0.807**	$y=0.04x+0.28$	氮主要在有机质中
有机质(g·kg^{-1})与钾相对丰缺值(%)	19	−0.592**	$y=0.002x^2-0.84x+76.11$	有机质多钾有效性高
磷相对丰缺值(%)与钾相对丰缺值(%)	21	0.583**	$y=0.33x+59.22$	土壤磷和钾肥力正相关

（续）

相关关系	n	r	回归方程	可能的原因
水解氮（$mg \cdot kg^{-1}$）与pH	10	−0.744*	$y=-34.01x+339.92$	pH高氮易矿化
水解氮（$mg \cdot kg^{-1}$）与有机质（$g \cdot kg^{-1}$）	15	0.728**	$y=4.07x+19.03$	氮主要来源于有机质
水解氮（$mg \cdot kg^{-1}$）与全氮（$g \cdot kg^{-1}$）	10	0.725*	$y=77.21x+15.01$	水解氮来源于全氮
氮转化率（%）与最佳产量（$kg \cdot hm^{-2}$）	21	0.642**	$y=0.02x-39.41$	产量高吸氮多
氮转化率（%）与最佳施氮量（%）	21	−0.818**	$y=-0.53x+278.18$	多施氮转化率降低
氮转化率（%）与磷转化率（%）	20	0.638**	$y=0.45x+58.56$	氮磷互相促进
磷转化率（%）与最佳施氮量（$kg \cdot hm^{-2}$）	20	−0.662**	$y=-0.62x+337.77$	施氮量与磷不平衡
磷转化率（%）与最佳施磷量（$kg \cdot hm^{-2}$）	20	−0.649**	$y=-0.62x+254.19$	多施磷转化率降低
磷转化率（%）与全氮（$g \cdot kg^{-1}$）	12	0.579*	$y=112.13x+71.87$	土壤氮促进磷吸收
磷转化率（%）与速效磷（$mg \cdot kg^{-1}$）	14	0.876**	$y=6.47x+70.84$	速效磷是磷源
磷转化率（%）与磷利用率（%）	19	0.555*	$y=5.23x+106.17$	转化率包括利用率
钾转化率（%）与最佳产量（$kg \cdot hm^{-2}$）	20	0.638**	$y=9.74E-6x^2-0.14x+754.44$	高产吸钾多
钾转化率（%）与最佳施钾量（$kg \cdot hm^{-2}$）	20	−0.888**	$y=68481.95x^{-1.25}$	施钾多转化率降低
钾转化率（%）与速效磷（$mg \cdot kg^{-1}$）	14	0.618*	$y=0.49x^2-14.99+342.62$	土壤磷多促进钾转化
钾转化率（%）与磷利用率（%）	19	0.673*	$y=1.66x^2-39.47x+446.85$	磷促进钾的吸收
钾转化率（%）与钾利用率（%）	19	0.800**	$y=0.11x^2-6.31x+351.91$	转化率包括利用率
氮利用率（%）与氮相对丰缺值（%）	21	−0.784**	$y=-0.86x+90.61$	土壤氮多氮利用率低
磷利用率（%）与速效磷（$mg \cdot kg^{-1}$）	13	0.672*	$y=0.46x+3.06$	速效磷是主要磷源
磷利用率（%）与磷相对丰缺值（%）	19	−0.730**	$y=-1.13x+113.26$	土壤磷多其利用率低
磷利用率（%）与钾利用率（%）	19	0.771**	$y=-0.003x^2+0.52x+3.62$	钾和磷互相促进
钾利用率（%）与最佳产量（$kg \cdot hm^{-2}$）	20	0.756*	$y=2.22x^2-0.04x+189.01$	产量高吸钾多
钾利用率（%）与磷相对丰缺值（%）	20	0.589*	$y=2.60E21x^{-10.34}$	土壤磷多时吸收土壤钾也多，钾利用率低

四、与以往研究结果的对比

由于本研究中所使用的各类指标具有空间属性，并且转化率是新指标，因为与以往对比研究的资料比较少，对于大多数没有对比资料的结果在表 4-3 中进行了简要分析。

表 4-3 中：①最佳产量与土壤 pH 呈极显著正相关，与文献报道一致[1]，原因是 pH 高的地区多为一季春玉米，pH 低的地区多为夏玉米，春玉米生长时间长产量相对高；

②最佳施氮量与土壤氮相对丰缺值呈显著负相关（主要显示二次函数中的下降部分），这与文献报道的增加施氮量使氮丰缺值降低基本一致[2]，原因是二者都为氮的来源项，必然存在反正关系；③最佳施钾量与土壤速效磷呈显著负相关，原因可能是土壤中速效磷高时将与钾产生不平衡所致；这与文献报道的结果相反[3]，原因可能是本研究样本的空间范围大，包括不同气候区所致；④土壤有机质含量与土壤 pH 呈显著负相关，原因是 pH 高的土壤其有机质容易矿化不容易保存；以往研究结果有时一致有时不一致[4-6]，取决于具体试验设计，本研究是大空间尺度样本，非试验设计，所得结果用成土过程解释更为合理；⑤土壤全氮与土壤有机质含量呈极显著正相关[7-8]，原因是氮的绝大部分在有机质中；土壤水解氮含量与土壤有机质含量呈极显著正相关[9]，原因是水解氮的绝大部分来自有机质；土壤水解氮含量与土壤全氮含量呈显著正相关[10]，原因是水解氮的绝大部分来自土壤全氮。

五、关于我国玉米生态平衡施肥指标体系中主要指标现状的讨论与结论

研究结果表明：①玉米最佳氮、磷、钾施用量在正常范围内，按此标准施用不会引起明显的肥料面源污染，即化肥零增长行动计划或生态平衡施肥目的在技术上是可行的，从而揭示了养分在玉米最佳产量—土壤养分平衡—最佳施肥量—环境损失量之间循环的客观规律；②在最佳施肥量情况下氮、磷、钾转化率分别显著高于氮、磷、钾利用率，说明用一季的利用率衡量肥效低估了肥料的长期效应，如果用利用率推荐施肥必然导致施肥量失真并带来长期环境污染和土壤养分失衡，这是因为转化率和利用率的含义和计算方法不同，而转化率指标更科学和实用；由于多年来土壤全钾含量是下降的，土壤全氮有升有降，土壤全磷是增加的，所以从土壤磷角度分析，土壤磷的利用率计算方法是不科学和不实用的，推论到氮也一样，虽然钾的主要提供为土壤，但是钾的累计利用率即转化率也明显高于当季利用率，最终结果是在最佳施肥量情况下，作物更多地吸收土壤里现有的养分使得转化率非常高；③从土壤氮、磷、钾相对丰缺值看，土壤氮最缺，土壤磷、钾不是很缺；从平均数来看，土壤水解氮在一般正常范围内、土壤速效磷最近 30 年来明显增加，至少增加 10 $mg \cdot kg^{-1}$，土壤速效钾在缓慢下降目前已不足 100 $mg \cdot kg^{-1}$，这是因为玉米产量高吸氮多，而多年来磷肥一直略微过量施用，钾的土壤含量基数高。

六、关于省级间施肥指标平均值相关性的讨论与结论

研究结果表明：省际间生态平衡施肥指标平均值之间存在着各种相关关系，归纳如下：①肥效与自身最佳施肥量的显著负相关：如氮、磷、钾转化率与最佳氮、磷、钾施用量；②氮、磷、钾施肥量平衡时具有互促作用：如最佳施氮量与最佳施磷量呈极显著正相关；③土壤养分对自身养分肥效的发挥起抑制作用呈显著负相关：如氮、磷、钾利用率与土壤氮、磷、钾相对丰缺值、最佳施钾量与土壤钾相对丰缺值；④不同类指标间的显著相关：正相关包括土壤磷相对丰缺值与土壤钾相对丰缺值、氮转化率与磷转化率、磷利用率与钾利用率、钾转化率与磷利用率、磷转化率与土壤全氮含量；负相关包括最佳施钾量与土壤速效磷含量、土壤有机质含量与土壤钾相对丰缺值、磷转化率与最佳施氮量；⑤与最

佳产量显著正相关的指标：包括氮转化率、钾利用率、钾转化率、土壤 pH；⑥同类指标之间的显著相关：正相关包括土壤全氮含量与土壤有机质含量、土壤水解氮含量与土壤有机质含量、土壤水解氮含量与土壤全氮含量、磷转化率与磷利用率、磷利用率和转化率与土壤速效磷含量、钾转化率与钾利用率、钾转化率与土壤速效钾含量；负相关包括最佳施氮量与土壤氮相对丰缺值、土壤有机质含量与土壤 pH、土壤水解氮含量与土壤 pH。

七、结论

玉米生态平衡施肥指标在大的空间尺度上多数存在显著相关，进一步揭示了养分在作物—土壤—施肥量—环境之间的相辅相成的客观规律，这是生态平衡施肥的理论基础；省际间生态平衡施肥指标的显著相关结果表明为各省最佳氮、磷、钾的平均施用量和最佳产量的确定提供了定量依据。

第二节　养分转化率主要影响因素研究

一、玉米养分转化率的回归分析

式（4-1）至式（4-2）为玉米氮转化率与土壤氮素含量、最佳施氮量和最佳产量进行多元回归分析结果，其非标准化参数和显著性差异见表 4-4。

$$y = 10.919x_1 - 0.688x_3 + 0.013x_4 + 164.428 \tag{4-1}$$

$$y = 0.301x_2 - 0.533x_3 + 0.015x_4 + 92.943 \tag{4-2}$$

$$y = 36.877x_1 - 0.067x_2 - 0.648x_3 + 0.016x_4 + 97.227 \tag{4-3}$$

其中：y 为氮转化率；x_1为土壤全氮含量；x_2为土壤水解氮含量；x_3为最佳施氮量；x_4为最佳产量；数字项（a）为常数，其中式（4-3）中土壤全氮含量和土壤水解氮含量信息有重叠，未进行正交化处理或主成分分析。

由表 4-4 可知，3 个回归方程非标准化系数的决定系数高，回归差异性极显著。①氮转化率与最佳产量呈极显著正相关，说明产量越高需要带走的氮越多转化率也就越高；②氮转化率与最佳施氮量呈极显著负相关，说明施氮多将导致氮转化率降低；③氮转化率与土壤全氮含量、土壤水解氮含量的 T 检验差异性不显著，说明土壤全氮和水解氮含量不能很好地作为施氮指标使用，这与以往诸多研究得到的土壤氮不适合作为施肥指标的结果是一致的。

表 4-4　玉米氮转化率影响因素回归分析结果

模型式	项目	土壤全氮含量 k1	土壤水解氮含量 k2	最佳施氮量 k3	最佳产量 k4	a	r	n	回归显著性
式 1	非标准化系数	10.919	—	−0.688	0.013	164.428	0.895	22	0.000
	T 检验显著性	0.386	—	0.000	0.000	0.001	—	—	—
式 2	非标准化系数	—	0.301	−0.533	0.015	92.943	0.907	40	0.000
	T 检验显著性	—	0.016	0.000	0.000	0.020	—	—	—

（续）

模型式	项目	土壤全氮含量 k1	土壤水解氮含量 k2	最佳施氮量 k3	最佳产量 k4	a	r	n	回归显著性
式 3	非标准化系数	36.877	−0.067	−0.648	0.016	97.277	0.922	17	0.000
	T 检验显著性	0.099	0.855	0.001	0.000	0.187	—	—	—

同理，对玉米磷转化率与土壤磷素、最佳施磷量和最佳产量进行多元回归分析，发现磷转化率与土壤全磷和速效磷含量均不显著相关。以上结果说明土壤全磷和速效磷含量不能很好地作为磷转化率估算的依据而使用。

由于样本数量有限，只建立了以土壤速效钾为变量的回归方程，回归方程非标准化系数的决定系数高，回归方程差异性极显著。钾转化率与最佳施钾量呈极显著正相关，但钾转化率与土壤速效钾含量不相关，由此可知，土壤速效钾含量不能很好地作为钾转化率估算的依据。

二、玉米养分转化率影响因素

玉米氮、磷、钾转化率影响因素及其可能的原因见表 4-5、表 4-6 和表 4-7。

由图 4-6 可知：①氮转化率与最佳产量呈极显著正相关，原因是产量越高，吸收氮越多，氮转化率越高；②氮转化率与最佳施氮量、最佳施磷量和最佳施钾量均呈极显著负相关，原因是施肥量越多，氮的损失越多，氮转化率越低，同时在最佳施磷量和最佳施钾量

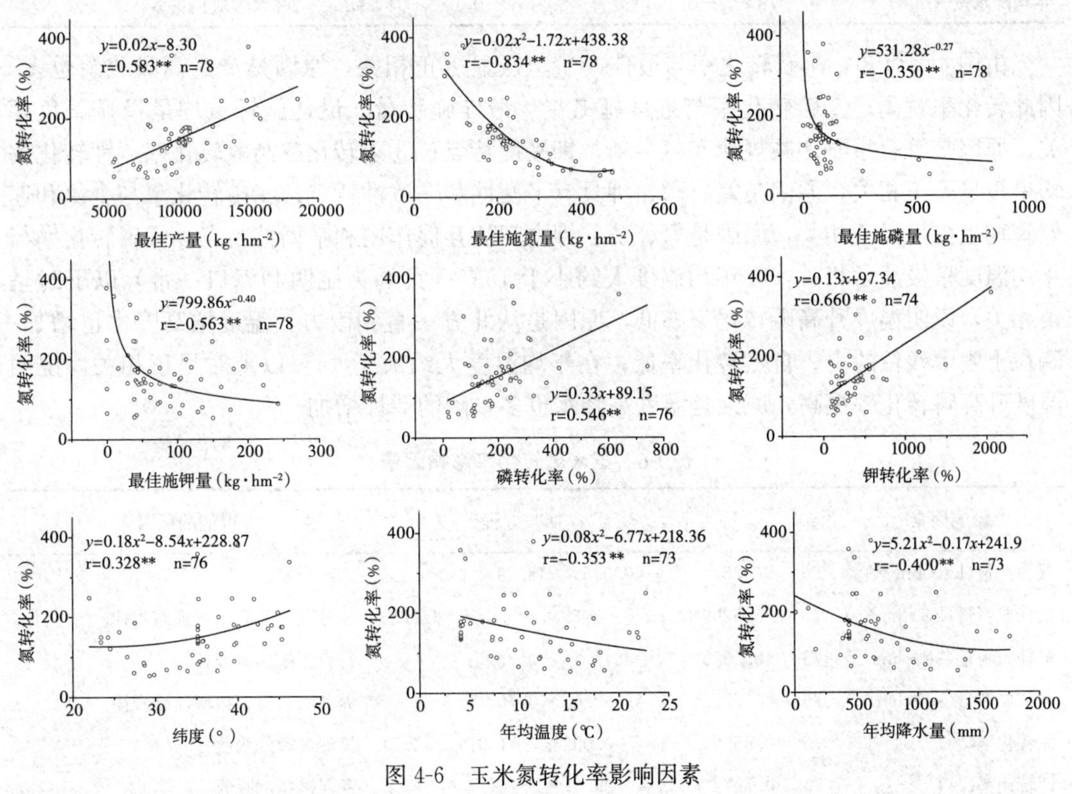

图 4-6　玉米氮转化率影响因素

时氮转化率降低的原因可能是与氮之间不平衡所致；③氮转化率与磷转化率和钾转化率均呈极显著正相关，原因是玉米吸收磷、钾多的同时吸收氮也多，氮、磷和钾之间具有平衡性、一致性和互促性；④氮转化率与纬度呈极显著正相关，原因是纬度越大，降水量越少，氮损失越少，因而氮转化率越高；⑤氮转化率与年均温度呈极显著负相关，原因是年均温度越高，降水也越多，氮淋失和挥发损失越多，因而氮转化率就越低；⑥氮转化率与年均降水量呈极显著负相关，原因是年均降水量越高，氮淋失越多，因而氮转化率就越低。

表 4-5　玉米氮转化率影响因素

影响因素	n	r	回归方程	可能的原因
最佳产量（$kg \cdot hm^{-2}$）	78	0.583**	$y=0.02x-8.30$	高产吸氮多
最佳施氮量（$kg \cdot hm^{-2}$）	78	−0.834**	$y=0.02x^2-1.72x+438.38$	施氮多降低氮转化率
最佳施磷量（$kg \cdot hm^{-2}$）	78	−0.350**	$y=531.28x^{-0.27}$	施磷多降低氮转化率
最佳施钾量（$kg \cdot hm^{-2}$）	78	−0.563**	$y=799.86x^{-0.40}$	施钾多降低氮转化率
磷转化率（%）	76	0.546**	$y=0.33x+89.15$	磷促进氮吸收
钾转化率（%）	74	0.660**	$y=0.13x+97.34$	钾促进氮吸收
纬度（°）	76	0.328**	$y=0.18x^2-8.54x+228.87$	高纬度区降水少氮就损失少
年均温度（℃）	73	−0.353**	$y=0.08x^2-6.77x+218.36$	高温氮易损失
年均降水量（mm）	73	−0.400**	$y=5.21x^2-0.17x+241.98$	降水多氮损失多

由图 4-7 可知：①磷转化率与最佳产量呈极显著正相关，原因是产量高吸收磷也多，因此转化率就高；②磷转化率与最佳施氮量、最佳施磷量、最佳施钾量均呈极显著负相关，原因是符合报酬递减规律和氮、磷、钾平衡特点；③磷转化率与氮转化率、钾转化率均呈极显著正相关，原因是氮、磷、钾具有平衡性和一致性特点；④磷转化率与全氮和速效磷均呈极显著正相关，原因是氮、磷、钾之间的互促作用和平衡性特点；⑤磷转化率与年均温度呈极显著相关，在年均温度大约小于 15℃（大约为昆明和海口一带）以下时呈负相关，说明温度升高磷转化率降低，原因是从北方一直到南方，温度增高降水也增加，磷在土壤中残留的少，自然转化率低；在年均温度大约大于 15℃以上时呈正相关，说明温度升高磷转化率提高，原因是温度高降水也多，磷的活性增加。

表 4-6　玉米磷转化率影响因素

影响因素	n	r	回归方程	可能的原因
最佳产量($kg \cdot hm^{-2}$)	76	0.3387**	$y=0.015x+48.29$	高产吸磷多
最佳施氮量($kg \cdot hm^{-2}$)	77	−0.5296**	$y=0.00075x^2-0.34x+340.38$	养分间也符合报酬递减规律
最佳施磷量($kg \cdot hm^{-2}$)	76	−0.8839**	$y=9645.4x-0.88$	符合报酬递减规律
最佳施钾量($kg \cdot hm^{-2}$)	76	−0.7770**	$y=3588.6x-0.70$	养分间也符合报酬递减规律
氮转化率(%)	76	0.5531**	$y=-0.0028x^2+1.97x-14.71$	氮促进磷的吸收
钾转化率(%)	73	0.7979**	$y=0.29x+84.57$	钾促进磷的吸收

（续）

影响因素	n	r	回归方程	可能的原因
全氮（g・kg^{-1}）	22	0.6280**	$y=52.79x^2-20.22x+151.90$	氮促进磷的吸收
速效磷（mg・kg^{-1}）	30	0.6950**	$y=3.44x+111.01$	高磷土壤磷转化快
年均温度（℃）	71	0.3541**	$y=1.29x^2-37.73+434.38$	年均温小于15℃时随着温度的升高，土壤磷含量降低，转化率也降低；反之，随着温度的升高，磷的活动增加，转化率也提高

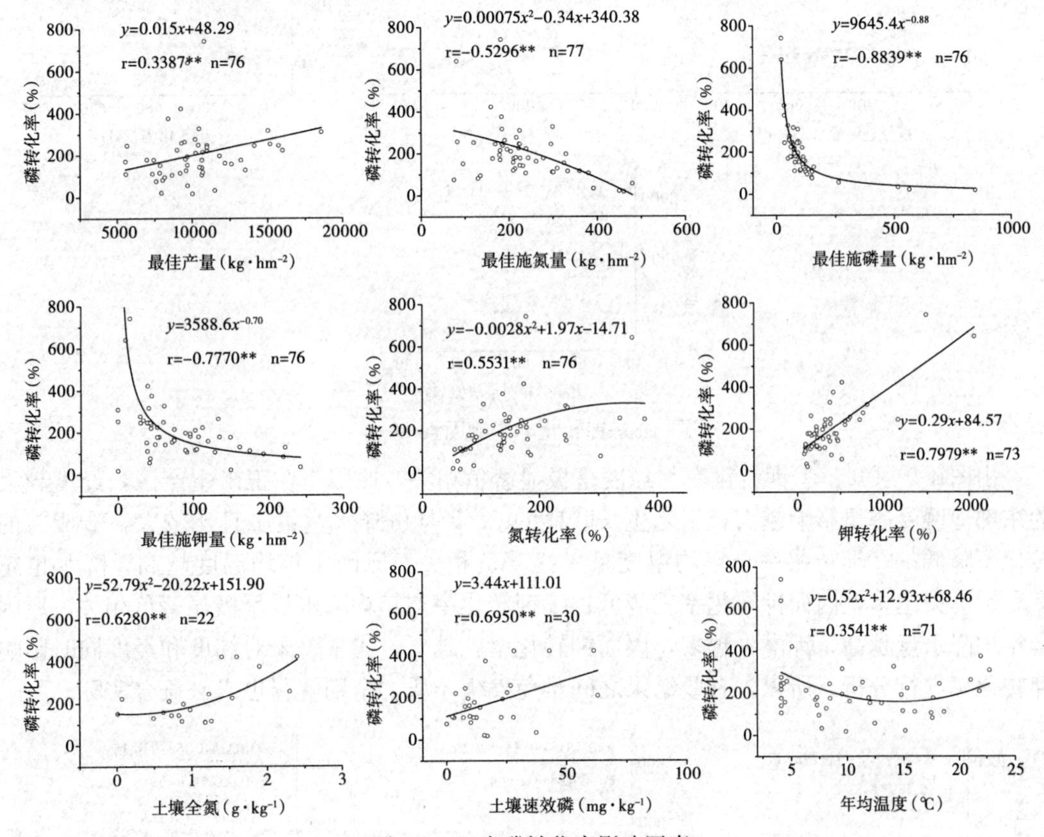

图 4-7　玉米磷转化率影响因素

由图 4-8 可知：①钾转化率与最佳产量呈极显著正相关，原因是产量越高，吸收钾越多，钾转化率越高；②钾转化率与最佳施氮量、最佳施磷量和最佳施钾量分别呈极显著、显著和极显著负相关，原因是施钾量越多，钾的损失越多，钾转化率越低，而氮和磷施肥量越多，将与钾产生不平衡所致；③钾转化率与氮转化率和磷转化率均呈极显著正相关，原因是玉米吸收氮、磷多的同时吸收钾也多，氮、磷和钾之间具有一致性和互促性；④钾转化率与土壤磷相对丰缺值呈极显著负相关，原因是土壤磷相对丰缺值越高，越容易与钾之间造成不平衡所致。

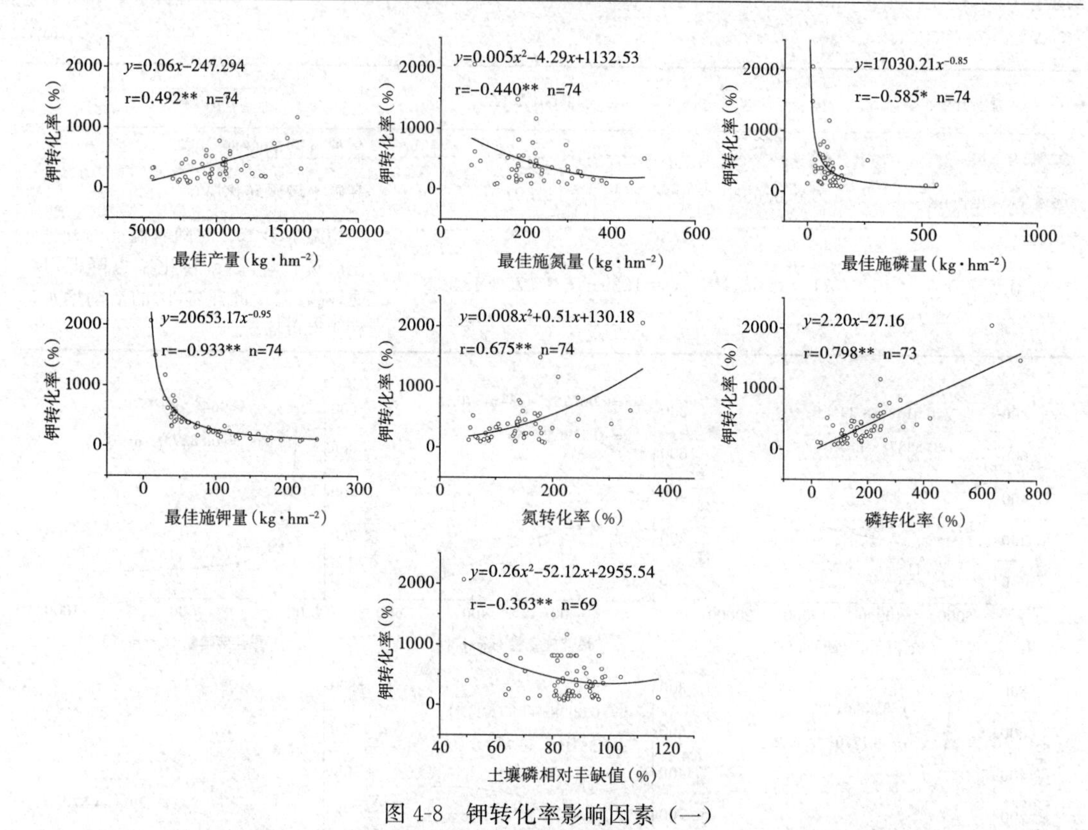

图 4-8　钾转化率影响因素（一）

由图 4-9 可知：①钾转化率与经度呈极显著负相关，原因是在玉米主产区，经度越大的东部地区受季风影响越大，玉米生长旺盛的 7、8 月份降水量集中且比较大，造成钾的转化率降低；②钾转化率与年均温度呈极显著负相关，原因是年均温度越高，降水也越多，钾淋失越多，因而钾转化率就越低；③钾转化率与年均降水量呈极显著负相关，原因是年均降水量越高，钾淋失越多，因而钾转化率就越低；④本著未对纬度和经度同时影响钾转化率进行分析，所以，有些结果之间难免发生矛盾。个别解释也未必符合实际。

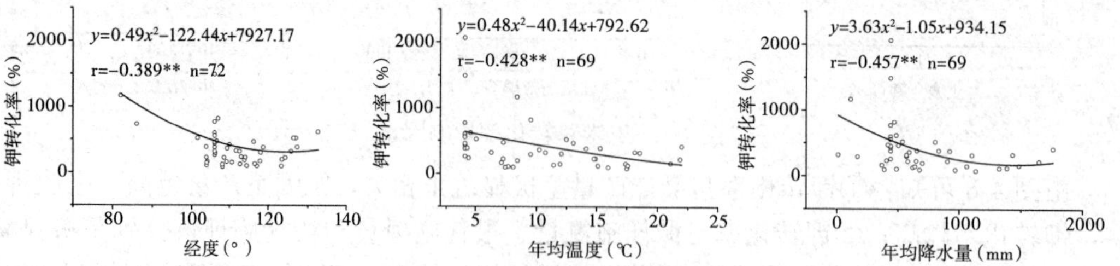

y=0.49x²−122.44x+7927.17
r=−0.389** n=72
钾转化率（%）
经度（°）
y=0.48x²−40.14x+792.62
r=−0.428** n=69
年均温度（℃）
y=3.63x²−1.05x+934.15
r=−0.457** n=69
年均降水量（mm）

图 4-9　钾转化率影响因素（二）

表 4-7　玉米钾转化率影响因素

影响因素	n	r	回归方程	可能的原因
最佳产量（kg·hm^{-2}）	74	0.492**	$y=0.06x-247.294$	高产吸钾多
最佳施氮量（kg·hm^{-2}）	74	−0.440**	$y=0.005x^2-4.29x+1132.53$	氮多抑制钾吸收

（续）

影响因素	n	r	回归方程	可能的原因
最佳施磷量（$kg \cdot hm^{-2}$）	74	−0.585*	$y=17030.21x^{-0.85}$	磷多抑制钾吸收
最佳施钾量（$kg \cdot hm^{-2}$）	74	−0.933**	$y=20653.17x^{-0.95}$	报酬递减
氮转化率（%）	74	0.675**	$y=0.008x^2+0.51x+130.18$	氮促进钾吸收
磷转化率（%）	73	0.798**	$y=2.20x-27.16$	磷促进钾吸收
磷相对丰缺值（%）	69	−0.363**	$y=0.26x^2-52.12x+2955.54$	富磷土壤抑制钾吸收
经度（°）	72	−0.389**	$y=0.49x^2-122.44x+7927.17$	高经度区降水多
年均温度（℃）	69	−0.428**	$y=0.48x^2-40.14x+792.62$	高温钾淋失多
年均降水量（mm）	69	−0.457**	$y=3.63x^2-1.05x+934.15$	降水多钾淋失多

三、玉米最佳施肥量影响因素

玉米氮、磷、钾最佳施肥量影响因素及其可能的原因见表 4-8、表 4-9 和表 4-10。表 4-9 中，最佳施磷量与土壤全氮含量呈极显著负相关（二次曲线下降部分为主），原因是全氮含量高时供氮能力强，相应地土壤供磷能力也强，所以最佳施磷量就少，而文献[11]报道的结果为施磷对土壤全氮含量无显著影响，本研究针对不同土壤全氮含量与最佳施磷量关系进行研究，结果表明高含氮土壤最佳施肥磷量低。表 4-10 中，最佳施钾量与最佳产量呈极显著负相关（二次函数下降部分），原因可能是施钾过多造成与氮和磷之间的不平衡而降低产量，呈现高施钾时产量降低的效应[12-14]。

由图 4-10 可知：①最佳施氮量与最佳施磷量、最佳施钾量均呈极显著正相关，原因是氮、磷和钾在施肥上具有互促作用，因此要求平衡施肥；②最佳施氮量与氮转化率、磷转化率和钾转化率均呈极显著负相关，原因是符合报酬递减规律；③最佳施氮量与土壤钾相对丰缺值呈显著正相关，原因是土壤钾含量高时需要最佳施氮量也高才能保持平衡吸收；④最佳施氮量与纬度总体而言呈显著负相关，原因是纬度大的地区降水少温度也低，氮淋失和挥发损失的少因而最佳施氮量就低；⑤最佳施氮量与年均温度呈极显著正相关，原因是温度越高降水也越多，氮损失也多因而最佳施氮量也越高；⑥最佳施氮量与年均降水量呈显著正相关，原因是降水量多氮损失也多因而最佳施氮量也高。

表 4-8　玉米最佳施氮量影响因素

影响因素	n	r	回归方程	可能的原因
最佳施磷量($kg \cdot hm^{-2}$)	78	0.636**	$y=50.18x^{-0.34}$	磷促进氮的吸收
最佳施钾量($kg \cdot hm^{-2}$)	78	0.357**	$y=-0.004x^2+1.40x+164.58$	钾促进氮的吸收
磷转化率(%)	76	−0.440**	$y=-9.6E-4x^2-0.99x+388.72$	不同养分之间也符合报酬递减规律
钾转化率(%)	74	−0.318**	$y=4.6E-5x^2-0.18x+298.12$	不同养分之间也符合报酬递减规律
钾相对丰缺值(%)	73	0.547*	$y=0.005x^2+0.34x+169.74$	钾促进氮的吸收
纬度(°)	76	−0.440*	$y=-0.49x^2+29.82x-187.01$	高纬度区降水少,氮施肥量相对少
年均温度(℃)	73	0.374**	$y=-0.69x^2+23.08x+86.09$	高温氮损失多,需多施氮
年均降水量(mm)	73	0.248*	$y=-9.33E-5x^2+0.23x+133.60$	降水多氮损失多,需多施氮

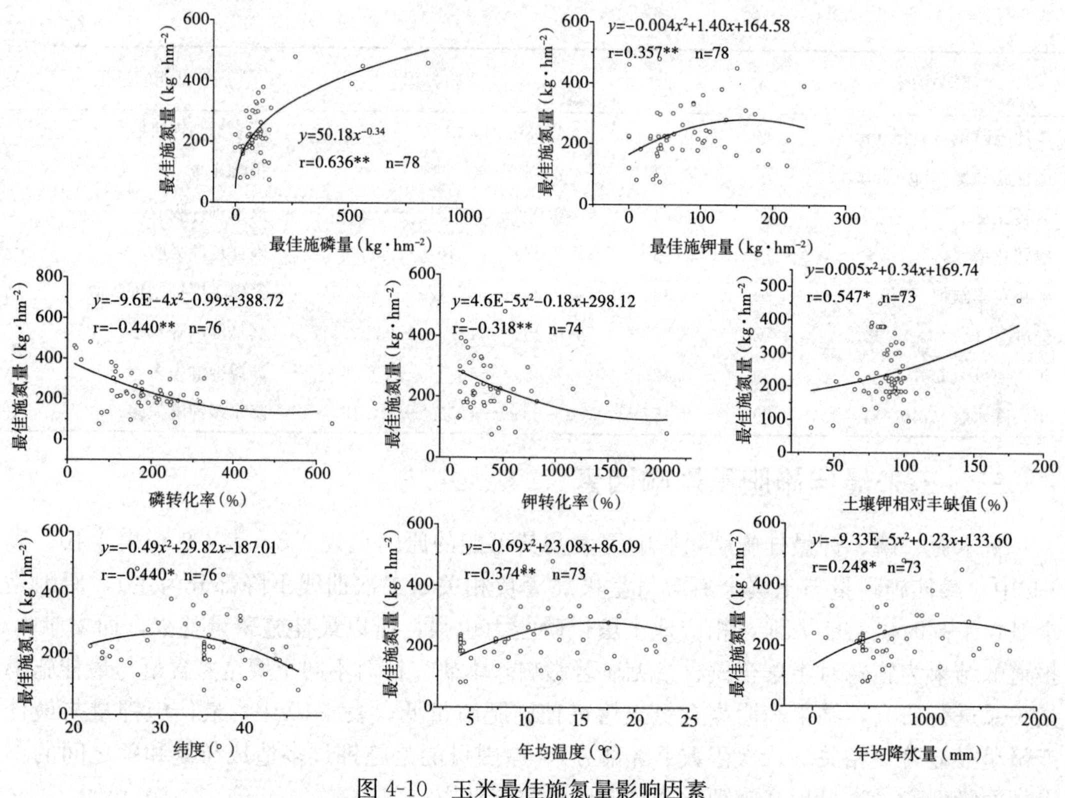

图 4-10　玉米最佳施氮量影响因素

由图 4-11 可知：①最佳施磷量与最佳施氮量关系（200kg·hm^{-2}以上）呈极显著正相关，说明氮和磷具有互促作用；②最佳施磷量与氮转化率呈极显著负相关，原因是氮转化率高磷转化率也应该高，所以最佳施磷量就相应少；③最佳施磷量与钾转化率极显著负相关，原因是钾转化率高磷转化率也应该高，所以最佳施磷量就相应少；④最佳施磷量与

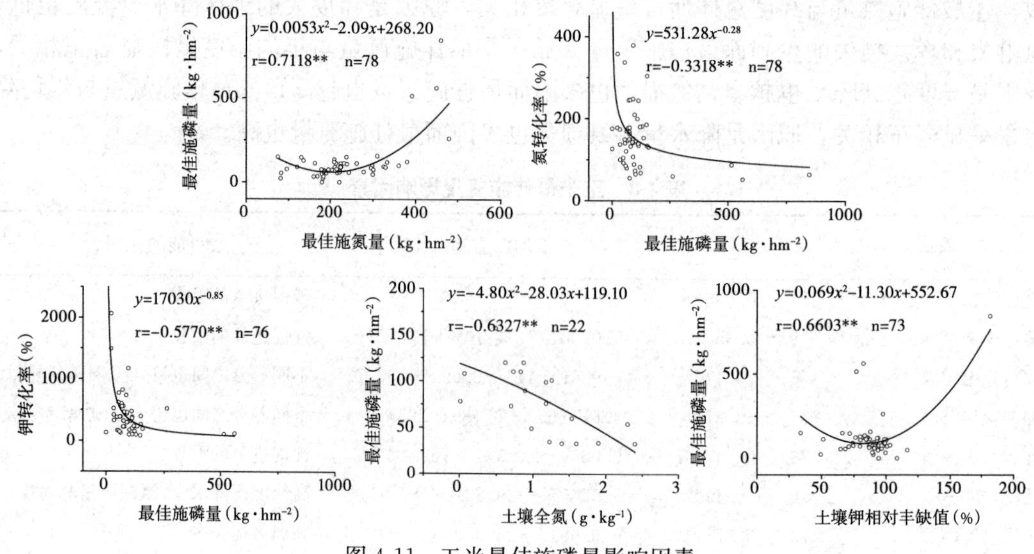

图 4-11　玉米最佳施磷量影响因素

土壤全氮含量呈极显著负相关，原因是全氮含量高时供氮能力强，相应低土壤供磷能力也强，所以最佳施磷量就少；⑤最佳施磷量与钾相对丰缺指标值关系呈极显著正相关，原因是钾和磷之间具有互促作用。

表 4-9　玉米最佳施磷量影响因素

影响因素	n	r	回归方程	可能的原因
最佳施氮量（%）	78	0.712**	$y=0.0053x^2-2.09x+268.20$	氮促进磷的吸收
氮转化率（%）	78	−0.435**	$y=21252.90x^{-1.10}$	氮促进磷转化高，需磷减少
钾转化率（%）	76	−0.379**	$y=1435.33x^{-0.47}$	钾促进磷转化高，需磷减少
全氮（g·kg⁻¹）	22	−0.6327**	$y=-4.80x^2-28.03x+119.10$	高氮土壤促进磷转化，需磷量降低
钾相对丰缺值（%）	73	0.6603**	$y=0.069x^2-11.30x+552.67$	钾促进磷的吸收

由图 4-12 可知：①最佳施钾量与最佳产量呈极显著负相关，原因可能是施钾过多造成与氮和磷之间的不平衡而降低产量；②最佳施钾量与最佳施氮量呈极显著正相关，原因是钾和氮在吸收需要平衡，因而施肥上需要平衡；③最佳施钾量与氮转化率、磷转化率均呈极显著负相关，原因是氮和磷转化率高时吸收土壤钾也多，因为最佳施钾量就低；④最佳施钾量与土壤钾相对丰缺值呈极显著负相关，原因是土壤钾多施钾必然少；⑤最佳施钾量与年均温度呈显著正相关，原因是温度越高降水也越多，钾损失也多，因而最佳施钾量

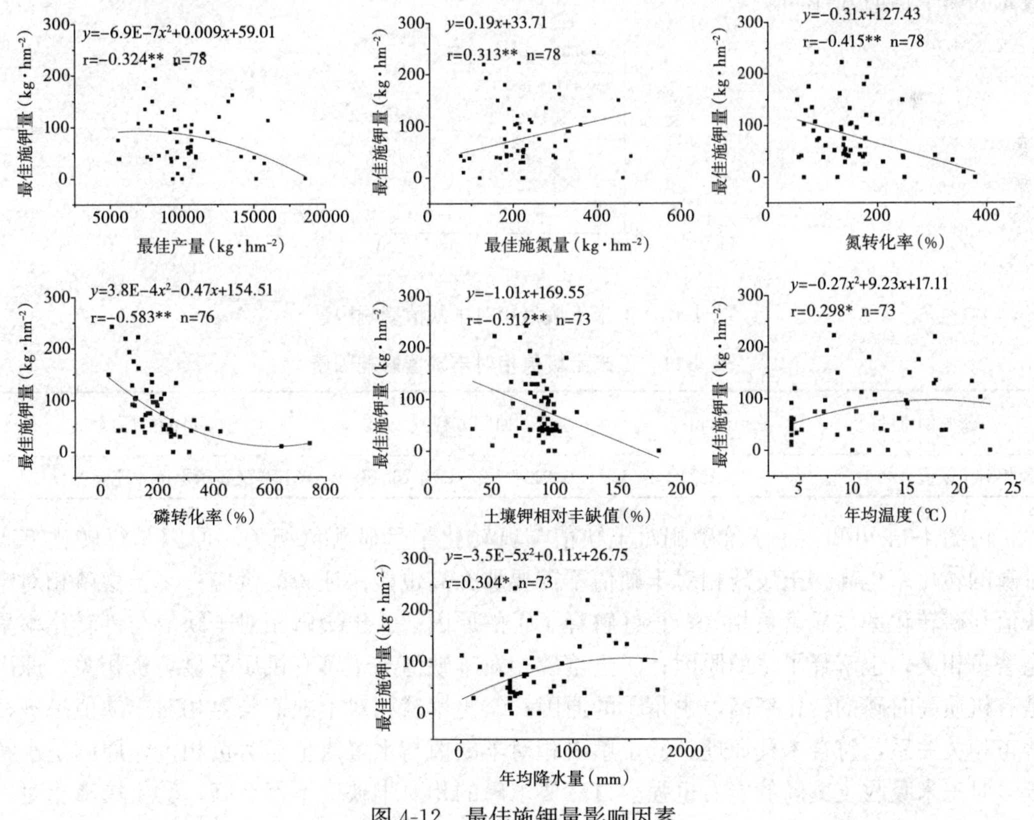

图 4-12　最佳施钾量影响因素

也高；⑥最佳施钾量与年均降水呈显著正相关，原因是降水量多，钾损失也多，因而最佳施钾量也多。

表 4-10　玉米最佳施钾量影响因素

影响因素	n	r	回归方程	可能的原因
最佳产量($kg \cdot hm^{-2}$)	78	−0.324**	$y=-6.91E-7x^2+0.01x+59.01$	施钾高抑制产量
最佳施氮量($kg \cdot hm^{-2}$)	78	0.313**	$y=0.19x+33.71$	氮促进钾的吸收
氮转化率(%)	78	−0.415**	$y=-0.31x+127.43$	氮转化率高吸收土壤钾多,需钾量降低
磷转化率(%)	76	−0.583**	$y=3.81E-4x^2-0.47x+154.51$	磷转化率高吸收土壤钾多,需钾量降低
钾相对丰缺值(%)	73	−0.312**	$y=-1.01x+169.55$	富钾土壤施钾少
年均温度(℃)	73	0.298*	$y=-0.27x^2+9.23x+17.11$	高温钾损失多,需钾多
年均降水量(mm)	73	0.304*	$y=-3.50E-5x^2+0.11x+26.75$	降水多钾损失多,需钾多

四、玉米土壤养分相对丰缺值影响因素

玉米氮、磷、钾土壤相对丰缺值影响因素及其可能的原因见表 4-11、表 4-12 和表 4-13。

由图 4-13 可知：土壤氮相对丰缺值与土壤磷相对丰缺值呈极显著正相关，原因是土壤氮和磷平衡时才能高产。

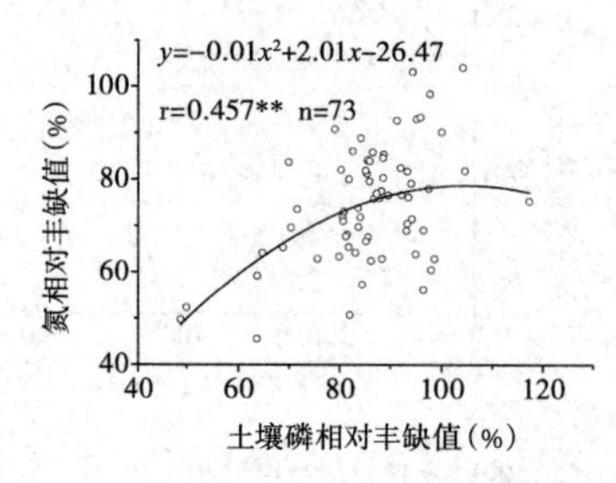

图 4-13　玉米土壤氮相对丰缺值影响因素

表 4-11　玉米土壤氮相对丰缺值影响因素

影响因素	n	r	回归方程	可能的原因
磷相对丰缺值（%）	73	0.457***	$y=-0.01x^2+2.01x-26.47$	土壤氮和磷平衡才能高产

由图 4-14 可知：①土壤磷相对丰缺值与氮转化率呈显著负相关，原因是氮转化率高时磷的转化率也高，土壤磷相对丰缺值不需要那么高也能保证磷的供应；②土壤磷相对丰缺值与磷转化率呈显著负相关，正好解释了①的原因；③土壤磷相对丰缺值与钾转化率呈显著负相关，也解释了①的原因；④土壤磷相对丰缺值与土壤有机质呈显著负相关，原因是有机质高时磷的转化率高，也是①的原因；⑤土壤磷相对丰缺值与氮相对丰缺值呈极显著正相关关系，符合木桶原理；⑥土壤磷相对丰缺值与水解氮呈显著负相关，原因是水解氮多时玉米吸收土壤磷的能力也强，自然要求磷的相对丰缺值不那么高；⑦土壤磷相对丰缺值与钾相对丰缺值呈极显著正相关关系，符合木桶原理。

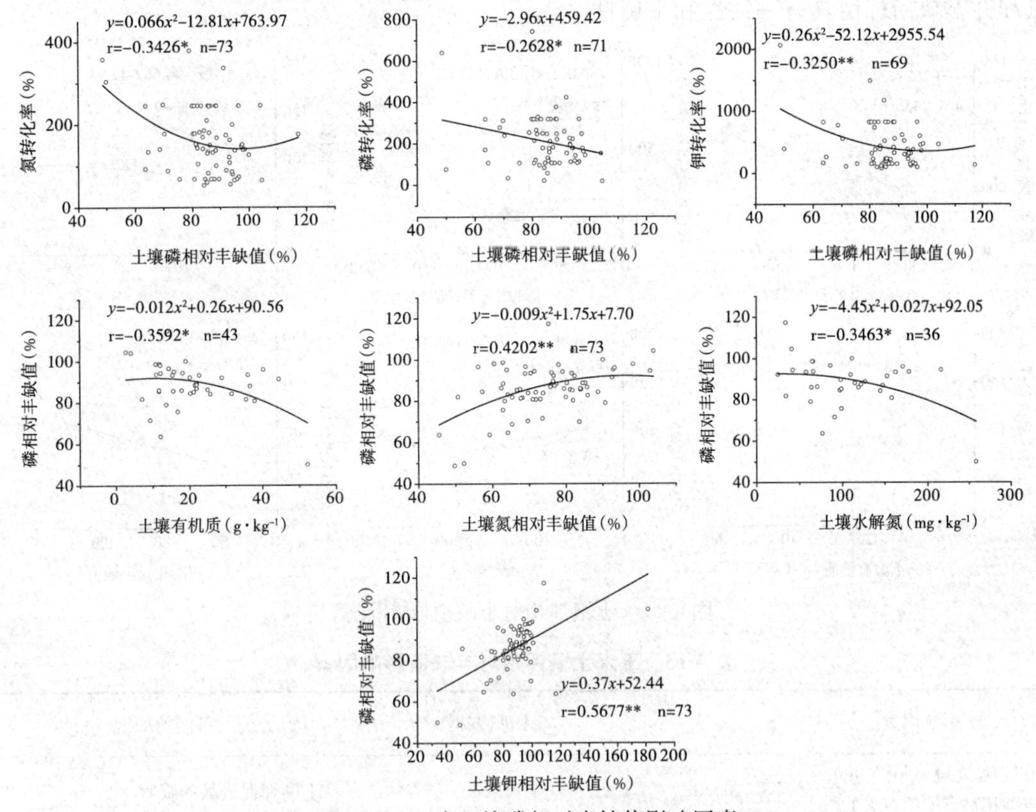

图 4-14 玉米土壤磷相对丰缺值影响因素

表 4-12 玉米土壤磷相对丰缺值影响因素

影响因素	n	r	回归方程	可能的原因
氮转化率(%)	73	−0.343**	$y=-3.27\text{E}-4x^2+0.07x+84.57$	氮转化率高促进磷转化率也高,降低磷丰缺值
磷转化率(%)	71	−0.263*	$y=-0.02x+90.44$	磷转化率高促进磷转化率也高,降低磷丰缺值
钾转化率(%)	69	−0.390**	$y=-1.32\text{E}-5x^2+0.01x+85.66$	钾转化率高促进磷转化率也高,降低磷丰缺值
有机质($g\cdot kg^{-1}$)	43	−0.359*	$y=-0.01x^2+0.26x+90.56$	肥沃土壤促进磷转化率高,降低磷丰缺值
氮相对丰缺值(%)	73	0.420**	$y=-0.01x^2+1.75x+7.70$	氮促进磷的吸收,丰缺值降低
水解氮($mg\cdot kg^{-1}$)	36	−0.346*	$y=-4.45x^2+0.03x+92.05$	氮多吸收土壤磷多,丰缺值降低
钾相对丰缺值(%)	73	0.568**	$y=0.37x+52.44$	钾促进磷的吸收,丰缺值降低

由图 4-15 可知：①土壤钾相对丰缺值与最佳施氮量呈显著正相关，原因是符合木桶原理；②土壤钾相对丰缺值与最佳施磷量呈极显著正相关，原因也是符合木桶原理；③土壤钾相对丰缺值与 pH 呈显著正相关，原因是 pH 高的地区土壤钾含量高，丰缺值自然高；④土壤钾相对丰缺值与有机质呈极显著负相关，原因可能是有机质含量高的土壤相对肥沃，土壤供钾能力强，因此即使土壤钾相对丰缺值不是很高也能满足作物对钾的吸收；⑤土壤钾相对丰缺值与土壤水解氮呈极显著负相关，原因是土壤水解氮多时容易造成与钾的不平衡性所致；⑥土壤钾相对丰缺值与土壤磷相对丰缺值呈极显著正相关，原因是土壤

氮和钾丰缺指标值具有一致性和平衡性。

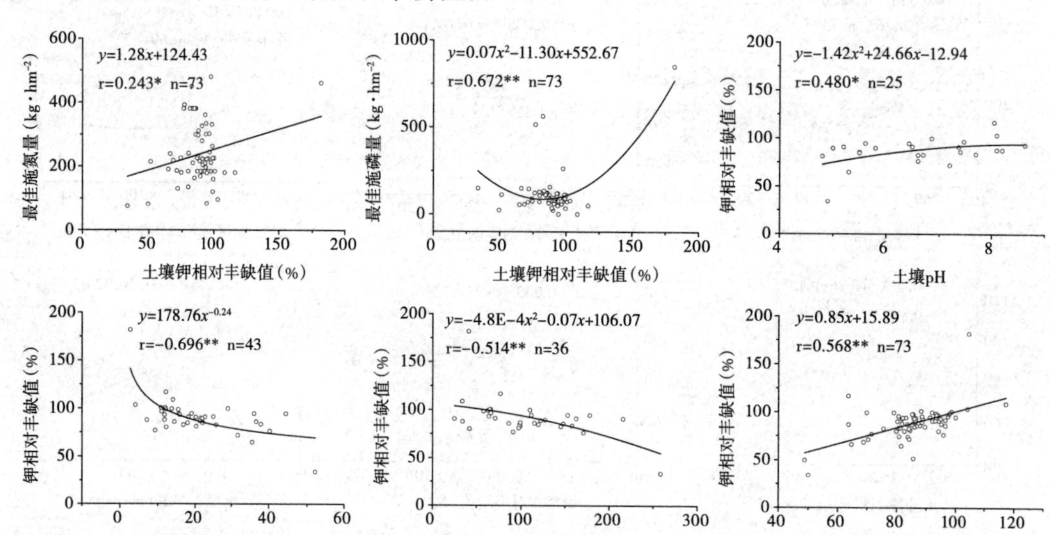

图 4-15　土壤钾相对丰缺值影响因素

表 4-13　玉米土壤钾相对丰缺值影响因素

影响因素	n	r	回归方程	可能的原因
最佳施氮量（$kg \cdot hm^{-2}$）与钾相对丰缺值（%）	73	0.237*	$y=0.05x+78.26$	土壤钾促进氮的吸收
最佳施磷量（$kg \cdot hm^{-2}$）与钾相对丰缺值（%）	73	0.626**	$y=0.0003x^2-0.18x+100.77$	大部分样本在二次曲线下降部分，说明土壤钾多抑制磷的吸收
钾相对丰缺值（%）与 pH	25	0.480*	$y=-1.42x^2+24.66x-12.94$	高 pH 区土壤钾丰富
钾相对丰缺值（%）与有机质（$g \cdot kg^{-1}$）	43	−0.696**	$y=178.76x^{-0.24}$	肥土钾转化率高，钾丰缺值低
钾相对丰缺值（%）与水解氮（$mg \cdot kg^{-1}$）	36	−0.514**	$y=-4.8E-4x^2-0.07x+106.07$	氮多促进钾的吸收，钾丰缺值低
钾相对丰缺值（%）与磷相对丰缺值（%）	73	0.568**	$y=0.85x+15.89$	磷促进钾的吸收，钾丰缺值低

五、玉米土壤氮、磷、钾含量不能作为玉米施肥指标使用

多元分析结果表明，玉米氮转化率与土壤全氮和水解氮含量相关性均不显著，玉米磷转化率与土壤全磷和有效磷含量相关性均不显著，玉米钾转化率与土壤全钾和速效钾含量相关性均不显著，说明土壤养分含量不能作为施肥指标使用，这与传统研究结果一致。

六、玉米养分转化率影响因素及其概念模型

①基于本著研究结果，将玉米氮转化率影响因素作为自变量的概念模型如下：玉米氮转化率＝f（最佳产量；纬度；磷转化率；钾转化率）－f（最佳施氮量；最佳施磷量；最佳施钾量；年均温度；年均降水量），转化率属于计算指标的非实物指标，剔除掉非实物

指标和位置指标，则玉米氮转化率≈f（最佳产量）－f（最佳施氮量；最佳施磷量；最佳施钾量；年均温度；年均降水量），可见除最佳产量是氮的去向外，最佳氮、磷、钾施用量、高温多雨是玉米氮转化率提高的主要限制因素。地块玉米氮转化率$Y \approx a+b*$最佳产量$-c*$最佳施氮量$-d*$最佳施磷量$-e*$最佳施钾量$-f*$生长季温度$-g*$生长季降水量，其中除a外的系数均为正数。

②基于本著研究结果，将玉米磷转化率影响因素作为自变量的概念模型如下：玉米磷转化率＝f（最佳产量；全氮；速效磷；氮转化率；钾转化率）－f（最佳施氮量；最佳施磷量；最佳施钾量；小于15℃以下的年均温度），转化率属于计算指标的非实物指标，剔除掉非实物指标和这位置指标，则玉米磷转化率≈f（最佳产量；全氮；速效磷）－f（最佳施氮量；最佳施磷量；最佳施钾量），可见最佳产量高、土壤氮和磷丰富有利于磷的转化，过量氮、磷、钾的施入都将降低磷转化率等。具体地块一段时间内全氮和速效磷是确定性的，则地块玉米磷转化率$Y \approx a+b*$最佳施磷量$-c*$最佳施氮量$-d*$最佳施钾量，其中除a外的系数均为正数。

③基于本著研究结果，将玉米钾转化率影响因素作为自变量的概念模型如下：玉米钾转化率＝f（最佳产量；氮转化率；磷转化率）－f（最佳施氮量；最佳施磷量；最佳施钾量；土壤磷相对丰缺值；年均温度；年均降水量；经度），转化率属于计算指标的非实物指标，剔除掉非实物指标和位置指标，则玉米钾转化率≈f（最佳产量）－f（最佳施氮量；最佳施磷量；最佳施钾量；土壤磷相对丰缺值；年均温度；年均降水量），可见玉米钾转化率受最佳产量、最佳氮、磷、钾施用量和环境条件的影响。具体地块一段时间内土壤磷相对丰缺值是确定性的，则地块玉米钾转化率$Y \approx a+b*$最佳产量$-c*$最佳施氮量$-d*$最佳施磷量$-e*$最佳施钾量$-f*$生长季温度$-g*$生长季降水量，其中除a外的系数均为正数。

七、玉米最佳施肥量影响因素及其概念模型

①基于本著研究结果，将玉米麦最佳施氮量影响因素作为自变量的概念模型如下：玉米最佳施氮量＝f（最佳施磷量；最佳施钾量；土壤钾相对丰缺值；年均温度；年均降水量）－f（纬度；氮转化率；磷转化率；钾转化率），剔除掉非实物指标和位置指标，则玉米最佳施氮量≈f（最佳施磷量；最佳施钾量；土壤钾相对丰缺值；年均温度；年均降水量），可见平衡施用磷、钾和富钾土壤玉米需要多施氮，高温和多雨条件需要多施氮，如北方旱地降水量偏多的年型时多施氮肥以发挥水肥耦合作用。具体地块一段时间内土壤钾相对丰缺值是确定性的，则地块玉米最佳施氮量$Y \approx a+b*$最佳施磷量$+c*$最佳施钾量$+d*$生长季温度$+e*$生长季降水量，其中除a外的系数均为正数。

②基于本著研究结果，将玉米最佳施磷量影响因素作为自变量的概念模型如下：玉米最佳施磷量＝f（最佳施氮量；钾相对丰缺指标值）－f（土壤全氮含量；氮转化率；钾转化率），剔除掉非实物指标，则玉米最佳施磷量≈f（最佳施氮量；钾相对丰缺指标值）－f（土壤全氮含量），可见最佳施氮量、土壤钾和氮与磷的平衡是提高玉米磷转化率的主要途径。具体地块一段时间内钾相对丰缺指标值和土壤全氮含量是确定性的，则地块玉米最佳施磷量$Y \approx a+b*$最佳施氮量，其中除a外的系数均为正数。

③基于本著研究结果，将玉米最佳施钾量影响因素作为自变量的概念模型如下：玉米最佳施钾量=f（最佳施氮量；年均温度、年均降水量）－f（最佳产量；土壤钾相对丰缺值；氮转化率；磷转化率），剔除掉非实物指标和位置指标，则玉米最佳施钾量≈f（最佳施氮量；年均温度、年均降水量）－f（最佳产量；土壤钾相对丰缺值），可见氮肥对于钾肥的促进作用，这里与最佳产量呈负显著相关的可能原因是高产地块单独依靠施用钾肥是不够的，土壤钾丰富时可以少施钾肥，说明钾的基础肥力是至关重要的。具体地块一段时间内土壤钾相对丰缺值是确定性的，则地块玉米最佳施钾量$Y \approx a + b$＊最佳施氮量$+c$＊生长季温度$+d$＊生长季降水量$-e$＊最佳产量，其中除a外的系数均为正数。

八、玉米土壤养分相对丰缺值影响因素及其概念模型

①基于本著研究结果，将玉米土壤氮相对丰缺值影响因素作为自变量的概念模型如下：玉米土壤氮相对丰缺值=f（土壤磷相对丰缺值），可见土壤氮和磷平衡的重要性。具体地块一段时间内土壤磷相对丰缺值是确定性的，则地块玉米土壤氮相对丰缺值$Y \approx a$。

②基于本著研究结果，将玉米土壤磷相对丰缺值影响因素作为自变量的概念模型如下：玉米土壤磷相对丰缺值=f(氮相对丰缺值；钾相对丰缺值)－f(氮转化率；磷转化率；钾转化率)；剔除掉非实物指标，则玉米土壤磷相对丰缺值≈f(氮相对丰缺值；钾相对丰缺值)，可见土壤氮、钾与磷的相对丰缺值具有一致性，并与转化率呈反向关系。具体地块一段时间内氮相对丰缺值和钾相对丰缺值是确定性的，则地块玉米土壤磷相对丰缺值$Y \approx a$。

③基于本著研究结果，将玉米土壤钾相对丰缺值影响因素作为自变量的概念模型如下：玉米土壤钾相对丰缺值=f（最佳施氮量；最佳施磷量；土壤磷相对丰缺值；土壤pH）－f（有机质；土壤水解氮），可见影响土壤钾丰缺指标的因素主要为氮和磷施用量、土壤氮和磷状况以及土壤pH。具体地块一段时间内土壤磷相对丰缺值、土壤pH、有机质和土壤水解氮是确定性的，则地块玉米土壤钾相对丰缺值$Y \approx a + b$＊最佳施氮量$+$ c＊最佳施磷量，其中除a外的系数均为正数。

九、结论

①地块玉米氮、磷、钾转化率都可以通过模型方式表达和确定参数，其中，影响氮、磷、钾转化率因素分别为：最佳产量、最佳施氮量、最佳施磷量、最佳施钾量、生长季温度、生长季降水量；最佳施磷量、最佳施氮量、最佳施钾量；最佳产量、最佳施氮量、最佳施磷量、最佳施钾量、生长季温度、生长季降水量。

②地块玉米氮、磷、钾最佳施用量都可以通过模型方式表达和确定参数，其中，影响氮、磷、钾转化率因素分别为：最佳施磷量、最佳施钾量、生长季温度、生长季降水量；最佳施氮量；最佳施氮量、生长季温度、生长季降水量、最佳产量。

第三节　氮、磷、钾利用率与转化率关系研究

一、玉米肥料利用率影响因素

玉米氮、磷、钾利用率影响因素及其可能的原因列入表4-14、表4-15和表4-16。

由图 4-16 可知：①氮利用率与最佳产量呈显著正相关，原因是产量高吸氮就多氮转化率就高；②氮利用率与氮转化率、磷转化率和钾转化率分别呈显著、极显著、极显著正相关，原因是氮、磷、钾之间在养分吸收上具有一致性和平衡性特点；③氮利用率与磷利用率、钾利用率均呈极显著正相关，原因也是氮、磷、钾之间在养分吸收上具有一致和平衡性特点；④氮利用率与土壤氮相对丰缺值呈极显著负相关，原因是土壤氮相对丰缺值越高，土壤氮就越丰富，肥料氮的利用率就会越低；⑤氮利用率与土壤磷相对丰缺值呈极显著负相关，原因是土壤磷相对丰缺值高时，可能与氮不平衡，因此氮的利用率降低。

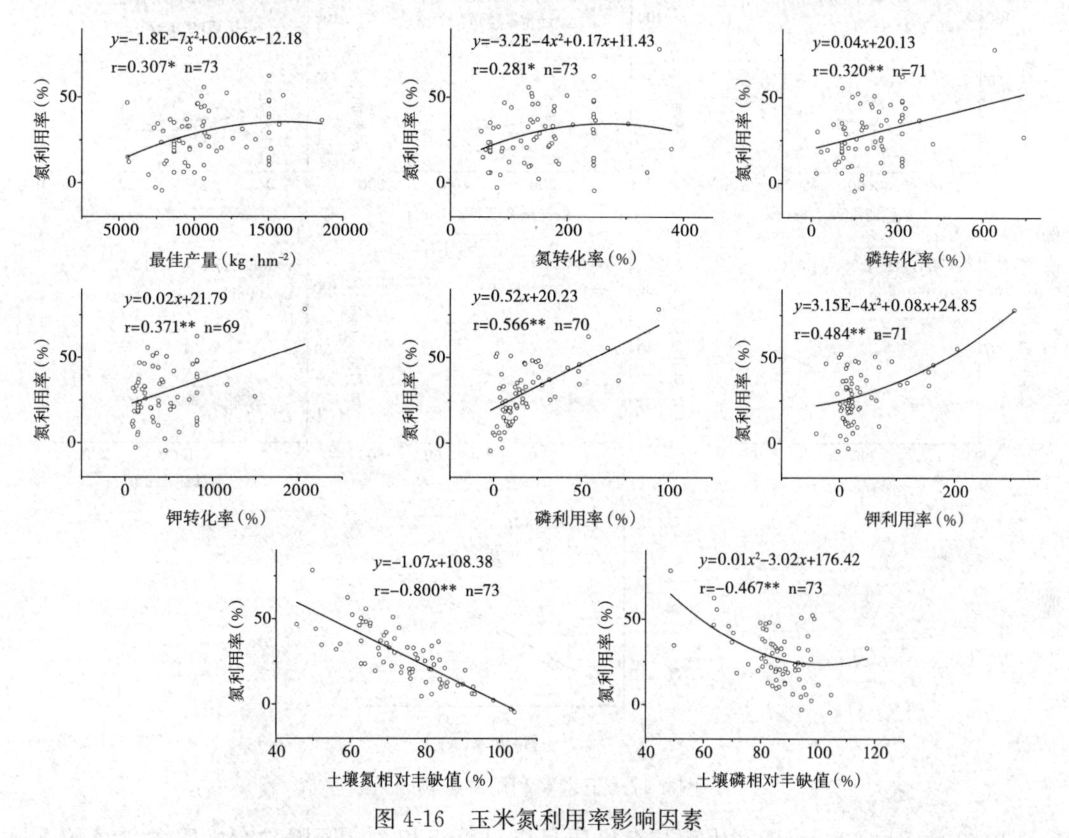

图 4-16　玉米氮利用率影响因素

表 4-14　玉米氮利用率影响因素

影响因素	n	r	回归方程	可能的原因
最佳产量（kg·hm^{-2}）	73	0.307*	$y=1.80E-7x^2+0.006x-12.18$	高产吸氮多，氮利用率就高
氮转化率（%）	73	0.281*	$y=-3.20E-4x^2+0.17x+11.43$	利用率是转化率的一部分
磷转化率（%）	71	0.320**	$y=0.04x+20.13$	磷转化率高，促进氮吸收
钾转化率（%）	69	0.371**	$y=0.02x+21.79$	钾转化率高，促进氮吸收
磷利用率（%）	70	0.566**	$y=0.52x+20.23$	磷利用率高，促进氮吸收
钾利用率（%）	71	0.484**	$y=3.15E-4x^2+0.08x+24.85$	钾利用率高，促进氮吸收
氮丰缺值（%）	73	−0.800**	$y=-1.07x+108.38$	土壤氮越丰富，氮利用率越低
磷丰缺值（%）	73	0.281*	$y=-3.20E-4x^2+0.17x+11.43$	土壤磷越丰富，吸收土壤氮越多

由图 4-17 可知：①磷利用率与最佳产量呈显著正相关，原因是产量高吸磷多磷利用率就高；②磷利用率与最佳施氮量呈显著负相关，原因是施氮多将造成与磷之间的不平衡所致；③磷利用率与土壤最佳施钾量呈极显著负相关，原因是施钾多将造成与磷之间的不平衡所致；④磷利用率与氮转化率、磷转化率和钾转化率均呈极显著正相关，原因是氮、磷、钾之间在养分吸收和转化方面具有一致性特点和互促作用；⑤磷利用率与钾利用率呈极显著正相关，原因是钾对磷有促进作用。

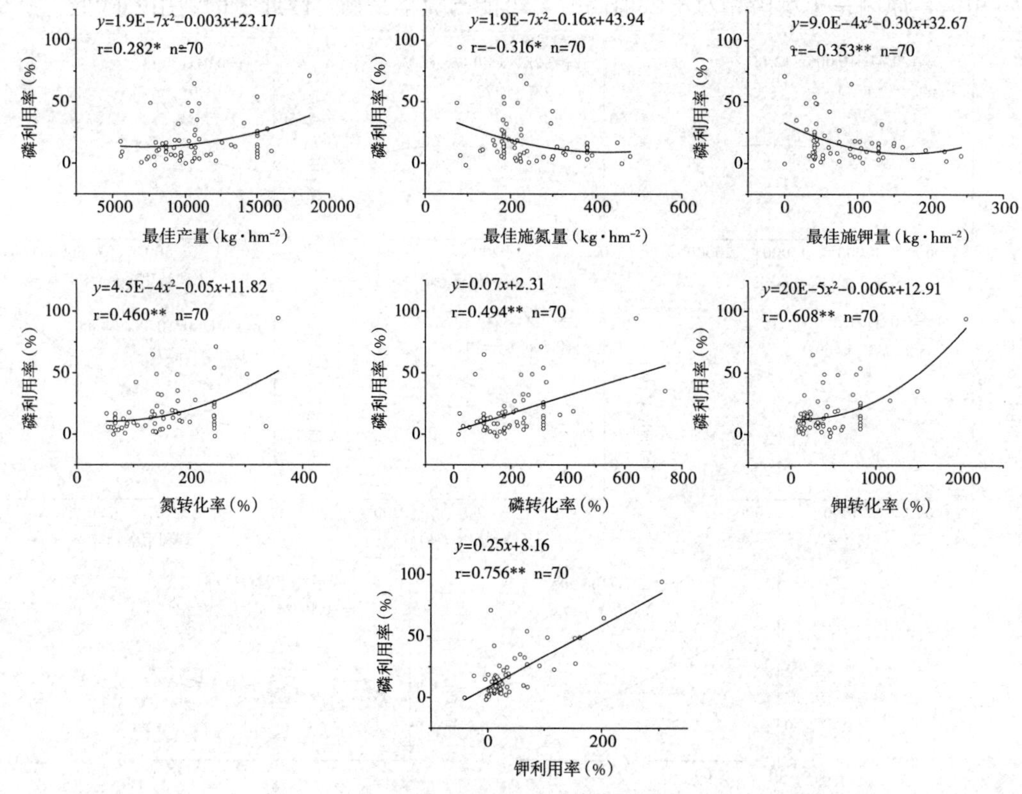

图 4-17　玉米磷利用率影响因素

由图 4-18 可知：①磷利用率与有机质呈极显著正相关，原因是有机质含量高的土壤氮含量高，氮对磷有促进作用；②磷利用率与土壤氮相对丰缺值呈极显著负相关，原因是土壤氮相对丰缺值高时可能导致与磷的不平衡所致，即吸收土壤中氮和磷相对较多，因此磷利用率降低；③磷利用率与土壤磷相对丰缺值呈极显著负相关，原因是土壤磷相对丰缺值高时从肥料里吸收的磷就少；④磷利用率与土壤钾相对丰缺值呈极显著负相关，原因是土壤钾相对丰缺值高时可能导致与磷的不平衡所致。

表 4-15　玉米磷利用率影响因素

影响因素	n	r	回归方程	可能的原因
最佳产量（kg·km⁻²）	70	0.282*	$y=1.9E-7x^2+0.003x+23.17$	高产吸磷多，磷利用率就高
最佳施氮量（kg·km⁻²）	70	−0.316*	$y=1.9E-7x^2-0.16x+43.94$	施氮多吸收土壤磷多，磷利用率低

（续）

影响因素	n	r	回归方程	可能的原因
最佳施钾量（$kg \cdot km^{-2}$）	70	−0.353**	$y=9.0E-4x^2-0.30x+32.67$	施钾多吸收土壤磷多，磷利用率低
氮转化率（%）	70	0.460**	$y=4.5E-4x^2-0.05x+11.82$	氮促进磷的吸收
磷转化率（%）	70	0.494**	$y=0.07x+2.13$	利用率是转化率的一部分
钾转化率（%）	70	0.500**	$y=4.55E-5x^2+0.044x+5.56$	钾促进磷的吸收
钾利用率（%）	70	0.756**	$y=0.25x+8.16$	钾促进磷的吸收
有机质（$g \cdot kg^{-1}$）	40	0.444**	$y=0.01x^2-0.10x+8.19$	有机质高时氮多，促进磷的吸收
氮丰缺值（%）	70	−0.387**	$y=250600.78x-2.26$	富氮土壤吸收土壤磷多，磷利用率低
磷丰缺值（%）	70	−0.832**	$y=-1.37x+134.90$	富磷土壤吸收土壤磷多，磷利用率低
钾丰缺值（%）	70	−0.502*	$y=0.004x^2-1.35x+100.57$	富钾土壤吸收土壤磷多，磷利用率低

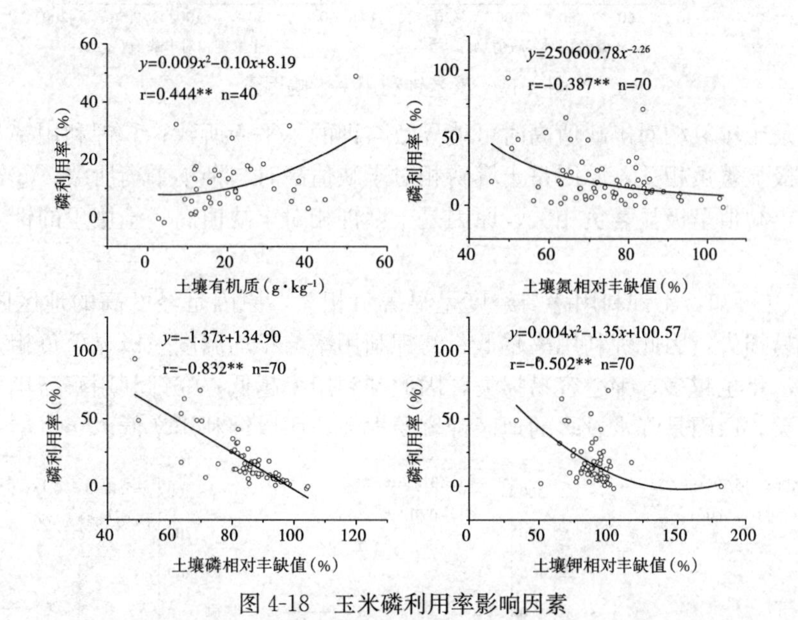

图 4-18　玉米磷利用率影响因素

由图 4-19 可知：①钾利用率与最佳施氮量呈显著负相关，原因是符合报酬递减规律；②钾利用率与氮转化率、磷转化率和钾转化率均呈极显著正相关，原因是同类养分利用率是转化率的一部分，不同类养分具有互促作用；③钾利用率与有机质呈显著正相关，原因是有机质高的土壤比较肥沃，钾的转化效率高；④钾利用率与土壤氮相对丰缺值呈显著负

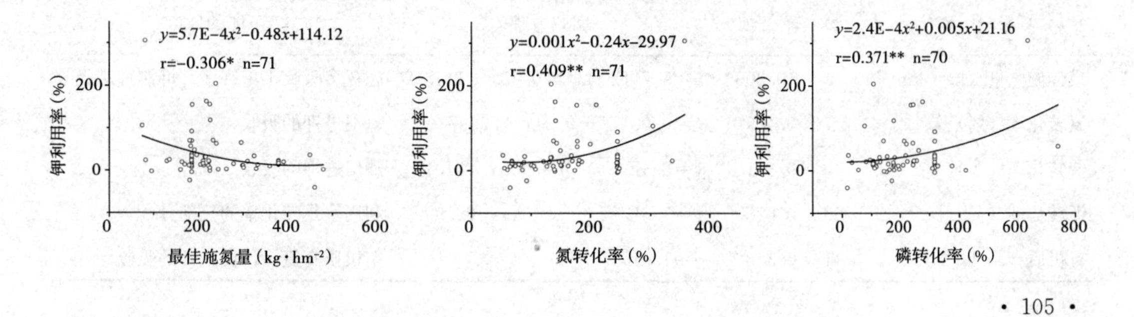

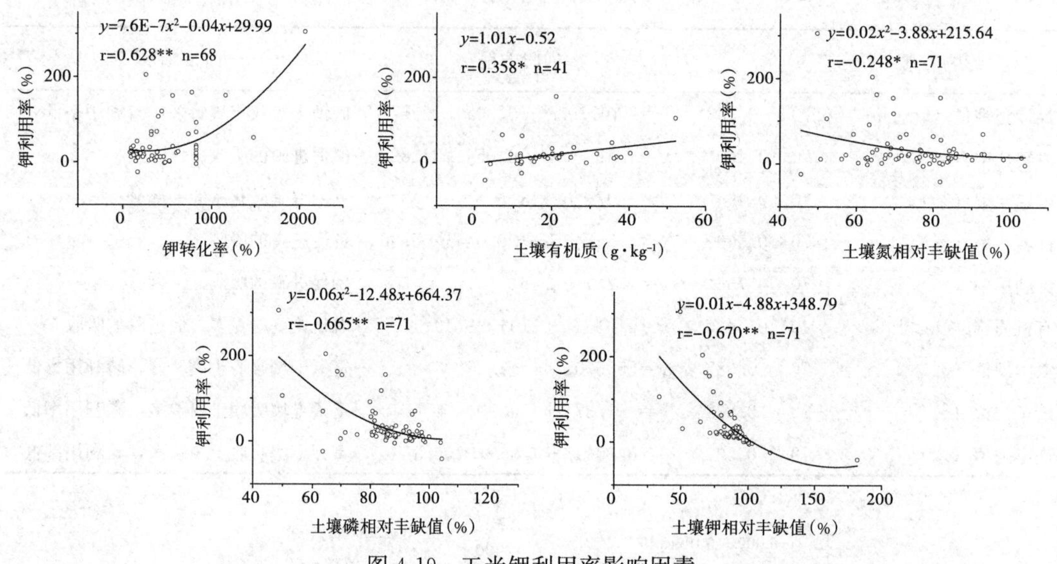

图 4-19　玉米钾利用率影响因素

相关，原因是土壤氮相对丰缺值高时可能导致与钾的不平衡所致；⑤钾利用率与土壤磷相对丰缺值呈极显著负相关，原因是土壤磷相对丰缺值高时与钾不平衡所致；⑥钾利用率与土壤钾相对丰缺值呈极显著负相关，原因是土壤钾相对丰缺值高，土壤里的钾丰富，钾的利用率就低。

由图 4-20 可知：①钾利用率与经度呈显著负相关，原因是经度高的地区降水量也越多，钾越容易损失，因此钾利用率越低；②钾利用率与年均温度呈极显著负相关，原因是温度越高降水量也越多，钾越容易损失，因此钾利用率越低；③钾利用率与年均降水量呈极显著负相关，原因是降水量多的地区钾容易损失，所以钾利用率低。

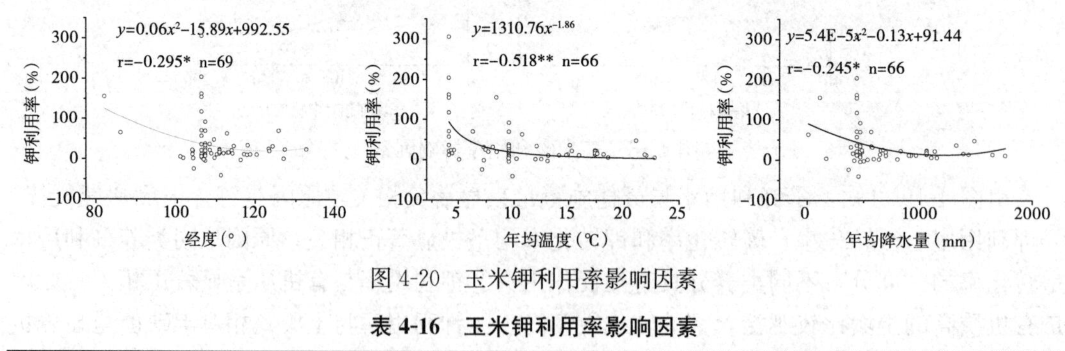

图 4-20　玉米钾利用率影响因素

表 4-16　玉米钾利用率影响因素

影响因素	n	r	回归方程	可能的原因
最佳施氮量（kg·km^{-2}）	71	−0.306*	$y=5.70E-4x^2-0.48x+114.12$	施氮多吸收土壤钾多，抑制钾肥吸收
氮转化率（%）	71	0.409**	$y=0.001x^2-0.24x-29.97$	氮促进钾的吸收
磷转化率（%）	70	0.371**	$y=2.4E-4x^2+0.005x+21.16$	磷促进钾的吸收
钾转化率（%）	68	0.628**	$y=7.6E-7x^2-0.04x+29.99$	利用率是转化率的一部分
有机质（g·kg^{-1}）	41	0.358*	$y=1.01x-0.52$	有机质高氮多，促进钾的吸收

（续）

影响因素	n	r	回归方程	可能的原因
氮丰缺值（%）	71	−0.248*	$y=0.02x^2-3.88x+215.64$	富氮土壤吸收土壤钾多，钾利用率低
磷丰缺值（%）	71	−0.665**	$y=0.06x^2-12.48x+664.37$	富磷土壤吸收土壤钾多，钾利用率低
钾丰缺值（%）	71	−0.670*	$y=0.01x^2-4.88x+348.79$	富钾土壤吸收土壤钾多，钾利用率低
经度（°）	69	−0.295*	$y=0.06x^2-15.89x+992.55$	经度高地区降水量多，钾容损失
年均温度（℃）	66	−0.518**	$y=1310.76x-1.86$	温度高地区降水量多，钾容损失
年均降水量（mm）	66	−0.245*	$y=5.41\text{E}-5x^2-0.13x+91.44$	降水量多的地区，钾容损失

二、玉米养分转化率和肥料利用率与最佳产量的关系

由表 4-17 可知：①氮、磷、钾转化率均与最佳产量呈极显著正相关，说明产量越高，养分转化的越多；②氮、磷利用率与最佳产量均呈显著正相关，也说明产量越高，肥料养分被利用的越多；钾利用率与最佳产量不呈显著相关，说明钾对产量不敏感；③从氮和磷对最佳产量相关系数看，转化率相关系数高于利用率相关系数。

表 4-17　玉米养分转化率和肥料利用率与最佳产量的关系

养分	养分转化率（y）与最佳产量（x）				肥料利用率（y）与最佳产量（x）			
	方程	r	n	p	方程	r	n	p
氮	$y=0.015x-8.30$	0.583**	78	0.000	$y=0.002x+10.76$	0.288*	73	0.013
磷	$y=0.015x+48.29$	0.339**	76	0.003	$y=0.002x-0.892$	0.263*	70	0.028
钾	$y=0.064x-247.30$	0.492**	74	0.000	—	—	—	—

注：r 为相关系数，n 为样本数，p 为置信值，下同。

三、玉米养分转化率和肥料利用率与土壤（全量和速效）养分的关系

由表 4-18 可知：①几乎土壤养分与转化率、利用率都不显著相关，说明用养分含量衡量玉米土壤供肥能力缺乏科学依据；②由于氮和磷的互助作用使土壤全氮与磷转化率呈极显著正相关，③由于速效磷是土壤供磷的主要来源，因此速效磷与磷转化率呈极显著正相关。

表 4-18　玉米养分转化率和肥料利用率与土壤（全量和速效）养分的关系

养分与土壤养分含量的关系		养分转化率（y）与土壤养分含量（x）				肥料利用率（y）与土壤养分含量（x）			
		方程	r	n	p	方程	r	n	p
磷	全氮	$y=108.72x+93.15$	0.628**	22	0.002	—	—	—	—
	速效磷	$y=3.44x+111.01$	0.483**	30	0.007	—	—	—	—

四、玉米养分转化率和肥料利用率与最佳施肥量的关系

由表 4-19 可知：①玉米氮、磷、钾转化率均与各自的最佳施肥量呈极显著的负相关，说明施肥多降低转化率，符合肥料报酬递减规律；这 3 个定量关系是使用转化率预测施肥

量的定量依据；②玉米氮、磷、钾转化率均与其他养分的最佳施肥量均呈极显著的负相关，说明某类养分在最佳施肥量时也降低其他养分的转化率；③磷利用率与最佳施氮量、最佳施钾量均呈显著和极显著负相关，说明氮和钾在最佳施肥量时，降低磷的利用率；④钾利用率与最佳施氮量呈显著负相关，说明最佳施氮量情况下，降低钾的利用率；⑤从同类的相关系数大小看，转化率比利用率与最佳施肥量关系更密切。

表 4-19　玉米养分转化率和肥料利用率与最佳施肥量的关系

养分与最佳施肥量的关系		养分转化率（y）与最佳施肥量（x）				肥料利用率（y）与最佳施肥量（x）			
		方程	r	n	p	方程	r	n	p
氮	氮	$y=-0.65x+311.036$	-0.791^{**}	78	0.000	—	—	—	—
	磷	$y=-0.192x+178.128$	-0.310^{**}	78	0.006	—	—	—	—
	钾	$y=-0.558x+201.394$	-0.415^{**}	78	0.000	—	—	—	—
磷	氮	$y=-0.753x+388.934$	-0.544^{**}	76	0.000	$y=-0.059x+31.39$	-0.298^{*}	70	0.012
	磷	$y=-0.53x+269.260$	-0.504^{**}	76	0.000	—	—	—	—
	钾	$y=-1.274x+310.467$	-0.544^{**}	76	0.000	$y=-0.103x+25.428$	-0.307^{**}	70	0.010
钾	氮	$y=-1.655x+821.390$	-0.419^{**}	74	0.000	$y=-0.171x+76.653$	-0.287^{*}	71	0.015
	磷	$y=-1.266x+559.103$	-0.310^{**}	74	0.007	—	—	—	—
	钾	$y=-4.557x+811.089$	-0.702^{**}	74	0.000	—	—	—	—

五、玉米养分转化率和肥料利用率与环境因素的关系

由表 4-20 可知：①总体而言，养分转化率在氮和钾方面与环境因素关系更显著，而钾在转化率和利用率方面与环境因素均显著；②磷不显著相关的原因是旱田磷更容易被固定、移动性也很差，表现为只有年均温度与磷转化率呈显著负相关，可理解为温度越高的地区降水也多，磷多多少少也会被淋失，土壤残留的就少，自然转化率就低；③就钾而言，转化率与环境因素更密切，因为钾转化率中以土壤钾提供为主。

表 4-20　玉米养分转化率和肥料利用率与环境因素的关系

养分	环境因素	养分转化率（y）与环境因素（x）				肥料利用率（y）与环境因素（x）			
		方程	r	n	p	方程	r	n	p
氮	纬度	$y=3.89x+17.88$	0.310^{**}	76	0.006	—	—	—	—
	经度	—	—	—	—	—	—	—	—
	年均温度	$y=-4.88x209.22$	-0.352^{**}	73	0.002	—	—	—	—
	年均降水量	$y=-0.079x+210.80$	-0.384^{**}	73	0.001	—	—	—	—
磷	纬度	—	—	—	—	—	—	—	—
	经度	—	—	—	—	—	—	—	—
	年均温度	$y=-6.47x+284.18$	-0.272^{*}	71	0.022	—	—	—	—
	年均降水量	—	—	—	—	—	—	—	—

（续）

养分	环境因素	养分转化率（y）与环境因素（x）				肥料利用率（y）与环境因素（x）			
		方程	r	n	p	方程	r	n	p
钾	纬度					—	—	—	—
	经度	$y=-13.41x+1922.03$	-0.333^{**}	72	0.004	$y=-1.64x+214.35$	-0.244^{*}	69	0.043
	年均温度	$y=-28.77x+739.11$	-0.428^{**}	69	0.00	$y=-3.75x+75.46$	-0.365^{**}	66	0.003
	年均降水量	$y=-0.41x+717.46$	-0.426^{**}	69	0.00	$y=-0.037x+59.67$	-0.245^{*}	66	0.048

六、玉米养分转化率和肥料利用率与土壤养分相对丰缺值的关系

由表4-21可知：①从养分转化率分析，氮、磷和钾转化率与土壤磷相对丰缺值均呈显著或极显著负相关，说明土壤磷多时不但降低自身的转化率，而且也降低其他养分的转化率，同时也说明玉米土壤磷积累的比较明显，已经影响到氮和钾的转化率，这是连续多年过多施磷造成磷与氮、钾不平衡的结果；②从利用率分析所有关系都是极显著负相关，这说明同类或异类土壤养分多时都将降低利用率；③利用率相关关系多的原因是土壤养分丰缺值是直接根据产量对应的土壤养分含量划分的参数，而不是根据转化率确定的参数，由此可见，生态平衡施肥也需要确定一个新的与之相对应的能够反映土壤和肥料共同提供养分的指标，而不再是采用单一土壤的或肥料的指标（因为实践中很难区分土壤和肥料养分的各自贡献），这个指标就是后文将详细论述的养分转化率指标；④与养分转化率相比，肥料利用率与土壤养分相对丰缺值关系更密切。

表4-21　玉米养分转化率和肥料利用率与土壤养分相对丰缺值的关系

养分与土壤养分相对丰缺值的关系		养分转化率（y）与土壤养分相对丰缺值（x）				肥料利用率（y）与土壤养分相对丰缺值（x）			
		方程	r	n	p	方程	r	n	p
氮	氮	—	—	—	—	$y=-1.07x+108.38$	-0.800^{**}	73	0.000
	磷	$y=-2.056x+335.44$	-0.314^{**}	73	0.007	$y=-0.59x+79.84$	-0.414^{**}	73	0.000
磷	氮	—	—	—	—	$y=-0.52x+55.59$	-0.351^{**}	70	0.003
	磷	$y=-2.96x+459.42$	-0.263^{*}	71	0.027	$y=-1.37x+134.90$	-0.832^{**}	70	0.000
	钾	—	—	—	—	$y=-0.46x+57.51$	-0.437^{**}	70	0.000
钾	氮	—	—	—	—	$y=-1.05x+112.66$	-0.237^{*}	71	0.046
	磷	$y=-9.85x+1284.78$	-0.317^{**}	69	0.008	$y=-3.09x+301.17$	-0.631^{**}	71	0.000
	钾	—	—	—	—	$y=-1.92x+205.38$	-0.612^{**}	71	0.000

七、玉米养分转化率之间、肥料利用率之间的关系

由表4-22可知：①氮、磷、钾两两转化率之间都呈一致性和互促作用，这是因为玉米是按比例吸收养分的；②氮、磷、钾两两利用率之间都呈一致性和互促作用，这是因为玉米是按比例吸收养分的；③转化率与转化率、利用率与利用率的相关系数差别不大；从利用率两两极显著正相关看，肥料部分的氮、磷、钾是按比例吸收的，从转化率两两极显

著正相关看，作物吸收的总的氮、磷、钾也是按比例吸收的，这样就可以得出玉米吸收土壤的氮、磷、钾也是按比例吸收的，至此可以得出土壤氮、磷、钾养分平衡对培肥地力的重要性，也间接证明了本著中出现的 y 和 x 的关系为什么有时是正向的，而有时却是反向的，平衡时就是正向的表现为互促作用，不平衡时就是反向的表现为互抑作用。

表 4-22　玉米养分转化率、肥料利用率之间的关系

养分之间的关系	养分转化率（y）与养分转化率（x）				肥料利用率（y）与肥料利用率（x）			
	方程	r	n	p	方程	r	n	p
氮　磷	$y=0.33x+89.147$	0.546**	76	0	$y=0.519x+20.229$	0.566**	70	0
磷　钾	$y=0.29x+84.572$	0.798**	73	0	$y=0.252x+8.157$	0.756**	70	0
钾　氮	$y=3.28x-75.540$	0.660**	74	0	$y=1.540x-9.090$	0.473**	71	0

八、与以往研究的对比

在表 4-19 中，磷利用率与最佳施氮量、最佳施钾量均呈显著和极显著负相关，说明某类养分在最佳施肥量时也降低其他养分的转化率；而同类养分的长期定位试验结果表明，随施磷量增大磷的利用率越低[15-16]。

九、玉米养分转化率和肥料利用率的异同

为了更明晰地比较养分转化率和利用率的异同，归纳成 54 个关系，见表 4-23。由表 4-23可知：

（1）在 54 个关系中，无显著关系的有 22 个，其中出现在土壤养分方面的为 16 个，出现在环境因素方面的为 5 个，两项合计为 21 个，可见土壤养分和环境因素总体而言对于养分转化率和肥料利用率影响不大；剩余 1 个无显著相关的为钾相对丰缺值与氮转化率和利用率关系，原因是旱田土壤玉米缺钾不严重，最近一些年复合肥料的广泛使用使土壤钾素得到一定的补充，玉米虽然比水稻和小麦喜钾，但还算不上喜钾多的作物；在与氮的关系上钾没有磷密切，因为钾在作物体内多数是呈离子状态存在，而磷和氮是体内有机物质的组成部分。

（2）一致显著关系的有 14 个，其中正显著相关的有 5 个，负显著相关的有 9 个；5 个正显著相关的为最佳产量分别与氮、磷转化率和利用率，氮、磷、钾两两转化率之间以及利用率之间的正显著相关，说明氮和磷对于形成玉米产量的重要作用，揭示了氮、磷、钾平衡吸收规律；9 个负显著相关的为最佳施氮量分别与磷和钾的转化率和利用率关系，说明在最佳施氮量的情况下，也降低了磷和钾的转化率和利用率；最佳施钾量与磷转化率和利用率关系，说明在最佳施钾量的情况下，也降低了磷的转化率和利用率；土壤磷相对丰缺值分别与氮、磷、钾转化率和利用率的关系，说明玉米土壤磷严重过剩，已经影响到氮和钾的转化率和利用率了；年均温度、年均降水量和经度与钾的转化率和利用率关系，说明温度高、降水多的地区钾的转化率和利用率低，玉米产区随经度的增大降水量和温度都是降低的，理论上钾的转化率和利用率应该高，不高反低的原因或许是东部地区使用钾肥更多，需要进一步研究。

（3）相反显著关系的没有，说明玉米转化率与利用率两个指标反映的大趋势是一致的。

（4）单一显著关系的有 18 个，产生单一现象的原因是利用率和转化率关系不密切；单一关系中与转化率显著相关的有 13（正相关和负相关分别为 4 个和 9 个，记为＋4，－9，下同）个，有 5（＋0，－5）个与利用率显著相关；相比之下，水稻与转化率显著相关的有 12（＋4，－8）个，有 10（＋5，－5）个与利用率显著相关，小麦这一数字为15（＋9，－6）和 16（＋7，－9），与水稻和小麦相比，13 比 5 的比例说明玉米使用转化率评价肥效可能效果更好；进一步统计表明，水稻、小麦、玉米与转化率呈正、负相关的个数分别为＋4 和－8、＋9 和－6、＋4 和－9，＋9 和－6 的比例说明小麦在利用前茬残留养分能力和氮、磷、钾互促作用方面更强；而与利用率呈正、负相关的个数分别为＋5 和－5、＋7 和－9、＋0 和－5，＋0 和－5 的比例说明玉米当即养分利用上存在问题，这五个关系说明土壤养分不但限制自身养分的发挥还影响到其他养分的利用，它们是土壤氮相对丰缺值与氮利用率、土壤钾相对丰缺值与钾利用率，然后是土壤氮相对丰缺值与磷利用率、土壤钾相对丰缺值与磷利用率、土壤氮相对丰缺值与钾利用率两两关系。

上文＋9 和－6 的比例说明小麦利用前茬残留养分能力和氮、磷、钾互促作用方面更强的依据是 9 个关系，它们是：最佳产量与氮转化率、最佳产量与磷转化率、全磷与氮转化率、水解氮与氮转化率、水解氮与磷转化率、速效钾与钾转化率、最佳施氮量与钾转化率、纬度与磷转化率、年均温度与磷转化率，其中，水解氮与氮转化率和速效钾与钾转化率是同类养分之间的速效养分供给（强度指标）和需求（容量指标）之间的关系，全磷与氮转化率、水解氮与磷转化率、最佳施氮量与钾转化率三个关系反映的养分之间的互促作用，最佳产量与氮转化率和最佳产量与磷转化率关系反映的是需求项或输出项与养分转化率的关系，纬度与磷转化率和年均温度与磷转化率两项反映了高纬度地区磷残留的后效和年均温度高的地区磷的活性大的特点。

表 4-23　玉米养分转化率和肥料利用率异同

比较内容（X）	养分（Y）	肥料转化率（A）	肥料利用率（B）	关系
最佳产量	氮	＋	＋	一致
最佳产量	磷	＋	＋	一致
最佳产量	钾	＋		单一
全氮	氮			无
全磷	氮			无
全钾	氮			无
水解氮	氮			无
速效磷	氮			无
速效钾	氮			无
全氮	磷	＋		单一
全磷	磷			无

（续）

比较内容（*X*）	养分（*Y*）	肥料转化率（*A*）	肥料利用率（*B*）	关系
全钾	磷			无
水解氮	磷			无
速效磷	磷	+		单一
速效钾	磷			无
全氮	钾			无
全磷	钾			无
全钾	钾			无
水解氮	钾			无
速效磷	钾			无
速效钾	钾			无
最佳施氮量	氮	−		单一
最佳施磷量	氮	−		单一
最佳施钾量	氮	−		单一
最佳施氮量	磷	−	−	一致
最佳施磷量	磷	−		单一
最佳施钾量	磷	−	−	一致
最佳施氮量	钾	−	−	一致
最佳施磷量	钾	−		单一
最佳施钾量	钾	−		单一
纬度	氮	+		单一
经度	氮			无
年均温度	氮	−		单一
年均降水量	氮	−		单一
纬度	磷			无
经度	磷			无
年均温度	磷	−		单一
年均降水量	磷			无
纬度	钾			无
经度	钾	−	−	一致
年均温度	钾	−	−	一致
年均降水量	钾	−	−	一致
土壤氮相对丰缺值	氮		−	单一
土壤磷相对丰缺值	氮	−	−	一致
土壤钾相对丰缺值	氮			无
土壤氮相对丰缺值	磷		−	单一
土壤磷相对丰缺值	磷	−	−	一致

（续）

比较内容（X）	养分（Y）	肥料转化率（A）	肥料利用率（B）	关系
土壤钾相对丰缺值	磷		－	单一
土壤氮相对丰缺值	钾		－	单一
土壤磷相对丰缺值	钾	－	－	一致
上壤钾相对丰缺值	钾		－	单一
磷转化率或利用率	氮	＋	＋	一致
钾转化率或利用率	磷	＋	＋	一致
氮转化率或利用率	钾	＋	＋	一致

备注：“单一”是指一个显著相关一个不显著相关；“一致”是指显著相关关系方向一致；“相反”是指显著相关关系方向相反；“无”是指没有显著相关。

十、玉米肥料利用率影响因素及其概念模型

（1）基于本著研究结果，将玉米氮利用率影响因素作为自变量的概念模型如下：玉米氮利用率＝f（最佳产量；氮转化率；磷转化率；钾转化率；磷利用率；钾利用率）－ f（土壤氮相对丰缺值；土壤磷相对丰缺值），养分转化率和肥料利用率属于计算指标而非实物指标，剔除掉非实物指标，则玉米氮利用率≈f（最佳产量）－ f（土壤氮相对丰缺值；土壤磷相对丰缺值），可见最佳产量高将提高氮利用率，氮、磷相对丰缺指标值高的土壤其玉米氮肥利用率降低。具体就地块而言，一段时间内土壤氮相对丰缺值和土壤磷相对丰缺值是确定性的，则地块玉米氮利用率 $Y \approx a + b *$ 最佳产量，其中除 a 外的系数均为正数。

（2）基于本著研究结果，将玉米磷利用率影响因素作为自变量的概念模型如下：玉米磷利用率＝f（最佳产量；有机质；氮转化率；磷转化率；钾转化率；钾利用率）－ f（最佳施氮量；最佳施钾量；土壤氮相对丰缺值；土壤磷相对丰缺值；土壤钾相对丰缺值），剔除掉非实物指标，则玉米磷利用率≈f（最佳产量；有机质）－ f（最佳施氮量；最佳施钾量；土壤氮相对丰缺值；土壤磷相对丰缺值；土壤钾相对丰缺值），可见最佳产量高、富含有机质的土壤磷利用率高，而土壤氮、磷、钾相对丰缺值高的土壤将降低磷的利用率，同时最佳施氮和钾量也将降低玉米磷肥利用率。具体就地块而言，一段时间内有机质、土壤氮相对丰缺值、土壤磷相对丰缺值和土壤钾相对丰缺值是确定性的，则地块玉米磷利用率 $Y \approx a + b *$ 最佳产量 $- c *$ 最佳施氮量 $- d *$ 最佳施钾量，其中除 a 外的系数均为正数。

（3）基于本著研究结果，将玉米钾利用率影响因素作为自变量的概念模型如下：玉米钾利用率＝f（有机质；氮转化率；磷转化率；钾转化率）－ f（最佳施氮量；土壤氮相对丰缺值；土壤磷相对丰缺值；土壤钾相对丰缺值；年均温度；年均降水量；经度），剔除掉非实物指标和位置指标，则玉米钾利用率≈f（有机质）－ f（最佳施氮量；土壤氮相对丰缺值；土壤磷相对丰缺值；土壤钾相对丰缺值；年均温度；年均降水量），可见土壤氮、磷、钾相对丰缺值高不利于钾利用率的提高，高湿多雨降低钾的利用率，而有机质含量高将提高钾的利用率。具体就地块而言，一段时间内有机质、土壤氮相对丰缺值、土壤磷相

对丰缺值和土壤钾相对丰缺值是确定性的，则地块玉米钾利用率 $Y \approx a - b *$ 最佳施氮量 $-c *$ 生长季温度 $-d *$ 生长季降水量，其中除 a 外的系数均为正数。

十一、结论

（1）地块玉米氮、磷、钾利用率都可以通过模型方式表达和确定参数，其中，影响氮、磷、钾利用率因素分别为：最佳产量；最佳产量、最佳施氮量、最佳施钾量；最佳施氮量、生长季温度、生长季降水量。

（2）将肥料利用率和养分转化率的 54 个关系分为四类：第一类是无显著关系的有 22 个，其中 16 个为土壤养分、5 个为环境因素，说明土壤养分和环境因素总体而言对于养分转化率和肥料利用率影响不大；第二类是一致显著关系的有 14 个，说明玉米转化率和利用率多数情况下是一致的，因为玉米长期种植，吸肥规律基本稳定；第三类是相反显著关系的有 0 个，说明玉米转化率与利用率两个指标基本不存在显著的反向关系；第四类是单一显著关系的有 18 个，产生单一现象的根本原因是利用率为一季的肥效衡量指标，而转化率为多季的肥效衡量指标，具体表现为要么利用率显著相关，要么转化率显著相关，可见第三类是第四类的特例。

参考文献

[1] 蔡泽江，孙楠，王伯仁，等. 长期施肥对红壤 pH、作物产量及氮、磷、钾养分吸收的影响 [J]. 植物营养与肥料学报，2011，17（1）：71-78.

[2] Ferreira ADO，Sá JCDM，Clever B，ect. Corn genotype performance under black oat crop residues and nitrogen fertilization [J]. *Pesquisa Agropecuária Brasileira*，2009，44：173-179.

[3] 漆辉，伍钧，韩巧，等. 陇西河流域水稻平衡施肥对土壤氮磷钾养分的影响研究 [J]. 湖北农业科学，2011，50（13）：2618-2622.

[4] 洪瑜，王芳，刘汝亮，等. 长期配施有机肥对灌淤土春玉米产量及氮素利用的影响 [J]. 水土保持学报. 2017，31（2）：248-252，261.

[5] 李北齐，邵红涛，孟瑶，等. 生物有机肥对盐碱土壤养分、玉米根际微生物数量及产量影响 [J]. 安徽农学通报，2011，17（23）：99-102.

[6] 赵芸晨，秦嘉海，肖占文，等. 长期定点施肥对制种玉米土壤理化性状及重金属含量的影响 [J]. 水土保持学报，2012，26（6）：204-208.

[7] 汪红霞. 有机肥施用对土壤有机质变化及其组分影响的研究 [D]. 保定：河北农业大学，2014.

[8] 徐志强. 北方春玉米优势区耕地质量状况及变化趋势 [J]. 农业科技与装备，2012，3：3-6.

[9] 冀晴，张永清，柴国丽，等. 土地利用方式对晋南黄土高原村域范围内土壤 pH 与养分的影响 [J]. 江苏农业科学，2017，45（2）：229-232.

[10] 刘慧颖，华利民，牛世伟. 施氮方式对玉米产量影响及其培肥效果评价 [J]. 土壤通报，2014，45（2）：407-412.

[11] 柳欣茹，包兴国，王志刚，李隆. 灌漠土上连续间作对作物生产力和土壤化学肥力的影响 [J]. 土壤同学报，2016，53（4）：951-962.

[12] 胡春花，谢良商，曾建华，等. 高秆大穗型鲜食甜玉米栽培密度和优化施肥研究 [J]. 安徽农业科学，2017，45（3）：38-41，74.

[13] 梁青，聂大杭，高建民. 应用"3414"试验拟探讨不同肥料处理对玉米产量的影响 [J]. 内蒙古农

业科技，2013（5）：54-55.

[14] 孙桂森，李梅，王蕴波，等．施肥对甜玉米产量及农艺性状的影响［J］. 广东农业科学，2013，14：60-62，66.

[15] 农业部种植业管理司，全国农业技术推广服务中心．测土配方施肥技术问答［M］. 北京：中国农业出版社，2005.

[16] 黄绍敏，宝德俊，皇甫湘荣，等．长期定位施肥小麦的肥料利用率研究［J］. 麦类作物学报，2006，26（2）：121-126.

第五章　水稻、小麦和玉米生态平衡指标体系的对比研究

第一节　水稻、小麦和玉米肥料利用率影响因素的对比

水稻、小麦和玉米氮利用率影响因素的对比结果（图 5-1）：①水稻和小麦氮利用率与土壤全钾含量呈显著负相关，说明土壤全钾对氮利用率有抑制作用，原因可能是土壤全钾含量高时速效钾含量就高，它与土壤和肥料氮之间不平衡所致；与小麦相比，水稻淹水条件下无效钾转化为有效钾的数量更多，土壤胶体上吸附的钾离子就多，钾离子从胶体上替代下来的铵态氮就多，因此水稻吸收肥料中的氮就少，所以氮利用率降低。②氮利用率与最佳施钾量呈显著或极显著正相关，说明施钾对氮利用率提高有促进作用，水稻和小麦的规律基本一致；其中，水稻中 14 个最佳施钾量超过 150 $kg \cdot hm^{-2}$的样本来自重庆、安徽、江西、海南、贵州和江苏，小麦有 4 个最佳施钾量超过 150 $kg \cdot hm^{-2}$的样本来自重庆、安徽和江苏，说明南方缺钾时小麦最佳施钾量可以超过 150 $kg \cdot hm^{-2}$。③氮利用率与最佳产量呈显著正相关，这与以往研究结果基本一致，说明产量高吸收氮多利用率提高，水稻、小麦和玉米的规律基本一致；从中也可以看出由于最佳产量的不同，玉米（靠右）、水稻（中间）和小麦（靠左）的散点分布区依次排列，足见禾本科作物在氮利用率上的共同规律。④氮利用率与磷转化率呈极显著正相关，说明磷的吸收对氮的吸收有促进作用，与小麦相比玉米对磷的转化能力更强；其中，磷转化率大于 150％的是以北方省春玉米为主，包括黑龙江、吉林、辽宁、宁夏、甘肃、新疆、山西（怀仁县、晋中）、陕西（洛川，一年一季）、河北（廊坊，可以一年二季）以及广西，云南。⑤氮利用率与磷利用率呈极显著正相关，说明磷的吸收对氮的吸收有促进作用，3 种作物的规律基本一致。⑥氮利用率与钾利用率呈极显著或显著正相关，说明钾的吸收对氮的吸收有促进作用，3 种作物的规律基本一致。⑦氮利用率与土壤氮相对丰缺值呈极显著负相关，3 种作物的规律基本一致；从中还可以看见，小麦土壤氮相对丰缺值分布范围比较大，说明小麦土壤氮肥力指标不稳定，有偏低和偏高现象，可能是由于前茬（玉米）的影响，前茬施肥多少直接影响后茬小麦氮肥力状况。⑧氮利用率与土壤磷相对丰缺值呈极显著负相关，3 种作物的规律基本一致，原因是养分之间的互抑作用；水稻磷相对丰缺值分布范围比较小，原因是淹水条件下 pH 比较稳定，因此土壤磷肥力状况稳定。⑨氮利用率与土壤钾相对丰缺值呈极显著负相关，水稻和小麦的规律基本一致，原因是养分之间的互抑作用。

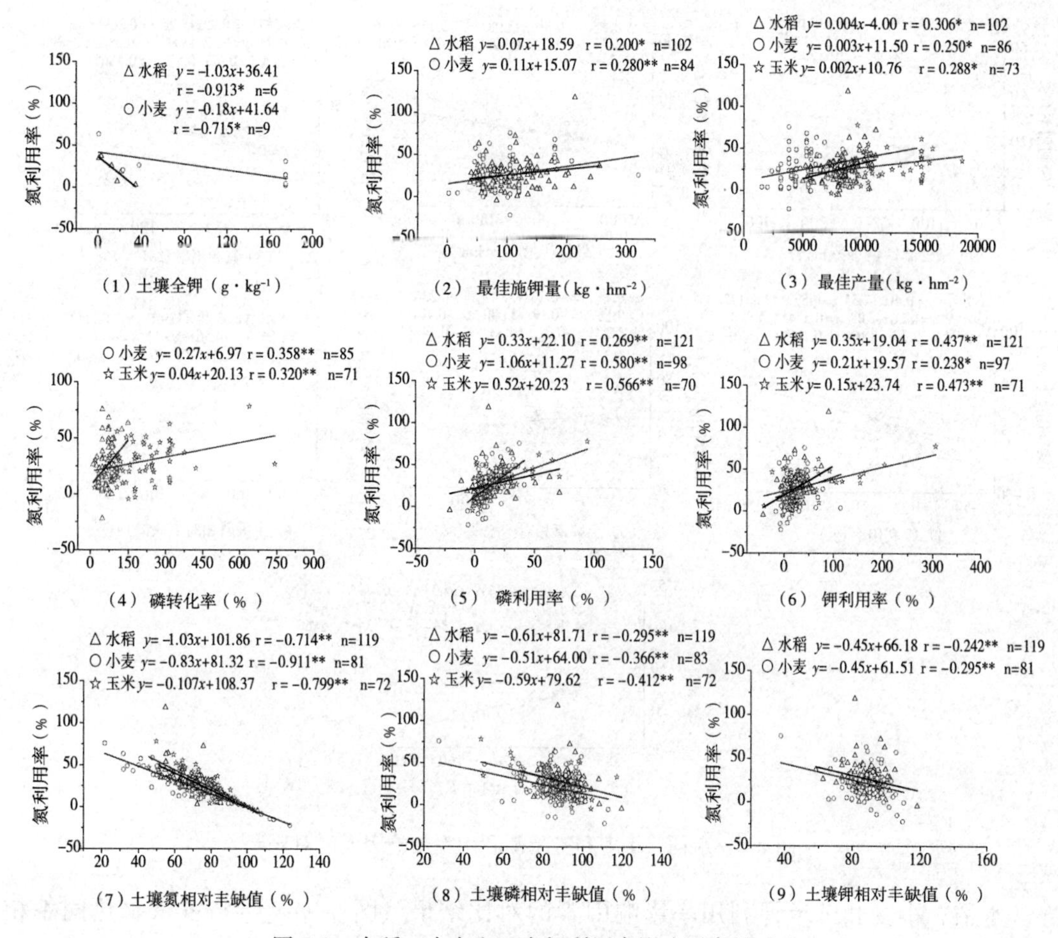

图 5-1　水稻、小麦和玉米氮利用率影响因素的对比

水稻、小麦和玉米磷利用率影响因素的对比结果（图 5-2）：①磷利用率与最佳施钾量呈极显著相关，玉米呈负相关的原因是生长季节施钾过多抑制磷的吸收，而小麦呈正相关，其原因是小麦生长季节长，且冬季钾和磷可以共同增强小麦抗寒和抗旱的能力。②磷利用率与最佳产量呈显著或极显著正相关，水稻与玉米的规律基本一致，但是水稻散点图更集中一些，原因是水田肥力等级差别比较小，玉米有水浇地和雨养地之分、不同温度带之分等差异。③磷利用率与氮利用率呈极显著正相关，3 种作物的规律基本一致，原因是氮和磷之间具有互促作用，玉米的作用强于小麦和玉米，原因是玉米产量高。④磷利用率与钾利用率呈极显著正相关，3 种作物的规律基本一致，原因是钾和磷之间具有互促作用。⑤磷利用率与土壤氮相对丰缺值呈极显著负相关，3 种作物的规律基本一致，原因是土壤氮多时可能抑制磷的吸收；玉米作用更强些，原因是玉米产量高。⑥磷利用率与土壤磷相对丰缺值呈极显著负相关，3 种作物的规律基本一致，原因是前者是肥料磷被利用情况，后者是土壤磷能够提供的情况，两者是相反关系；小麦作用更弱些，原因是小麦产量低。⑦磷利用率与土壤钾相对丰缺值呈显著负相关，3 种作物的规律基本一致，原因是土壤钾多时可能抑制磷的吸收。

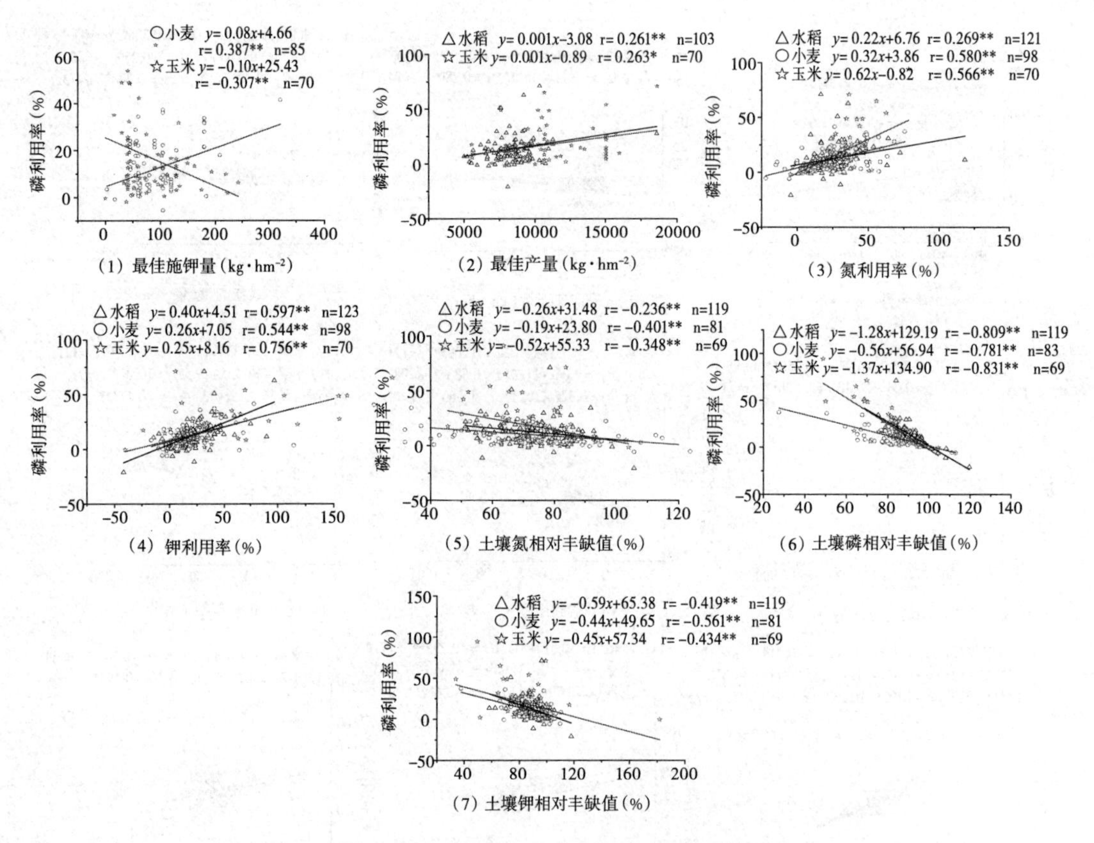

图 5-2　水稻、小麦和玉米磷利用率影响因素的对比

水稻、小麦和玉米钾利用率影响因素的对比结果（图 5-3）：①与玉米水热同季相比，小麦生长季降水量一般不足，所以小麦钾利用率与年均降水量呈极显著正相关，也说明灌溉能提高钾的利用率；而玉米钾利用率与年均降水量呈显著负相关，说明降水量多的地方玉米产量反而不高，这主要表现在南方玉米上，因为降水量超过了玉米的需求量；图 5-1（1）中 800mm 以上降水量的玉米分别属于安徽、湖北、湖南、贵州、四川、重庆、云南。②钾利用率与最佳施氮量呈显著负相关，原因是氮对钾有抑制作用，并且对玉米的影响波动比小麦大。③钾利用率与钾转化率呈极显著正相关，由于玉米产量高，钾利用率分布范围更大。④钾利用率与氮利用率呈极显著正相关，这种互促作用是玉米大于水稻、水稻大于小麦，原因是玉米产量最高、小麦最低。⑤钾利用率与磷利用率呈极显著正相关，这种互促作用是玉米大于水稻、小麦，原因是玉米生物产量更大。⑥钾利用率与土壤磷相对丰缺值呈显著负相关，这种互抑作用是玉米大于水稻、水稻大于小麦，原因是旱田土壤磷更容易被固定和小麦生长时间更长。⑦钾利用率与土壤钾相对丰缺值呈显著负相关，这是因为后者多了吸收土壤钾就多，吸收肥料钾必然少；同时玉米比水稻敏感、水稻比小麦敏感，原因是玉米生长时间短于小麦，旱田土壤钾相对丰缺值高时缓效钾也高，相当于可供给态钾的容量大，必然降低肥料钾的利用率。

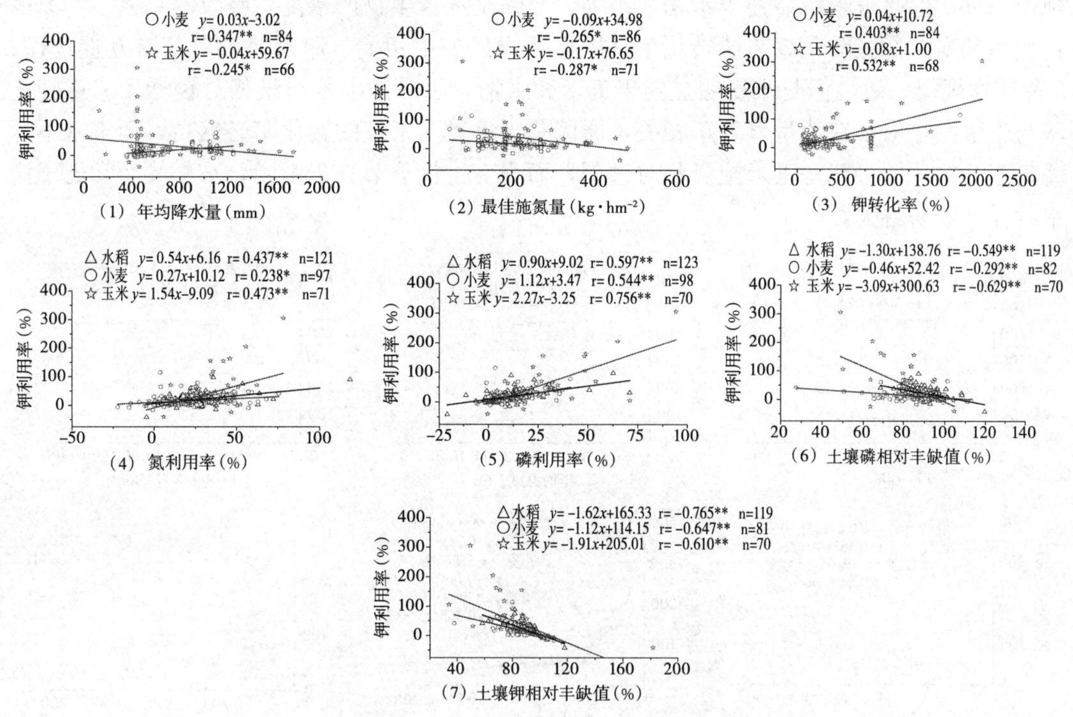

图 5-3　水稻、小麦和玉米钾利用率影响因素的对比

第二节　水稻、小麦和玉米养分转化率影响因素的对比

水稻、小麦和玉米氮转化率影响因素对比结果（图 5-4）：①氮转化率与纬度呈极显著正相关，原因是纬度大的地区降水量相对少，氮的淋失作用相对弱，土壤氮相对容易保存，因此氮的转化率就高；与小麦相比，相同纬度情况下玉米产量更高所以转化率高。②氮转化率与年均温度呈极显著和显著负相关，原因是温度高的地区降水量相对也多，氮的淋失和挥发作用都强，土壤氮相对不容易保存，因此氮的转化率就低；与小麦相比，相同温度情况下玉米产量高所以吸氮多，氮的转化率高。③氮转化率与年均降水量呈极显著负相关，原因是降水量多的地区氮的淋失作用强，土壤氮相对不容易保存，因此氮的转化率就低；与小麦相比，相同降水量情况下玉米产量更高所以转化率高于小麦。④氮转化率与土壤全磷含量呈显著正相关，原因是磷对氮有互促作用。⑤氮转化率与最佳施氮量呈极显著负相关（呈指数下降），符合报酬递减律；从散点图分布可以看见，玉米和水稻由于产量高于小麦所以最佳施氮量高的区域小麦样点少，同样也可以看出同一最佳施氮量玉米氮转化率高于水稻，水稻高于小麦，原因是产量不同所致。⑥氮转化率与最佳施磷量呈极显著负相关（呈指数下降），符合报酬递减律和不同养分之间有互抑作用；同样也可以看出，同样最佳施磷量情况下，对水稻氮吸收的负面影响大于玉米，原因是玉米产量高和水稻经常处于淹水状态下 pH 稳定磷的供应也稳定，过多的磷必将给水稻氮的吸收带来更多的负作用。⑦氮转化率与最佳产量呈极显著正相关，原因是产量高吸收氮就多；3 种作物

规律一致，但是玉米明显强于水稻和小麦，原因是玉米生物产量高，吸收的总氮多，氮的转化率就高。⑧氮转化率与磷转化率呈极显著或显著正相关，原因是磷对氮有互促作用；3 种作物规律一致，但是小麦明显弱于玉米和水稻，原因是小麦产量相对较低。⑨氮转化率与土壤氮相对丰缺值呈显著正相关，原因是土壤氮多了氮的转化率必然高，而玉米不显著正相关的原因可能是玉米施氮相对过剩，而小麦生长季节长于玉米，水稻又经常处于淹水状况氮容易淋失。

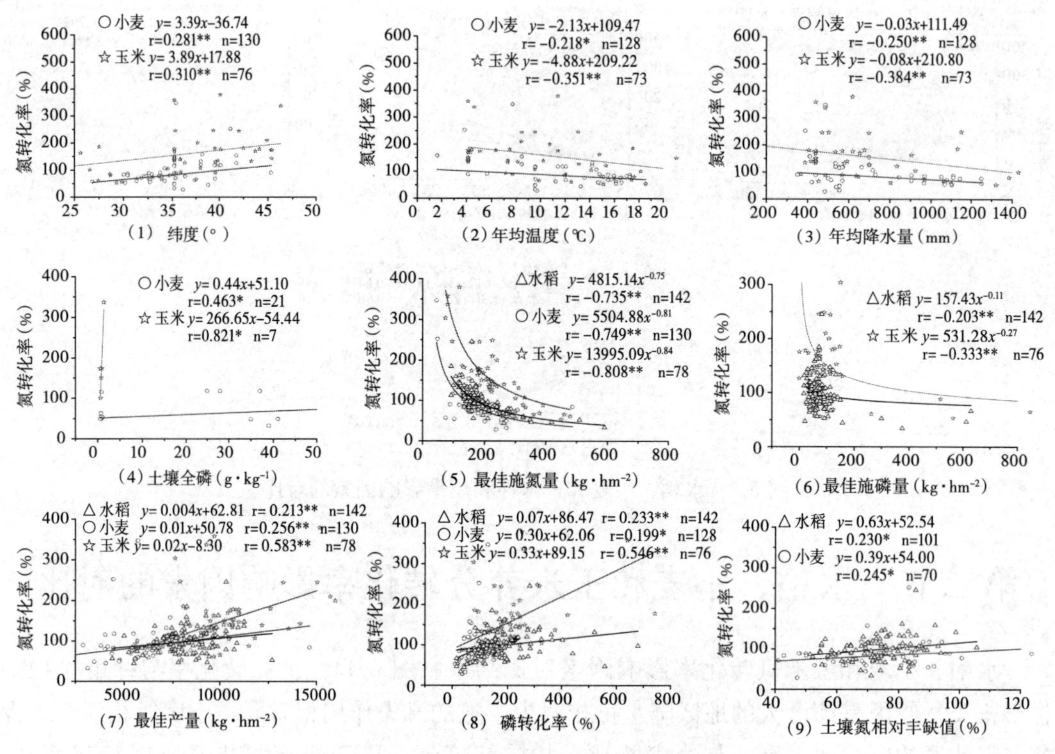

图 5-4　水稻、小麦和玉米氮转化率影响因素的对比

水稻、小麦和玉米磷转化率影响因素对比结果（图 5-5）：①磷转化率与经度呈极显著正相关，原因是经度大的地区总体上降水量相对少和温度相对低，磷在土壤中容易积累，因此磷的转化率就高；与小麦相比，相同经度情况下水稻产量更高所以转化率高，同时土壤 pH 接近中性也有利于磷的转化。②磷转化率与年均温度呈显著和极显著相关，其中小麦呈正相关的原因是温度高的地区降水量相对也多，磷的活性高容易被吸收，而玉米正好相反，温度高的地区生长季节短产量低。③磷转化率与土壤全氮含量呈极显著相关，玉米呈正相关，原因是氮和磷有互促作用，小麦为负相关，原因是有陕西长武县试验地的全氮含量特别高的几个样本参与统计的结果，有待进一步验证。④磷转化率与最佳施磷量呈极显著负相关（呈指数下降），符合报酬递减律；三种作物的规律基本一致，其中水稻最佳施磷量范围小，原因是淹水条件下磷的供应比较稳定；玉米、水稻和小麦产量依次降低，所以曲线也是玉米在最上部，小麦在最下部。⑤磷转化率与最佳施钾量呈极显著负相关，原因是不同养分之间的互抑作用；三种作物的规律基本一致，而小麦由于生长季节长，越冬期间钾和磷之间的互抑作用比较温和。⑥磷转化率与最佳产量呈极显著正相关，

原因是产量高吸收磷就多最佳施磷量就高；玉米产量高所以转化率高。⑦磷转化率与氮转化率呈极显著或显著正相关，原因是氮对磷有互促作用；三种作物规律基本一致，小麦明显弱于玉米和水稻，原因是小麦产量相对低。⑧磷转化率与氮利用率呈极显著正相关，原因是氮对磷有互促作用；由于玉米产量高作用更强些。⑨磷转化率与土壤磷相对丰缺值呈极显著相关，其中小麦呈正相关，原因是土壤磷相对丰缺值是磷转化率的源，而玉米呈负相关的原因可能是土壤残留的磷过多导致影响其他养分的吸收进而导致磷的转化率降低。

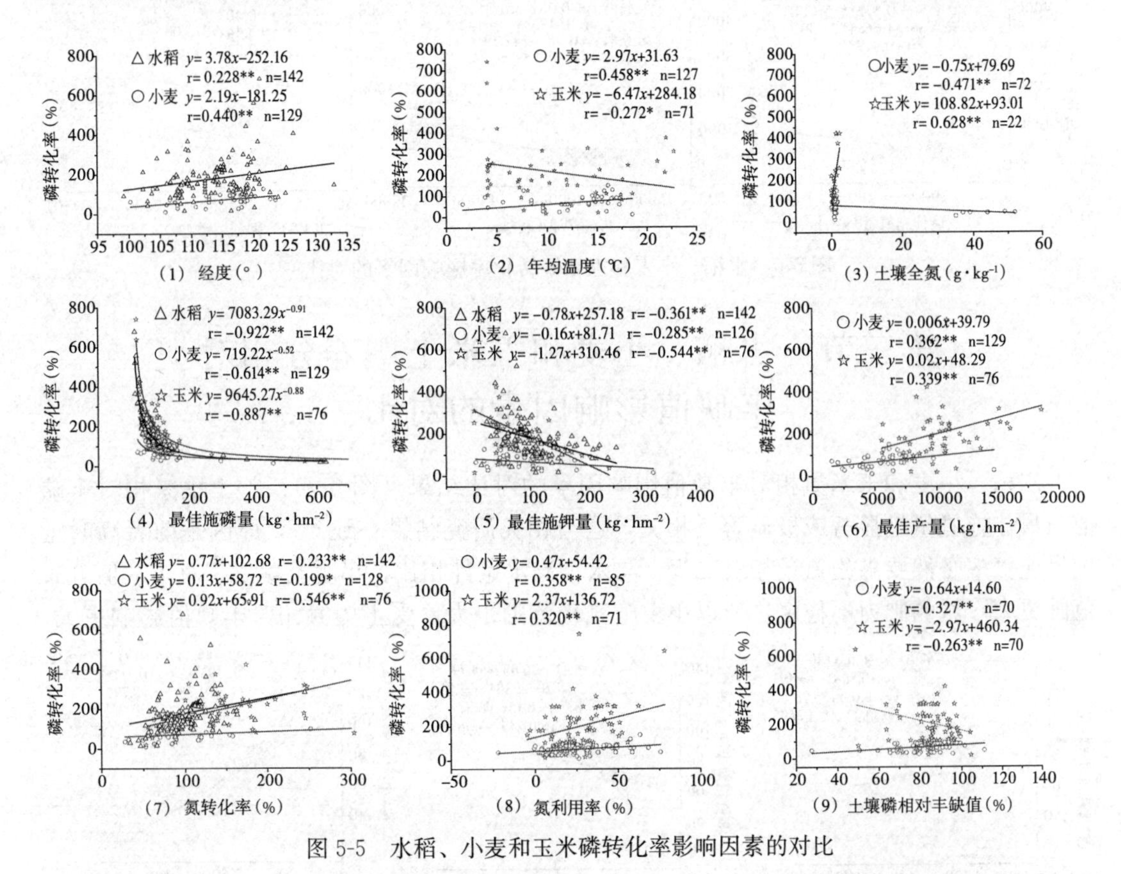

图 5-5　水稻、小麦和玉米磷转化率影响因素的对比

水稻、小麦和玉米钾转化率影响因素对比结果（图 5-6）：①钾转化率与年均降水量呈极显著或显著负相关，原因是降水量多的地区肥料钾淋失的多，钾的转化率就降低，水稻由于经常处于淹水状况这种作用就弱一些。②钾转化率与最佳施钾量呈极显著负相关（呈指数下降），符合报酬递减律；3 种作物的规律基本一致，水稻更稳定些；3 种作物的曲线依次排列的原因是产量不同。③钾转化率与最佳施氮量呈极显著相关，其中水稻表现为正相关，原因是氮对钾有互促作用，而玉米表现为负相关，原因是玉米施氮过多土壤长期积累氮素影响钾的转化。④钾转化率与最佳产量呈极显著正相关，原因是产量高吸收钾就多；玉米和水稻的产量范围基本相同，所以规律几乎一致，表现出禾本科作物的共同特点。⑤钾转化率与钾利用率呈极显著正相关，原因是利用率是转化率的一部分；玉米比小麦强的原因是玉米的经济产量和生物产量都高。

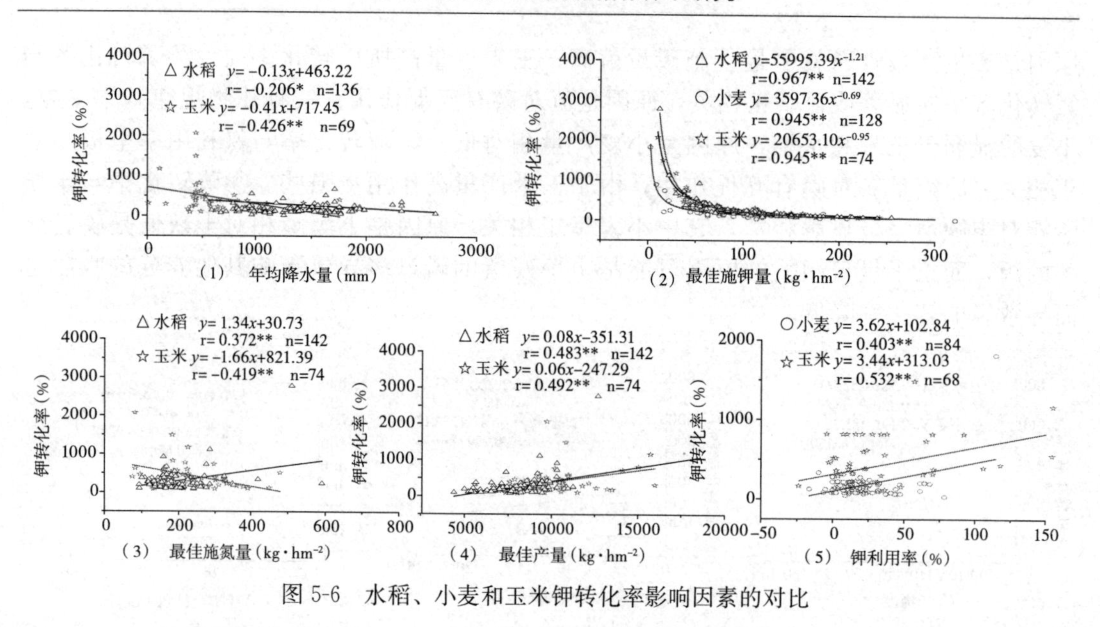

图 5-6 水稻、小麦和玉米钾转化率影响因素的对比

第三节 水稻、小麦和玉米土壤养分相对丰缺值影响因素的对比

水稻、小麦和玉米氮相对丰缺值影响因素的对比结果（图 5-7）：①土壤氮相对丰缺值与最佳施氮量呈显著或极显著负相关，这与相关研究结果一致[1-4]，原因是前者高时土壤供应氮多必然要求施氮量相对减少；与水稻淹水条件相比，小麦土壤氮相对丰缺值分布范围更大，氮的肥力不稳定，所以小麦施氮量范围也大，受土壤氮相对丰缺值影响更大。

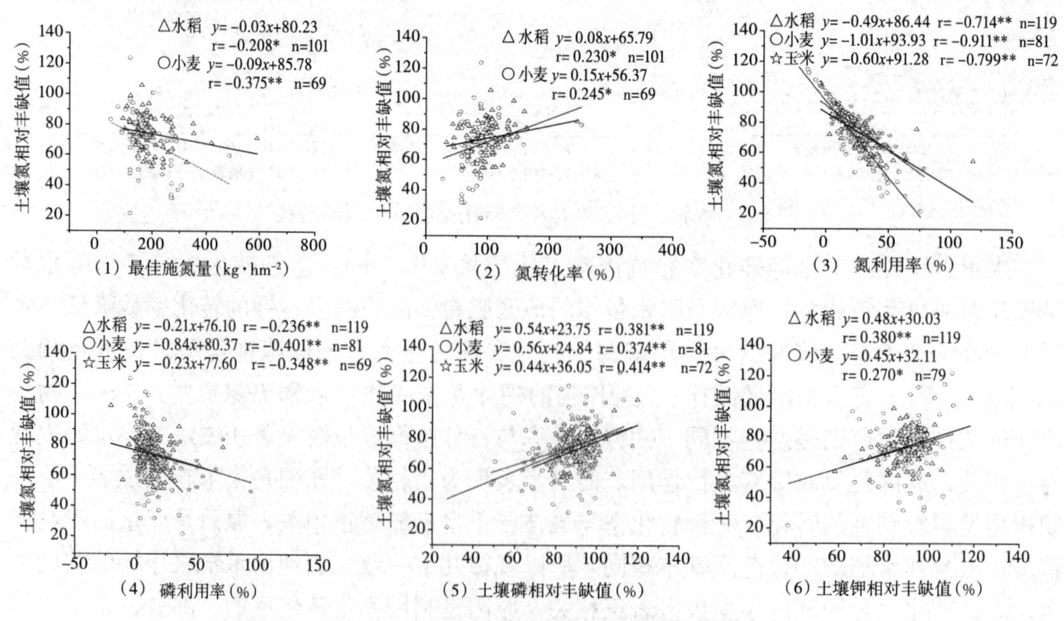

图 5-7 水稻、小麦和玉米氮相对丰缺值影响因素的对比

②土壤氮相对丰缺值与氮转化率显著正相关，原因是前者是氮的源，其高时转化率必然高；水稻和小麦的规律基本一致。③土壤氮相对丰缺值与氮利用率极显著负相关，原因是前者与肥料氮需求呈反相关，其高时必然最佳施氮量要减少，肥料氮的利用率就高；三种作物的规律一致，只是因为小麦受前茬施肥的影响土壤氮相对丰缺值不稳定，前茬剩余的土壤有效氮越多，氮的利用率就越低。④土壤氮相对丰缺值与磷利用率呈极显著负相关，原因是不同养分之间有互抑作用，玉米和水稻规律基本一致，小麦影响更大一些，前茬剩余的土壤氮越多，越抑制小麦对磷的利用。⑤土壤氮相对丰缺值与土壤磷相对丰缺值呈极显著正相关，原因是磷和氮之间有互促作用；三种作物的规律基本一致，其中小麦土壤氮相对丰缺值分布范围大一些。⑥土壤氮相对丰缺值与土壤钾相对丰缺值呈极显著或显著正相关，原因是钾和氮之间有互促作用；水稻和小麦的规律基本一致，其中小麦土壤氮相对丰缺值分布范围大一些。

水稻、小麦和玉米磷相对丰缺值影响因素的对比结果（图 5-8）：①土壤磷相对丰缺值与最佳施钾量呈显著负相关，原因是磷和钾之间的不平衡产生的互抑作用，小麦表现的更强一些，因为前茬作物留给小麦的速效磷含量范围比较大。②土壤磷相对丰缺值与磷转化率显著或极显著负相关，原因是前者高时理论上磷的转化率应该高，但是可能由于与其他养分不平衡反而影响磷的转化率，可见过高和过低的养分含量都不利于与其他养分形成平衡；玉米磷转化率范围更大些是连续多年略微过量施磷的原因，而小麦以一年两季的冬小麦为主，残留的磷相对比较少。③土壤磷相对丰缺值与氮利用率极显著负相关，原因是前者高时一般土壤氮含量也高，肥料提供的氮就少氮利用率就低；3 种作物的规律基本一致，水稻由于处于淹水状态氮和磷之间的交互作用弱一些。④土壤磷相对丰缺值与磷利用

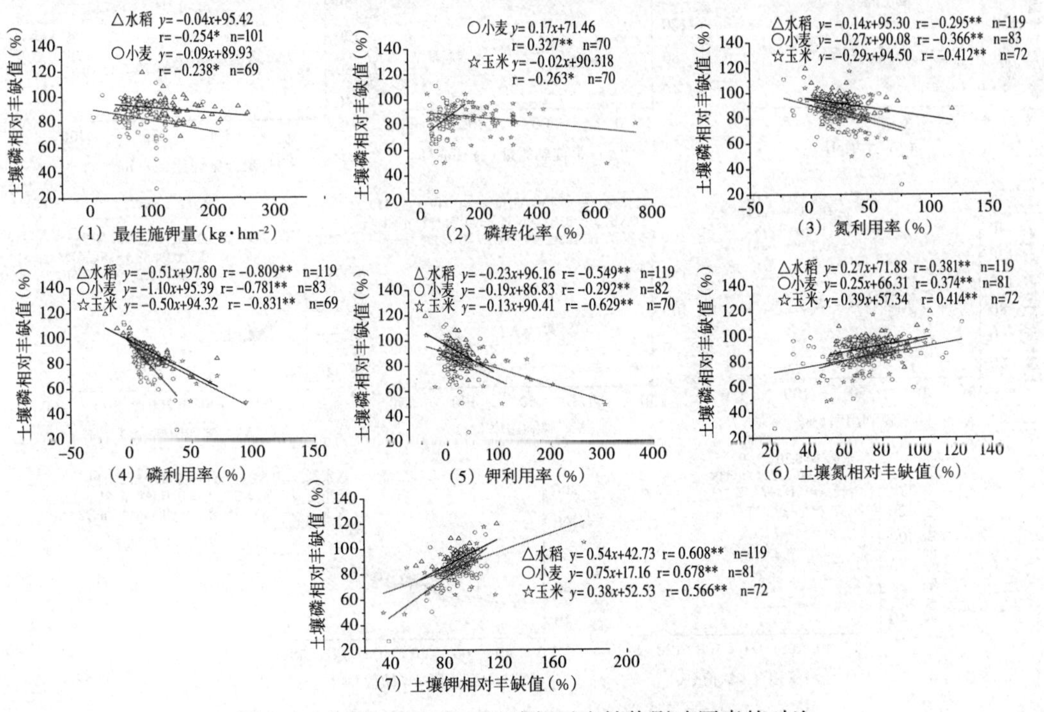

图 5-8 水稻、小麦和玉米磷相对丰缺值影响因素的对比

率呈极显著负相关，3 种作物的规律基本一致，小麦更敏感一些，原因是前茬剩余的土壤磷越多肥料磷的利用率就越低。⑤土壤磷相对丰缺值与钾利用率呈极显著负相关，原因是不同养分之间存在互抑作用；3 种作物的规律基本一致，小麦更敏感一些，原因是前茬剩余的土壤磷越多对钾的抑制作用越强，导致钾的利用率就越低。⑥土壤磷相对丰缺值与土壤氮相对丰缺值呈极显著正相关，原因是磷和氮之间有互促作用；3 种作物的规律基本一致，水稻磷利用率范围更小，原因是淹水条件使磷和氮含量更稳定。⑦土壤磷相对丰缺值与土壤钾相对丰缺值呈极显著或显著正相关，原因是钾和磷之间有互促作用；3 种作物的规律基本一致，水稻钾相对丰缺值的范围更小，原因是淹水条件使钾含量更稳定。

水稻、小麦和玉米钾相对丰缺值影响因素的对比结果（图 5-9）：①土壤钾相对丰缺值与土壤 pH 呈显著正相关，原因是土壤 pH 高的土壤氢离子相对少，土壤胶体上的氢离子也相对少，钾离子就容易被土壤胶体所吸附，保钾能力就强，所以土壤钾相对丰缺值就高；玉米和小麦的规律几乎一致，表现出旱田土壤的共同特点，而水稻由于土壤 pH 基本都稳定在中性，所以与土壤钾相对丰缺值不显著相关。②土壤钾相对丰缺值与最佳施氮量呈显著或极显著正相关，原因是氮对钾的互促作用；小麦和玉米的规律几乎一致。③土壤钾相对丰缺值与最佳施钾量呈极显著负相关，原因是前者与肥料钾需求呈反相关，其高时必然最佳施钾量要减少；水稻和玉米的规律一致。④土壤钾相对丰缺值与氮利用率呈极显著负相关，原因是不同养分之间有互抑作用；小麦和水稻的规律基本一致。⑤土壤钾相对丰缺值与磷利用率呈极显著负相关，原因是不同养分之间有互抑作用；3 种作物的规律基

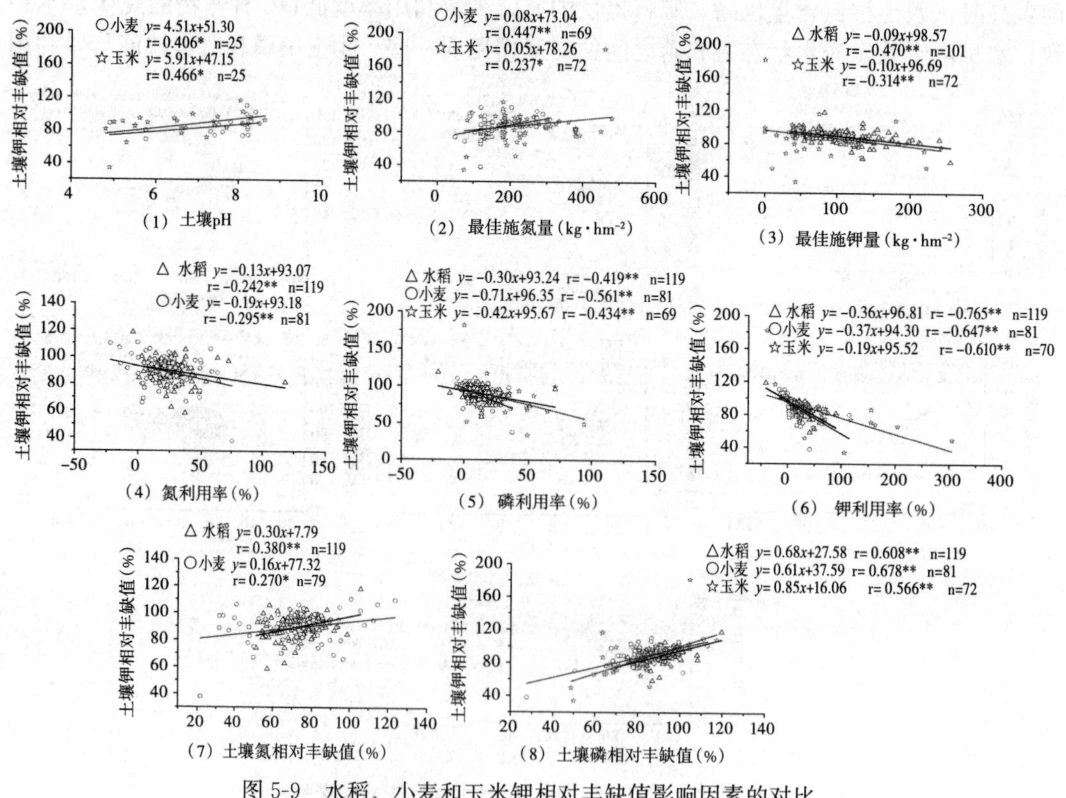

图 5-9　水稻、小麦和玉米钾相对丰缺值影响因素的对比

本一致。⑥土壤钾相对丰缺值与钾利用率呈极显著负相关，原因是同一养分之间土壤养分多必然抑制肥料养分的吸收；3 种作物的规律基本一致，玉米表现为更平稳一些，原因是其生物产量高。⑦土壤钾相对丰缺值与土壤氮相对丰缺值呈显著或极显著正相关，原因是氮和钾之间有互促作用；小麦和水稻的规律基本一致。⑧土壤钾相对丰缺值与土壤磷相对丰缺值呈显著或极显著正相关，原因是磷和钾之间有互促作用；3 种作物的规律基本一致。

第四节　水稻、小麦和玉米最佳施肥量影响因素的对比

水稻、小麦和玉米最佳施氮量影响因素的对比结果（图 5-10）：①最佳施氮量与纬度呈显著或极显著相关，其中玉米和小麦是负相关，水稻是正相关，原因是纬度高的地区降水相对少温度相对低，因此氮的淋失和挥发就相对少，所以最佳施氮量可以相对少一些，水稻是淹水作物氮的损失相对稳定，且高纬度地区生长季节长产量高，因此最佳施氮量多。②最佳施氮量与年均温度呈显著或极显著正相关，玉米和小麦的规律基本一致，原因是温度高地区同时降水也多，导致氮的损失增加，玉米略微强些是因为玉米产量高。③最佳施氮量与年均降水量呈显著或极显著相关，玉米和小麦的规律基本一致呈正相关，原因是小麦和玉米生长季节都需要降水量的满足，降水量不够往往是减产的主要原因，同样降水量情况下玉米最佳施氮量高的原因是玉米的经济产量和生物产量都高；而水稻相反呈负相关，原因是水稻是淹水作物对水分不敏感，降水多的地区日照少使产量降低必然最佳施氮量减少。④最佳施氮量与最佳施磷量呈极显著正相关，原因是磷对氮有互促作用；3 种

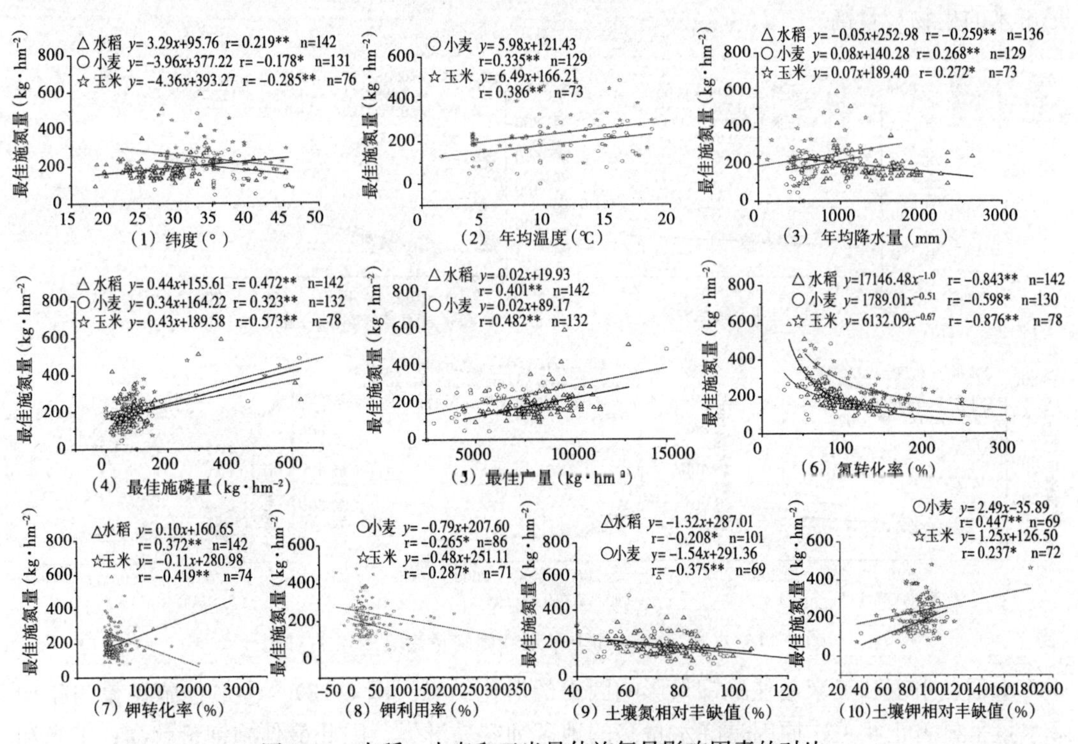

图 5-10　水稻、小麦和玉米最佳施氮量影响因素的对比

作物的规律基本一致。⑤最佳施氮量与最佳产量呈极显著正相关，这与以往研究结果基本一致[5-11]，原因是产量高吸收氮就多施氮量就必然要多些。⑥最佳施氮量与氮转化率呈极显著负相关（呈指数下降），符合报酬递减律；3 种作物的规律基本一致，由于玉米产量高所以氮转化率高于水稻和小麦。⑦最佳施氮量与钾转化率呈极显著相关，水稻为正相关，玉米为负相关，原因是养分之间具有互促作用和互抑作用。⑧最佳施氮量与钾利用率呈极显著负相关，原因钾利用率越高氮的利用率一般也高，降低了最佳施氮量；玉米和小麦的规律基本一致。⑨最佳施氮量与土壤氮丰缺指标值呈显著负相关，原因是土壤氮与施氮量之间呈反向关系，必然是此消彼长的关系；水稻和小麦的规律基本一致。⑩最佳施氮量与土壤钾丰缺指标值呈显著或极显著正相关，原因是土壤钾与土壤氮丰缺值具有一致性和互促性。

水稻、小麦和玉米最佳施磷量影响因素的对比结果（图 5-11）：①最佳施磷量与土壤全氮呈显著或极显著相关，其中水稻呈显著正相关，原因是水稻土壤全氮含量高时基肥肥力高，要求最佳施磷量就高；而玉米呈极显著负相关，原因是玉米土壤全氮含量高时一般全磷含量也能高，速效磷含量也高，对应的最佳施磷量就低。②最佳施磷量与最佳施氮量呈极显著正相关，原因是氮对磷有互促作用；3 种作物的规律基本一致。③最佳施磷量与最佳施钾量呈极显著正相关，原因是钾对磷有互促作用；小麦和水稻的规律基本一致。④最佳施磷量与磷转化率呈极显著负相关（呈指数下降），符合报酬递减律；3 种作物的规律基本一致，玉米、水稻和小麦之间的差异是产量不同所致。⑤最佳施磷量与氮转化率呈极显著负相关（呈指数下降），原因是养分之间具有互抑作用；玉米磷转化率高的原因是玉米的生物产量高。

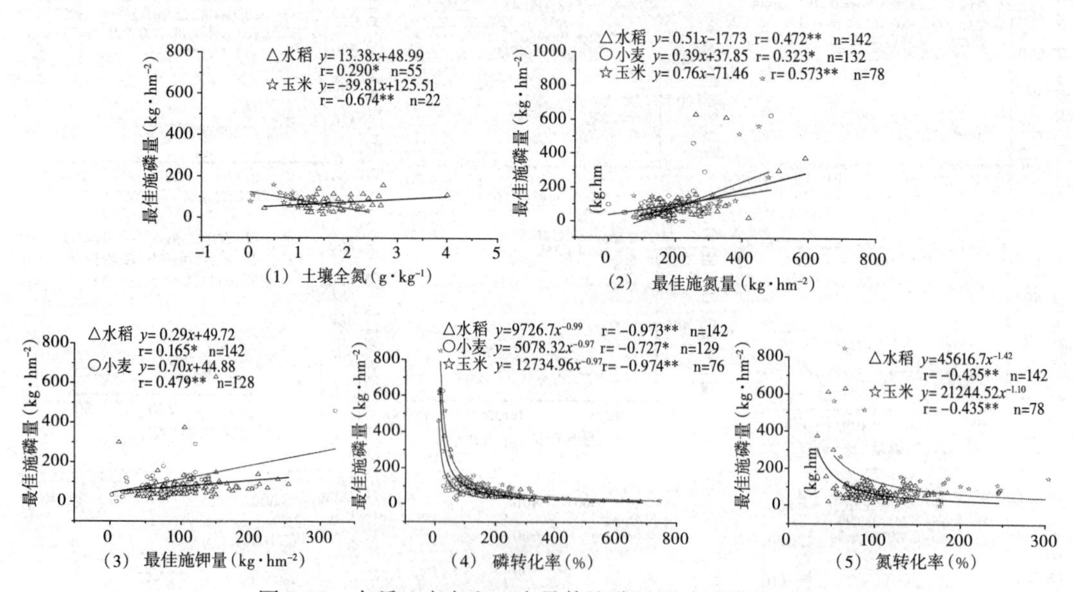

图 5-11　水稻、小麦和玉米最佳施磷量影响因素的对比

水稻、小麦和玉米最佳施钾量影响因素的对比结果（图 5-12）：①最佳施钾量与年均降水量呈显著正相关，原因是降水量多的地区钾容易淋失，因此最佳施钾量就高；玉米和水稻的规律一致。②最佳施钾量与最佳施磷量呈显著或极显著正相关，原因是磷对钾有互

促作用。③最佳施钾量与磷转化率呈极显著负相关（呈指数下降），原因是养分之间有互抑作用；3 种作物的规律一致。④最佳施钾量与钾转化率呈极显著负相关，符合报酬递减律；小麦由于产量低，所以同一最佳施钾量情况下钾的转化率低。⑤最佳施钾量与氮利用率呈显著或极显著正相关，原因是养分之间有互促作用；玉米和水稻的规律一致。⑥最佳施钾量与磷利用率呈显著或极显著相关；其中与小麦呈正相关，因为冬季磷和钾均具有抗旱和抗寒作用；而与玉米负相关，原因是磷利用率高的土壤一般缺磷，缺磷的土壤产量也不高，对钾的吸收也少必然降低钾的施用量。⑦最佳施钾量与土壤磷丰缺指标值呈显著或极显著的负相关，原因是不同养分之间有互抑作用；水稻和小麦的规律一致。⑧最佳施钾量与土壤钾丰缺指标值呈显著负相关，原因是土壤钾与最佳施钾量之间是反相关的，必然存在此消彼长的关系；水稻经常处于淹水条件，土壤最佳施钾量与土壤钾丰缺指标值的范围都比较稳定。

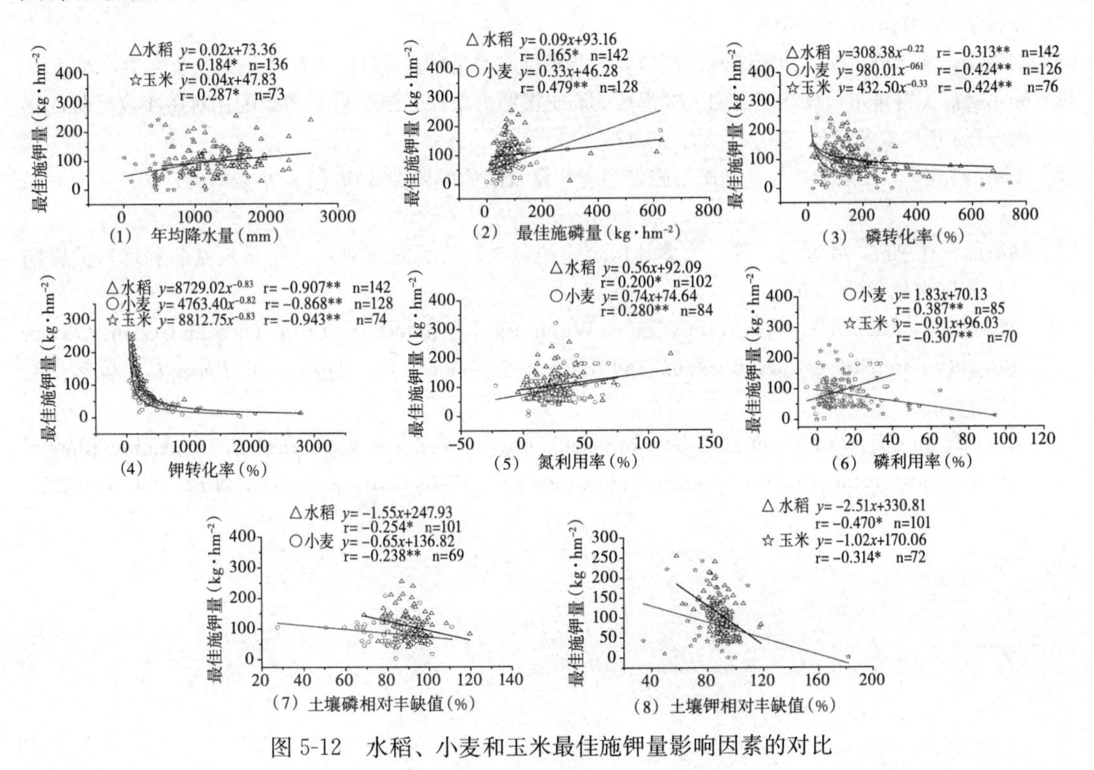

图 5-12　水稻、小麦和玉米最佳施钾量影响因素的对比

第五节　结　　论

（1）由于 3 种作物均是禾本科，在肥料利用率变化趋势、养分转化率变化趋势、土壤养分相对丰缺值变化趋势和最佳施肥量变化趋势上多数情况下是一致的。

（2）由于经济产量、生物产量、水田和旱田的不同水分状况、生长季节长短、熟制（一年的前后茬）等的影响，3 种作物的上述规律呈现梯度变化。

参考文献

[1] 王健，崔月峰，孙国才，等．不同施氮水平和前氮后移措施对水稻产量及氮素利用率的影响 [J]. 江苏农业科学，2013，41 (4)：66-69.

[2] 王健，卢铁钢，崔月峰，等．氮肥运筹对水稻产量及氮素利用率的影响 [J]. 作物研究，2012，26 (4)：320-323.

[3] Pan JF，Liu YZ，Zhong XH，ect. Grain yield，water productivity and nitrogen use efficiency of rice under different water management and fertilizer-N inputs in South China [J]. *Agricultural Water Management*，2017，184：191-200.

[4] Ferreira ADO，Sá JCDM，Clever B，ect. Corn genotype performance under black oat crop residues and nitrogen fertilization [J]. *Pesquisa Agropecuária Brasileira*，2009，44：173-179.

[5] 林忠成，叶世超，戴其根，等．太湖流域不同施氮水平对水稻产量和土壤氮素的影响 [J]. 江苏农业科学，2009，6：386-389.

[6] 刘艳飞．基于测土配方施肥试验的肥料效应与最佳施肥量研究 [D]. 武汉：华中农业大学，2008.

[7] 帕尔哈提·吾甫尔，孜热皮古丽·赛都拉．高土壤肥力条件下施肥量和施肥配比对冬小麦产量的影响 [J]. 现代农业科技，2012，22：16-17.

[8] 王鹏，张定一，王姣爱，等．施肥对强筋小麦产量及品质的调控效应 [J]. 小麦研究，2005，26 (4)：1-5.

[9] 魏海燕，林忠成，叶世超，等．太湖地区定位施氮与耗竭后施氮对水稻产量及氮肥利用率的影响 [J]. 中国水稻科学，2010，24 (3)：271-277.

[10] Miao YX，Mulla DJ，Robert PC，et al. Within-Field Variation in Corn Yield and Grain Quality Responses to Nitrogen Fertilization and Hybrid Selection [J]. *Agronomy Journal*，2006，98：129-140.

[11] Tian Z，Jing Q，Dai T，et al. Effects of genetic improvements on grain yield and agronomic traits of winter wheat in the Yangtze River Basin of China [J]. *Field Crops Research*，2012，24：417-425.

第六章　生态平衡施肥理论依据分析

本著所指的养分平衡包括两方面含义，一是养分自身的平衡，二是与其他养分的平衡，前者如土壤氮（磷、钾）丰缺指标值、最佳施氮（磷、钾）量和氮（磷、钾）转化率之间的平衡，后者如土壤氮丰缺指标值与土壤磷和钾丰缺指标值关系、与最佳施磷量和最佳施钾量关系、与磷和钾转化率关系等等。本著给出了所有关系的散点图，但只讨论显著和极显著相关关系。

第一节　养分自身的平衡

一、土壤养分相对丰缺值与自身最佳施肥量关系

3种作物土壤氮、磷、钾养分相对丰缺值与自身最佳氮、磷、钾施肥量关系有9种，其中：水稻土壤氮相对丰缺值与最佳施氮量（$y=-1.32x+287.01$，$r=-0.208^{*}$，$n=101$）、水稻土壤钾相对丰缺值与最佳施钾量（$y=-2.51x+330.81$，$r=-0.470^{**}$，$n=101$）、玉米土壤钾相对丰缺值与最佳施钾量（$y=-1.02x+170.01$，$r=-0.314^{**}$，$n=72$）3个关系存在显著和极显著的负相关，与以往研究结果一致[1-2]。水稻经常处于淹水条件，氮和钾已被充分淋洗，保存在胶体上的氮和钾的数量相对稳定，因此水稻土壤的氮和钾相对丰缺值可以作为最佳施氮量和最佳施钾量的重要参考，特别是钾的相关性更大；玉米由于连续种植耗钾较多，因此有效钾处于相对稳定状态，故玉米土壤钾相对丰缺值也可以作为最佳施钾量的重要参考；其他6个相关关系均不显著，说明用相应的土壤相对丰缺指标值确定对应的施肥量的科学依据不充分[3]。

图6-1为水稻、小麦和玉米土壤氮、磷、钾相对丰缺值与自身最佳施肥量关系，从图中给出的结果看，9个相关分析中只有水稻的氮和钾、玉米钾存在显著和极显著的负相关，说明用土壤相对丰缺指标值确定施肥量的科学依据不充分，这和迄今为止的研究吻合。

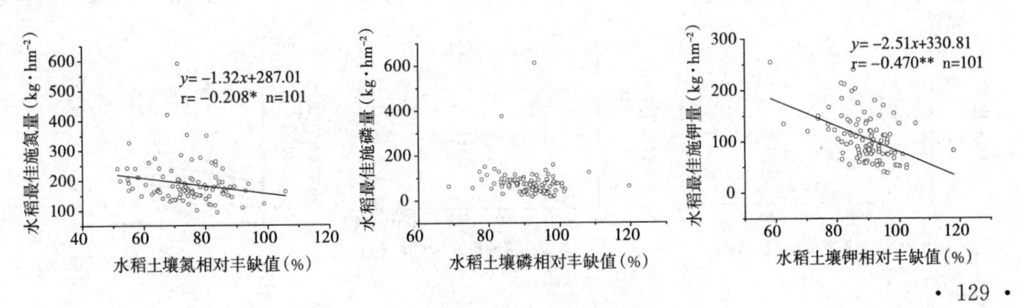

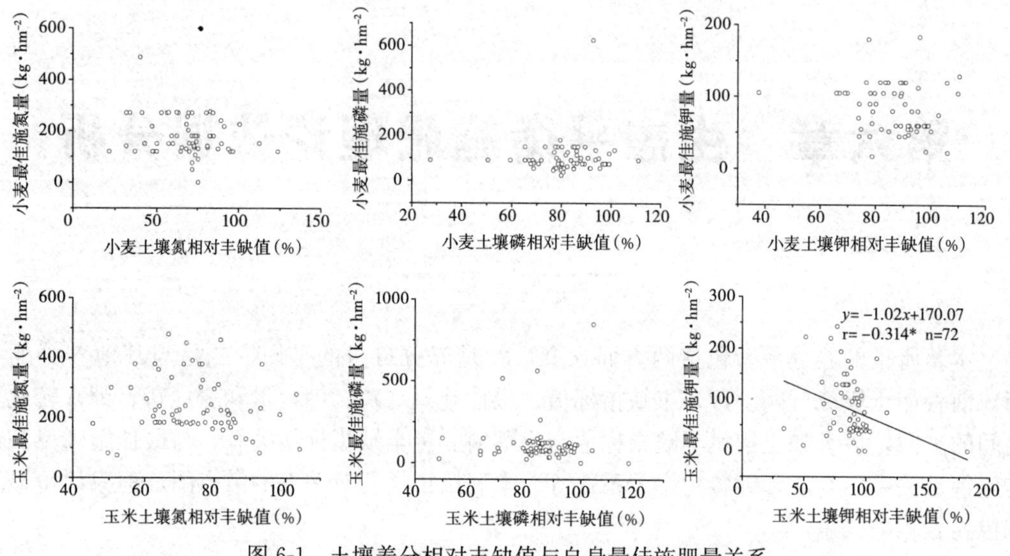

图 6-1 土壤养分相对丰缺值与自身最佳施肥量关系

二、土壤养分相对丰缺值与自身养分转化率关系

3 种作物土壤氮、磷、钾相对丰缺值与自身氮、磷、钾转化率关系有 9 种，其中水稻土壤氮相对丰缺值与氮转化率（$y=0.63x+52.54$，$r=0.230^{*}$，$n=101$）、水稻土壤钾相对丰缺值与钾转化率（$y=5.81x-267.16$，$r=0.372^{**}$，$n=101$）、小麦土壤钾相对丰缺值与钾转化率（$y=2.58x-61.95$，$r=-0.208^{*}$，$n=66$）3 个关系存在显著和极显著的相关。水稻氮和钾土壤养分相对丰缺值高时，最佳施氮和施钾量就低，因此转化率就高；小麦多数为冬小麦，生长季节长，耗钾多，所以土壤钾丰缺程度直接关系到钾的转化率；其他 6 个相关关系均不显著，说明用相应的土壤相对丰缺指标值确定对应的养分转化率的科学依据不充分。

图 6-2 为水稻、小麦和玉米土壤氮、磷、钾相对丰缺值与自身肥料转化率关系，从图 6-2给出的结果看，9 个相关分析中只有水稻的氮和钾、小麦的钾存在显著和极显著的正

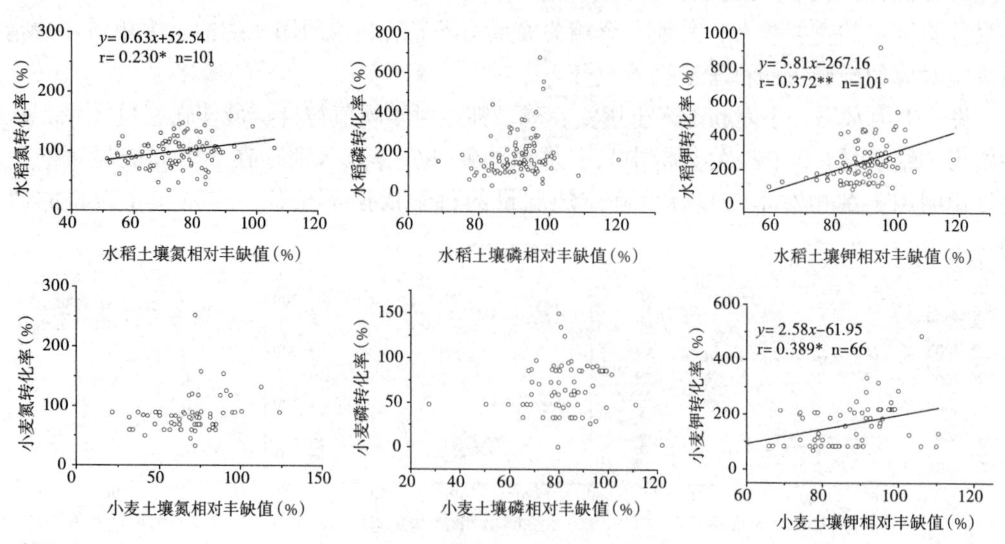

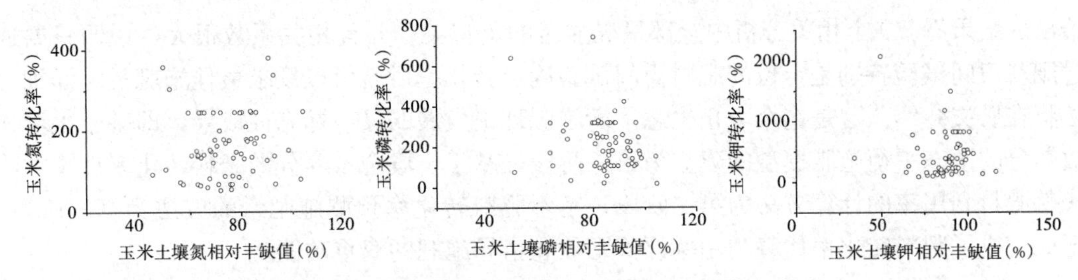

图 6-2　土壤养分相对丰缺值与自身肥料转化率关系

相关，说明用土壤相对丰缺指标值衡量转化率的科学依据不充分。

三、最佳施肥量与自身养分转化率关系

3 种作物土壤氮、磷、钾最佳施肥量与自身氮、磷、钾转化率关系有 9 种，如表 6-1，9 个相关关系全部呈极显著指数负相关，并且相关系数非常高，符合报酬递减规律，说明只要通过肥料田间试验特别是定位的肥料田间试验确定养分（包括肥料和土壤两部分的养分）转化率后就可以反求最佳施肥量，详细方法将在后文介绍。这是迄今为止生态平衡施肥理论发展的又一标志性成果，即基于土壤速效养分的生态平衡施肥模型的建立为第一阶段，利用基于土壤全量养分的养分转化率计算方法代替肥料利用率的计算方法为第二阶段，利用基于养分转化率预测施肥量的方法为第三阶段，至此完成了养分转化率代替肥料利用率评价肥效和指导施肥的双重任务。

图 6-3 为水稻、小麦和玉米土壤氮、磷、钾最佳施肥量与自身肥料转化率关系，从图 6-3

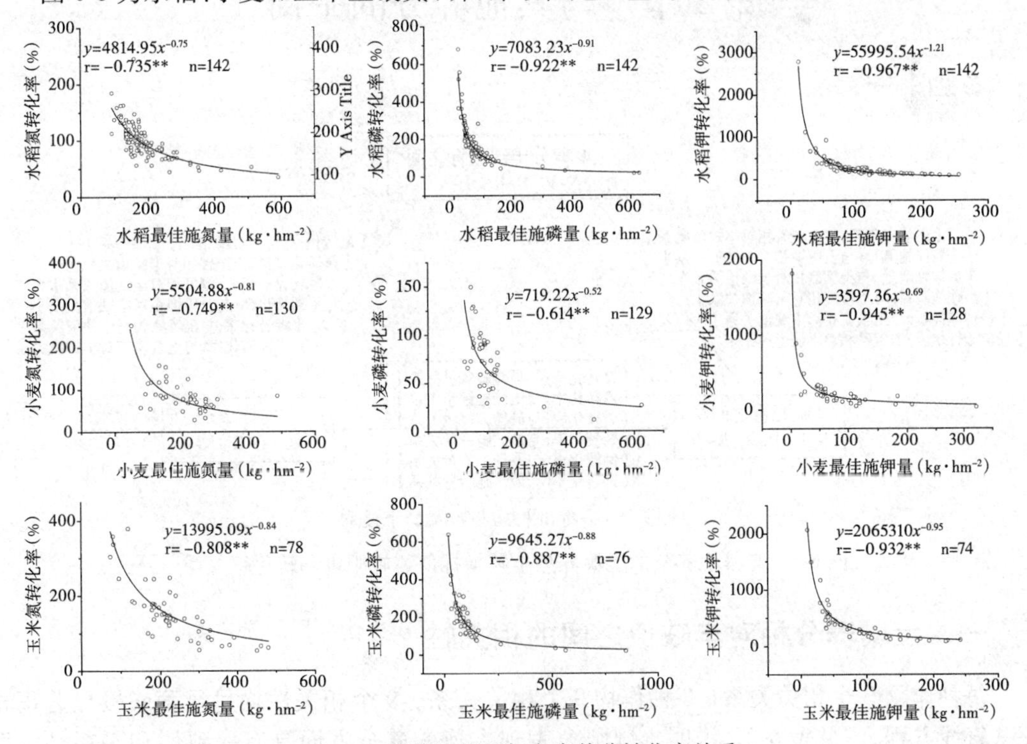

图 6-3　最佳施肥量与自身养分转化率关系

给出的结果看，9个相关分析中全部呈极显著的负相关，并且相关系数很大，说明只要通过肥料田间试验特别是定位的肥料田间试验确定转化率后就可以反求最佳施肥量，详细方法将在后文介绍。这是迄今为止生态平衡施肥理论发展的又一标志性成果，即基于土壤速效养分的生态平衡施肥模型的建立为第一阶段，基于土壤全量养分的肥料转化率计算方法代替肥料利用率的计算方法为第二阶段，基于肥料转化率预测施肥量的方法为第三阶段，至此完成了肥料转化率代替利用率评价肥效和指导施肥的双重功能。

表 6-1　水稻、小麦和玉米最佳施肥量与自身养分转化率关系

相关关系	n	r	回归方程
水稻氮转化率（%）与水稻最佳施氮量（$kg \cdot hm^{-2}$）	142	−0.735**	$y=4814.95x^{-0.75}$
水稻磷转化率（%）与水稻最佳施磷量（$kg \cdot hm^{-2}$）	142	−0.922**	$y=7083.23x^{-0.91}$
水稻钾转化率（%）与水稻最佳施钾量（$kg \cdot hm^{-2}$）	142	−0.967**	$y=55995.54x^{-1.21}$
小麦氮转化率（%）与小麦最佳施氮量（$kg \cdot hm^{-2}$）	130	−0.749**	$y=5504.88x^{-0.81}$
小麦磷转化率（%）与小麦最佳施磷量（$kg \cdot hm^{-2}$）	129	−0.614**	$y=719.22x^{-0.52}$
小麦钾转化率（%）与小麦最佳施钾量（$kg \cdot hm^{-2}$）	128	−0.945**	$y=3597.36x^{-0.69}$
玉米氮转化率（%）与玉米最佳施氮量（$kg \cdot hm^{-2}$）	78	−0.808**	$y=13995.09x^{-0.84}$
玉米磷转化率（%）与玉米最佳施磷量（$kg \cdot hm^{-2}$）	76	−0.887**	$y=9645.27x^{-0.88}$
玉米钾转化率（%）与玉米最佳施钾量（$kg \cdot hm^{-2}$）	74	−0.932**	$y=2065310x^{-0.95}$

第二节　与其他养分的平衡

参见图 6-4。

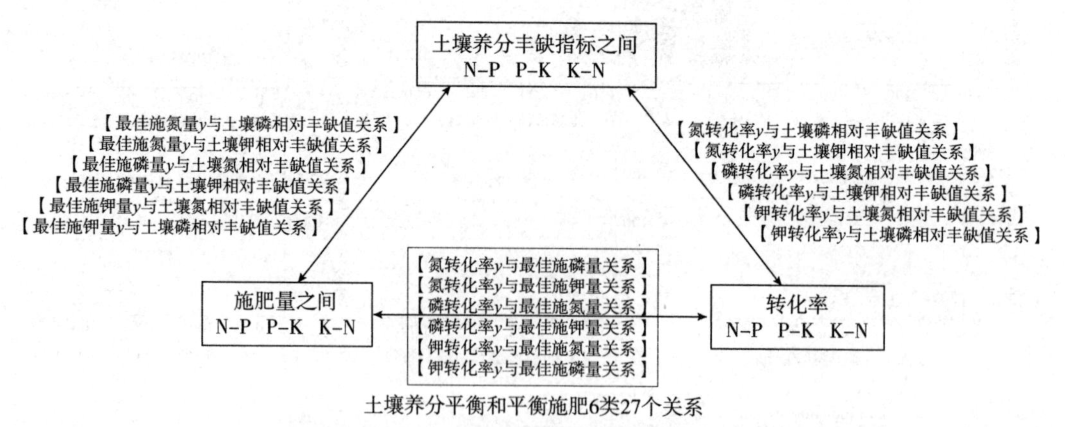

图 6-4　与其他养分的土壤养分丰缺指标值、施肥量和转化率关系

一、土壤养分相对丰缺值之间的相关性

每种作物 3 个相关关系，3 种作物 9 个相关关系；9 个相关性均呈显著或极显著正相关（直线方程），见表 6-2，说明土壤肥力表现在速效养分方面具有一致性和平衡性，即肥沃土壤的氮、磷、钾相对丰缺值要高都高要低都低，这和木桶原理是一致的。

从图 6-5 水稻、小麦和玉米的土壤养分相对丰缺值之间的相关性结果可以得出：相关系数磷最高，氮居中、钾相对小，9 个相关性都呈显著或极显著的正相关，这说明土壤肥力表现在速效养分方面具有一致性，即肥沃和高产土壤的氮、磷、钾相对丰缺值要高都高要低都低，这和木桶原理是一致的。

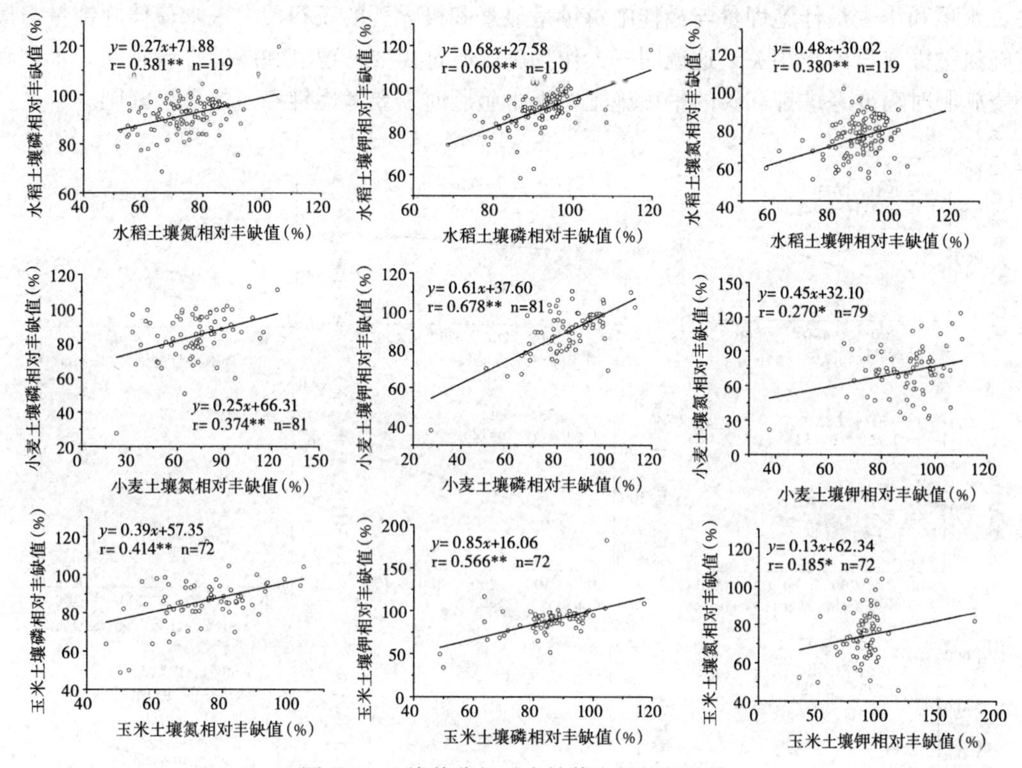

图 6-5　土壤养分相对丰缺值之间的相关性

表 6-2　水稻、小麦和玉米土壤养分相对丰缺值之间的相关性

相关关系	n	r	回归方程
水稻土壤磷相对丰缺值（%）与水稻土壤氮相对丰缺值（%）	119	0.608**	$y=0.68x+27.58$
水稻土壤氮相对丰缺值（%）与水稻土壤钾相对丰缺值（%）	119	0.380**	$y=0.48x+30.02$
小麦土壤磷相对丰缺值（%）与小麦土壤氮相对丰缺值（%）	81	0.374**	$y=0.25x+66.31$
小麦土壤钾相对丰缺值（%）与小麦土壤磷相对丰缺值（%）	81	0.678**	$y=0.61x+37.60$
小麦土壤氮相对丰缺值（%）与小麦土壤钾相对丰缺值（%）	79	0.270*	$y=0.45x+32.10$
玉米土壤磷相对丰缺值（%）与玉米土壤氮相对丰缺值（%）	72	0.414**	$y=0.39x+57.35$
玉米土壤钾相对丰缺值（%）与玉米土壤磷相对丰缺值（%）	72	0.566**	$y=0.85x+16.06$
玉米土壤氮相对丰缺值（%）与玉米土壤钾相对丰缺值（%）	72	0.185*	$y=0.13x+62.34$

二、最佳施肥量之间的相关性

每种作物 3 个相关关系，3 种作物 9 个相关关系；6 个相关性均呈显著或极显著正相关（直线方程），见表 6-3；3 个作物最佳施氮量和最佳施磷量均呈极显著的正相关、水稻和小麦最佳施钾量与最佳施磷量呈显著和极显著的正相关、玉米最佳施钾量与最佳施氮量呈极显著的正相关，这说明三大作物施肥时都需要考虑氮和磷的平衡，水稻和小麦施肥时需要考虑钾和磷的平衡，玉米施肥时需要考虑钾和氮的平衡。

从图 6-6 水稻、小麦和玉米的最佳施肥量之间的相关性结果可以得出，9 个相关性中有 6 个都呈显著或极显著的正相关；3 个作物最佳施氮量和最佳施磷量都呈极显著的正相关、水稻和小麦最佳施钾量与最佳施磷量呈显著和极显著的正相关、玉米最佳施钾量与最佳施氮量极显著的正相关，这说明三大作物施肥时都需要考虑氮和磷的平衡施肥，水稻和小麦施肥时需要考虑钾和磷的平衡施肥，玉米施肥时需要考虑钾和氮的平衡施肥。

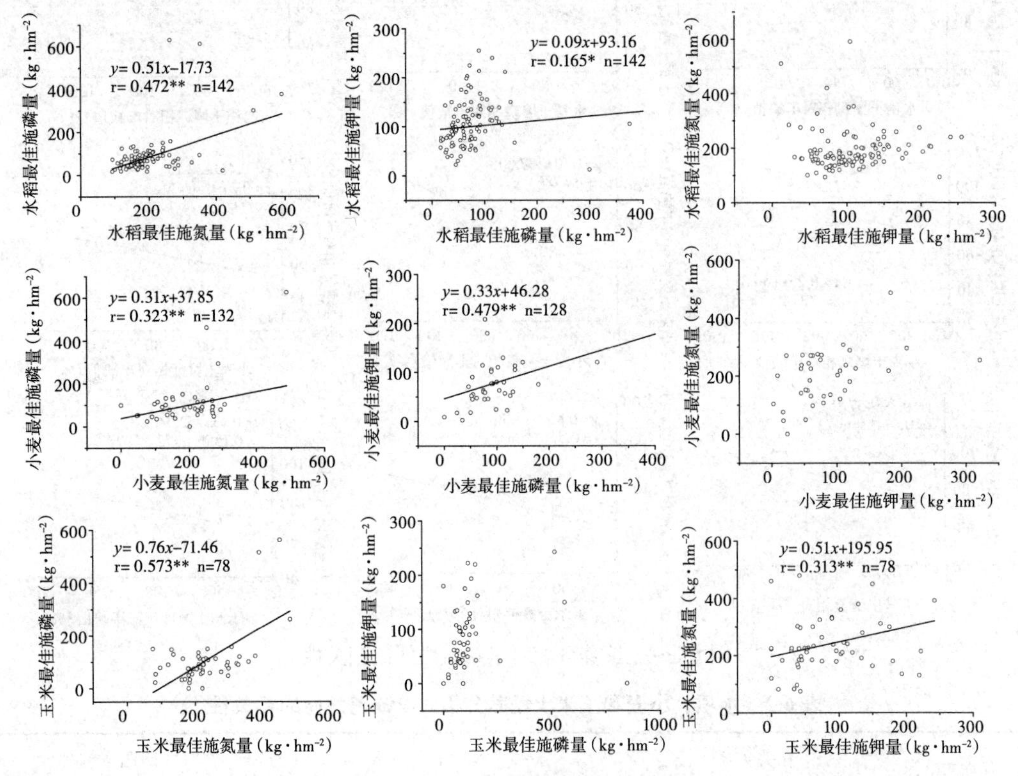

图 6-6　最佳施肥量之间的相关性

表 6-3　水稻、小麦和玉米最佳施肥量之间的相关性

相关关系	n	r	回归方程
水稻最佳施磷量（$kg \cdot hm^{-2}$）与水稻最佳施氮量（$kg \cdot hm^{-2}$）	142	0.472**	$y=0.51x-17.73$
水稻最佳施钾量（$kg \cdot hm^{-2}$）与水稻最佳施磷量（$kg \cdot hm^{-2}$）	142	0.165*	$y=0.09x+93.16$
水稻最佳施氮量（$kg \cdot hm^{-2}$）与水稻最佳施钾量（$kg \cdot hm^{-2}$）	—	—	—
小麦最佳施磷量（$kg \cdot hm^{-2}$）与小麦最佳施氮量（$kg \cdot hm^{-2}$）	132	0.323**	$y=0.31x+37.85$
小麦最佳施钾量（$kg \cdot hm^{-2}$）与小麦最佳施磷量（$kg \cdot hm^{-2}$）	128	0.479**	$y=0.33x+46.28$
小麦最佳施氮量（$kg \cdot hm^{-2}$）与小麦最佳施钾量（$kg \cdot hm^{-2}$）	—	—	—
玉米最佳施磷量（$kg \cdot hm^{-2}$）与玉米最佳施氮量（$kg \cdot hm^{-2}$）	78	0.573**	$y=0.76x-71.46$
玉米最佳施钾量（$kg \cdot hm^{-2}$）与玉米最佳施磷量（$kg \cdot hm^{-2}$）	—	—	—
玉米最佳施氮量（$kg \cdot hm^{-2}$）与玉米最佳施钾量（$kg \cdot hm^{-2}$）	78	0.313**	$y=0.51x+195.95$

三、养分转化率之间的相关性

每种作物3个相关关系,3种作物9个相关关系;6个相关性均呈显著或极显著正相关(直线方程),见表6-4;3个作物氮转化率和磷转化率均呈显著相关、小麦和玉米钾转化率与磷转化率呈显著和极显著的正相关、玉米氮转化率与钾转化率极显著正相关,这说明三大作物在养分吸收上氮和磷是一致的和平衡的、小麦和玉米在养分吸收上钾和磷是一致的和平衡的(水稻由于淹水条件下磷的有效性高,所以磷和钾不显著相关);水稻由于淹水条件钾的淋失也大,一般冬小麦和夏玉米在一年内轮作,在施肥上一般是考虑一个轮作周期的并主要施在小麦上,所以水稻和小麦钾与氮转化率不显著相关,而玉米是旱田作物,既有春玉米也有夏玉米,春玉米生长时间长,前茬小麦留给夏玉米的氮和钾相对较少,因此在养分吸收上玉米的氮和钾是一致的和平衡的,这与前述结果是一致的。

从图6-7水稻、小麦和玉米的转化率之间的相关性结果可以得出，9个相关性中有6个都呈显著或极显著的正相关；3个作物氮转化率和磷转化率都显著相关、小麦和玉米钾转化率与磷转化率呈显著和极显著的正相关、玉米氮转化率与钾转化率极显著正相关，这说明三大作物在养分吸收上氮和磷是一致的和平衡的，小麦和玉米在养分吸收上钾和磷是一致的和平衡的（水稻土由于淹水条件磷的有效性高，磷和钾不显著相关）；水稻由于淹水条件钾的淋失也大，一般冬小麦和夏玉米在一年内轮作，在施肥上一般是考虑一个轮作周期的，所以水稻和小麦钾与氮转化率不显著相关，而玉米是旱田作物，既有春玉米也有夏玉米，因此在养分吸收上氮和钾是一致的和平衡的。

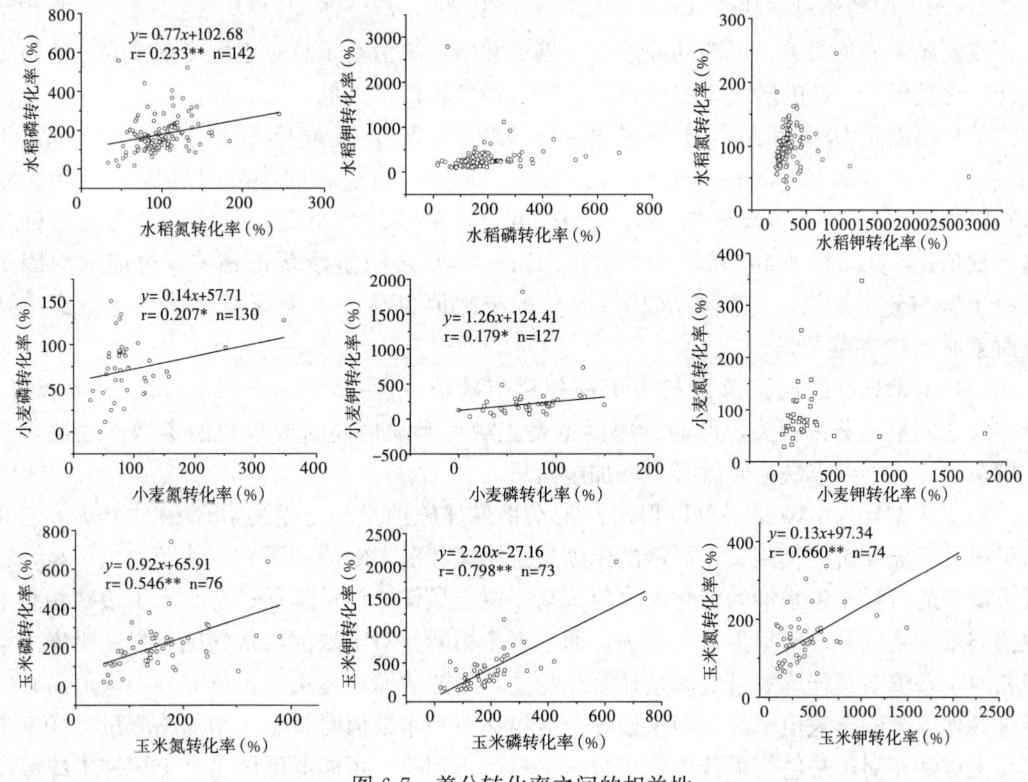

图6-7　养分转化率之间的相关性

表 6-4　水稻、小麦和玉米养分转化率之间的相关性

相关关系	n	r	回归方程
水稻磷转化率（%）与水稻氮转化率（%）	142	0.233**	$y=0.77x+102.68$
水稻钾转化率（%）与水稻磷转化率（%）	—	—	—
水稻氮转化率（%）与水稻钾转化率（%）	—	—	—
小麦磷转化率（%）与小麦氮转化率（%）	130	0.207*	$y=0.14x+57.71$
小麦钾转化率（%）与小麦磷转化率（%）	127	0.179*	$y=1.26x+124.41$
小麦氮转化率（%）与小麦钾转化率（%）	—	—	—
玉米磷转化率（%）与玉米氮转化率（%）	76	0.546**	$y=0.92x+65.91$
玉米钾转化率（%）与玉米磷转化率（%）	73	0.798**	$y=2.20x-27.16$
玉米氮转化率（%）与玉米钾转化率（%）	74	0.660**	$y=0.13x+97.34$

四、土壤养分相对丰缺值与最佳施肥量的相关性

每种作物氮、磷、钾对应其他两个养分的关系合计 6 个相关关系，3 种作物合计 18 个相关关系。其中有 6 个呈显著相关：它们是：

（1）水稻最佳施钾量与土壤氮相对丰缺值（$y=-1.51x+219.10$，r=－0.358**，n=101)和土壤磷相对丰缺值（$y=-1.55x+247.93$，r=－0.254*，n=101）之间均呈显著或极显著的负相关，可能的原因是土壤氮和磷丰缺值高了意味着肥力水平高，这时土壤钾的含量至少是钾的转化率也应该高，所以最佳施钾量降低。

（2）小麦最佳施钾量与土壤磷相对丰缺值之间呈显著负相关（$y=-0.62x+133.75$，r=－0.242*，n=68)，可能的原因如（1）所述；而小麦最佳施氮量与土壤磷相对丰缺值（$y=1.69x+43.48$，r=0.287*，n=71)、小麦最佳施氮量与土壤钾相对丰缺值($y=1.84x+20.58$，r=0.293*，n=70）之间呈显著正相关，可能的原因是某一土壤养分丰缺值高必然要求其他养分的丰缺值也高，当土壤养分含量达不到丰缺值时就必须增加施肥量。

（3）玉米只有最佳施磷量与土壤钾相对丰缺值（$y=2.57x-117.57$，r=0.365**，n=72)之间呈显著正相关，可能的原因也是土壤钾丰缺值高时要求磷的丰缺值也高，当土壤磷含量达不到丰缺值时就必须增加施磷量。

从图 6-8 至图 6-10 结果可以得出：①水稻最佳施钾量与土壤氮和磷相对丰缺值之间均呈显著或极显著的负相关，可能的原因是土壤氮和磷丰缺值高了意味着肥力水平高，这时土壤钾的含量至少是钾的转化率也应该高，所以最佳施钾量降低；②小麦土壤磷相对丰缺值与最佳施钾量之间呈显著负相关，而小麦土壤磷相对丰缺值与最佳施氮量、小麦土壤钾相对丰缺值与最佳施氮量之间呈显著正相关，可能的原因是某一土壤养分丰缺值高必然要求其他养分的丰缺值也高，当土壤养分含量达不到丰缺值时就必须增加施肥量；③玉米只有土壤钾相对丰缺值与最佳施磷量之间呈显著正相关，可能的原因也是土壤钾丰缺值高时要求磷的丰缺值也高，当土壤磷含量达不到丰缺值时就必须增加施磷量。

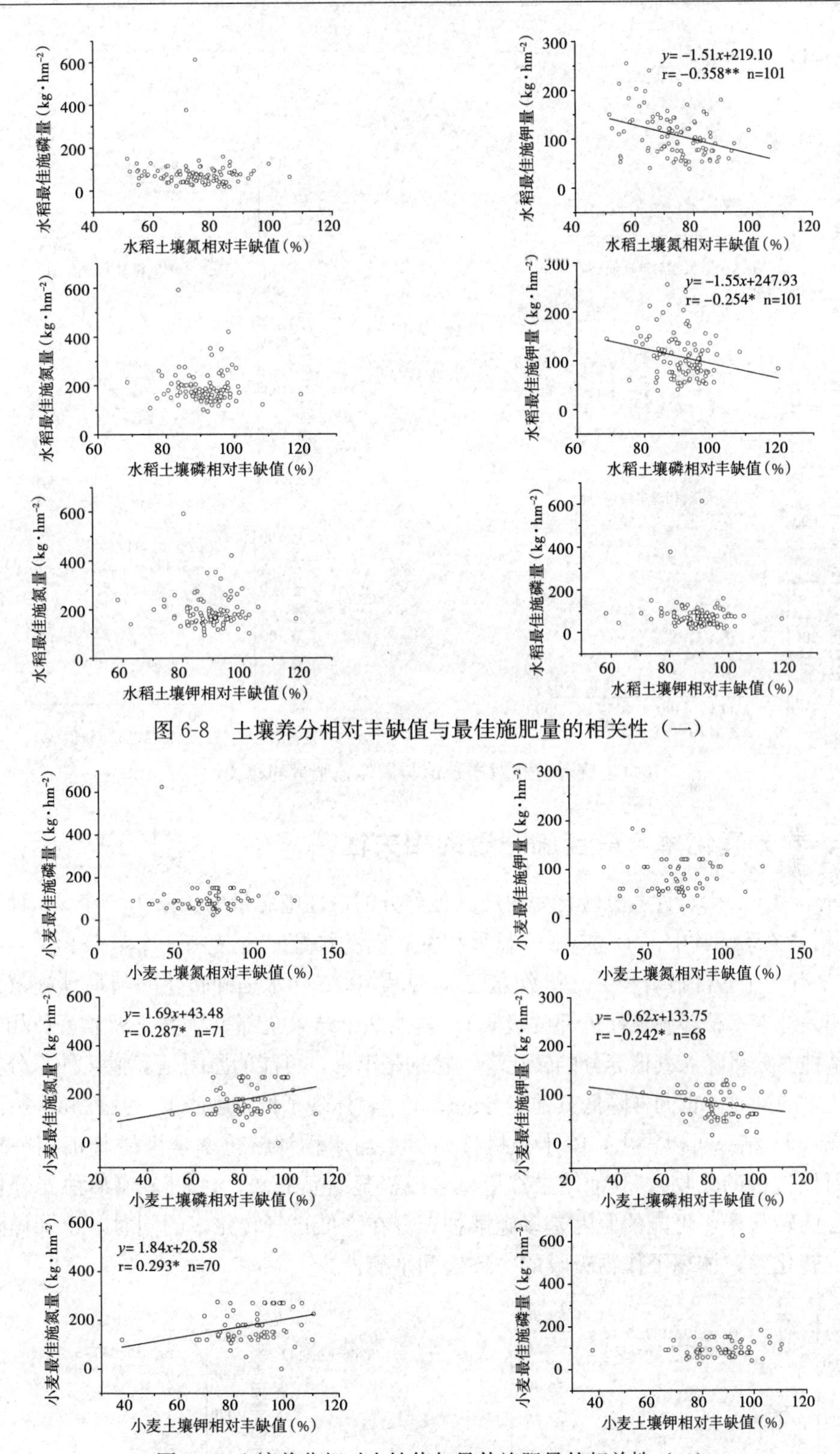

图 6-8　土壤养分相对丰缺值与最佳施肥量的相关性（一）

图 6-9　土壤养分相对丰缺值与最佳施肥量的相关性（二）

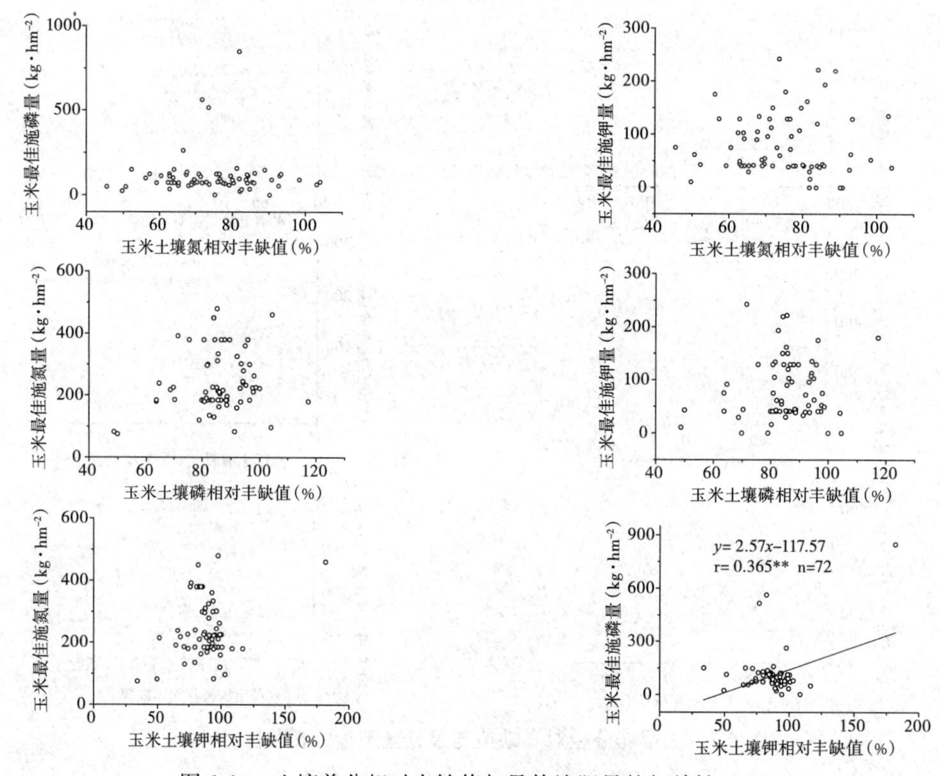

图 6-10　土壤养分相对丰缺值与最佳施肥量的相关性（三）

五、养分转化率与最佳施肥量的相关性

每种作物氮、磷、钾养分转化率对应其他养分的最佳施肥量的关系为 6 个，3 种作物合计 18 个相关关系。其中，水稻有 3 个显著相关（直线方程）、小麦有 1 个显著相关（指数方程）、玉米有 6 个全部显著相关（指数方程），见表 6-5。除水稻钾转化率与最佳施氮量呈极显著正相关外（水稻多施氮促进钾的吸收），其他 9 个结果全部呈显著或极显著负相关，说明多施某种养分将降低其他养分的转化率，特别是玉米，可能的原因是多施某种养分在降低自身转化率的同时，也同样降低其他养分的转化率，体现了作物吸收的一致性和平衡性。

从图 6-11 结果可以得出，除水稻最佳施氮量与水稻钾转化率呈极显著正相关外（水稻多施氮促进钾的吸收），其他结果都呈显著或极显著负相关，说明多施某种养分将降低其他养分的转化率，可能的原因是多施某种养分在降低自身转化率的同时，也同样降低其他养分的转化率，体现了作物吸收的一致性和平衡性。

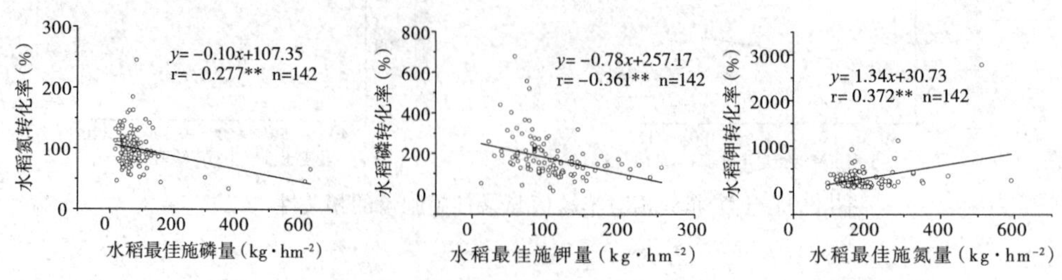

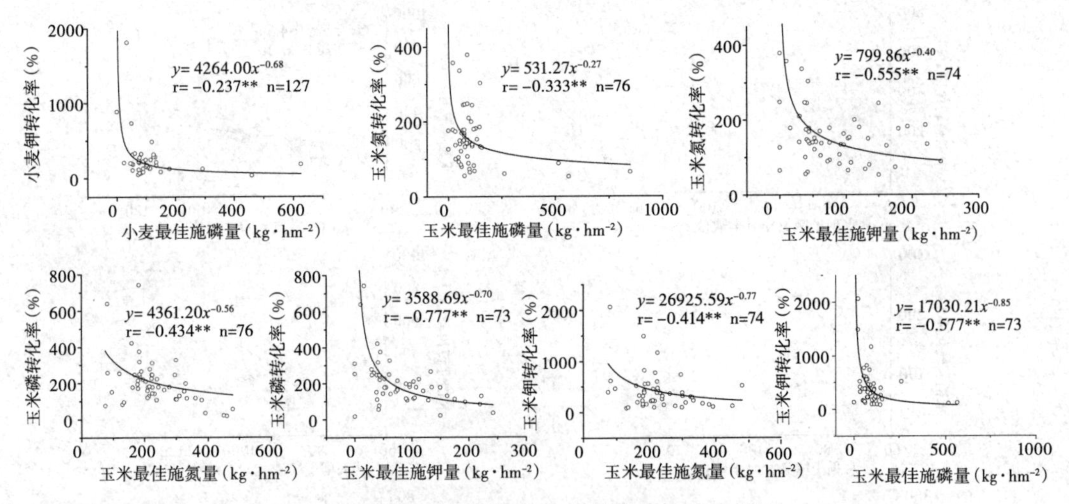

图 6-11　养分料转化率与最佳施肥量的相关性

表 6-5　水稻、小麦和玉米养分转化率与最佳施肥量的相关性

相关关系	n	r	回归方程
水稻氮转化率（%）与水稻最佳施磷量（$kg \cdot hm^{-2}$）	142	-0.277^{**}	$y=-0.10x+107.35$
水稻磷转化率（%）与水稻最佳施钾量（$kg \cdot hm^{-2}$）	142	-0.361^{**}	$y=-0.78x+257.17$
水稻钾转化率（%）与水稻最佳施氮量（$kg \cdot hm^{-2}$）	142	0.372^{**}	$y=1.34x+30.73$
小麦钾转化率（%）与小麦最佳施磷量（$kg \cdot hm^{-2}$）	127	-0.237^{**}	$y=4264.00x^{-0.68}$
玉米氮转化率（%）与玉米最佳施磷量（$kg \cdot hm^{-2}$）	76	-0.333^{**}	$y=531.27x^{-0.27}$
玉米氮转化率（%）与玉米最佳施钾量（$kg \cdot hm^{-2}$）	74	-0.555^{**}	$y=799.86x^{-0.40}$
玉米磷转化率（%）与玉米最佳施氮量（$kg \cdot hm^{-2}$）	76	-0.434^{**}	$y=4361.20x^{-0.56}$
玉米磷转化率（%）与玉米最佳施钾量（$kg \cdot hm^{-2}$）	73	-0.777^{**}	$y=3588.69x^{-0.70}$
玉米钾转化率（%）与玉米最佳施氮量（$kg \cdot hm^{-2}$）	74	-0.414^{**}	$y=26925.59x^{-0.77}$
玉米钾转化率（%）与玉米最佳施磷量（$kg \cdot hm^{-2}$）	73	-0.577^{**}	$y=17030.21x^{-0.35}$

六、土壤养分相对丰缺值与养分转化率的相关性

每种作物氮、磷、钾土壤养分相对丰缺值与对应其他两个养分转化率的关系合计 6 个相关关系，3 种作物合计 18 个相关关系。其中有 3 个呈显著相关：它们是：

水稻钾转化率与水稻土壤氮相对丰缺值（$y=2.52x+64.60$，$r-0.204^{*}$，$n=101$）、水稻磷转化率与水稻土壤钾相对丰缺值（$y=2.71x-59.38$，$r=0.214^{*}$，$n=101$）、小麦钾转化率与土壤磷相对丰缺值（$y=2.39x-31.92$，$r=0.395^{**}$，$n=68$）之间呈显著或极显著正相关；整体说明土壤养分与养分转化率之间关系不密切。

从图 6-12 至图 6-14 结果可以得出：三大作物中只有水稻土壤氮相对丰缺值与水稻钾转化率、水稻土壤钾相对丰缺值与水稻磷转化率、小麦土壤磷相对丰缺值与小麦钾转化率之间呈显著或极显著正相关，玉米没有一个是显著相关关系的，说明利用其他土壤养分丰缺值衡量肥料转化率不是普遍的规律。

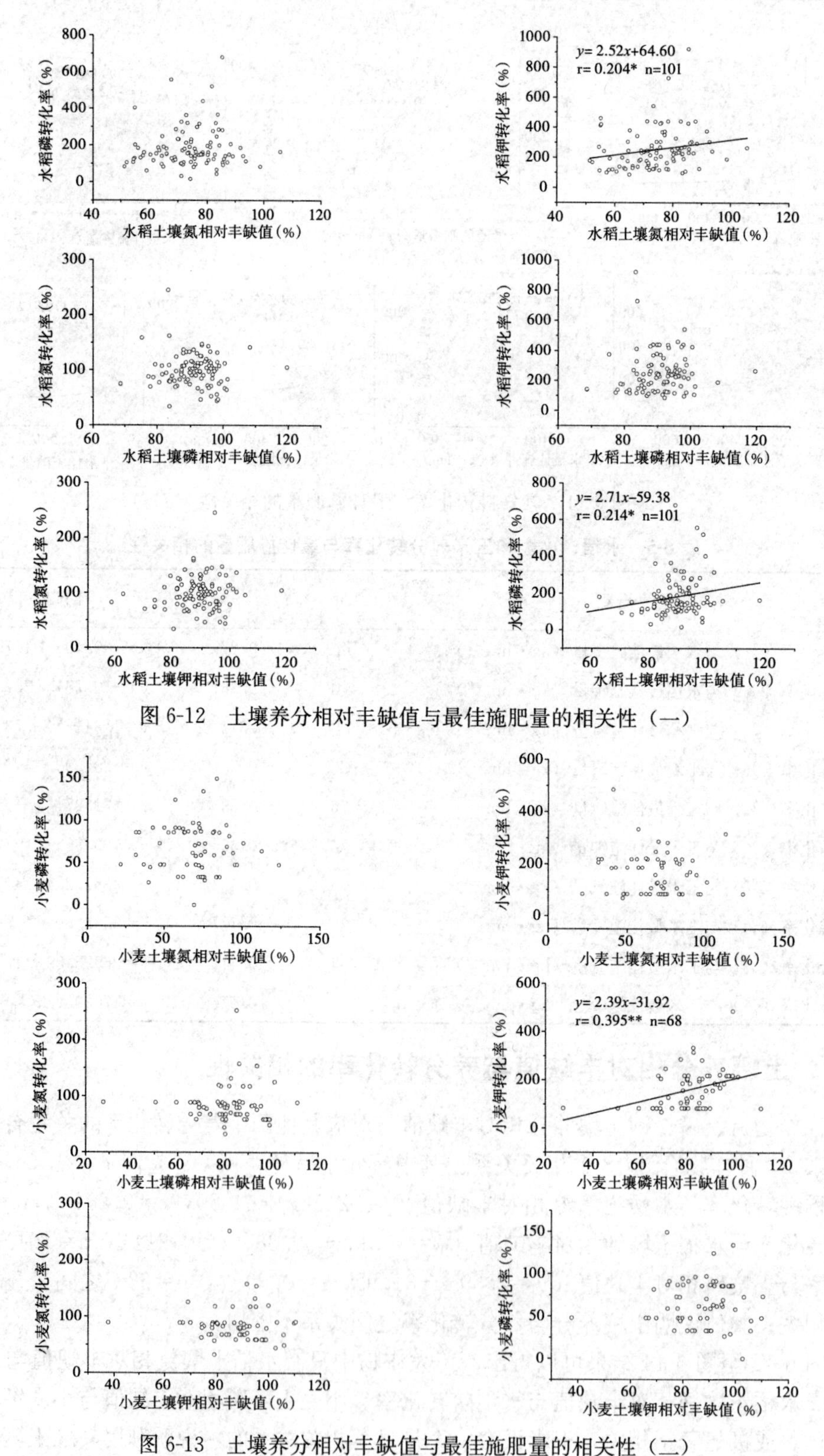

图 6-12　土壤养分相对丰缺值与最佳施肥量的相关性（一）

图 6-13　土壤养分相对丰缺值与最佳施肥量的相关性（二）

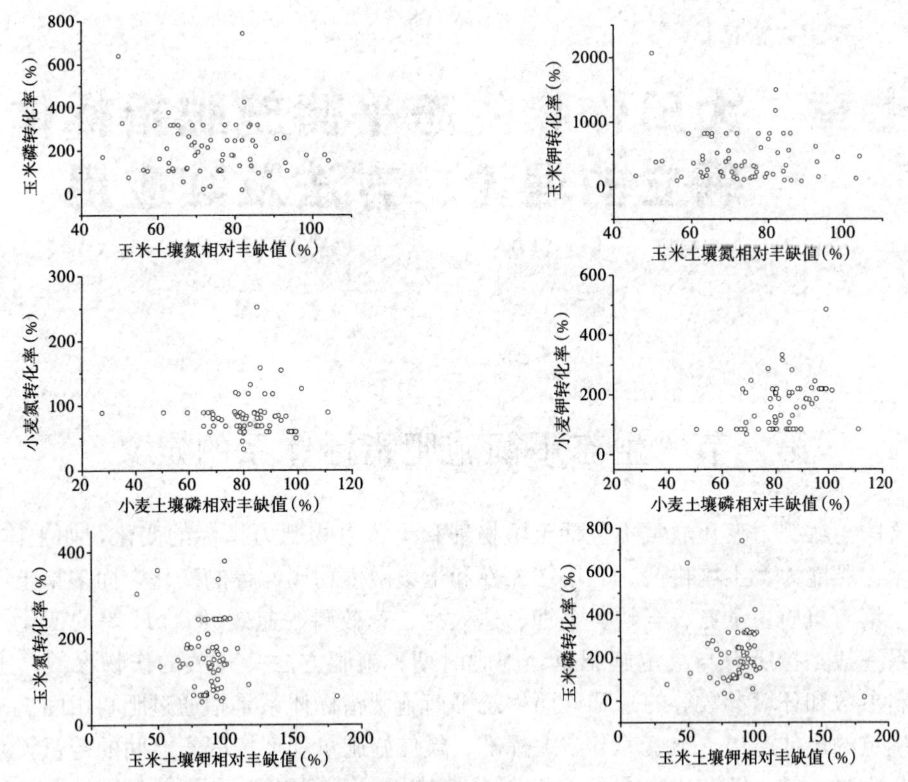

图 6-14　土壤养分相对丰缺值与最佳施肥量的相关性（三）

第三节　结　　论

①3 种作物中，只有水稻土壤氮和钾相对丰缺值可以作为最佳施氮量和最佳施钾量的重要参考；②根据养分转化率预测施肥量的方法科学和实用；③土壤养分相对丰缺值之间具有一致性；④最佳施肥量之间有些具有一致性；⑤养分转化率之间有些具有一致性；⑥土壤养分相对丰缺值与其他养分最佳施肥量之间多数呈负相关；⑦养分转化率与其他养分的最佳施肥量之间多数呈负相关。

参考文献

[1] 孙洪仁，赵雅晴，曾红，等．中国若干区域玉米土壤有效磷丰缺指标与适宜施磷量 [J]. 中国土壤与肥料，2017，2：26-34.

[2] Ferreira ADO，Sá JCDM，Clever B，ect. Corn genotype performance under black oat crop residues and nitrogen fertilization [J]. *Pesquisa Agropecuária Brasileira*，2009，44：173-179.

[3] 侯彦林，陈守伦．施肥模型研究综述 [J]. 土壤通报，2004，35（4）：493-501.

第七章　大田作物生态平衡施肥指标体系确立的理论、方法及其应用

第一节　生态平衡施肥指标体系的定义

狭义的土壤肥力变化通常不包括土壤物理和土壤生物肥力指标的变化，如土体结构、土壤保水保肥能力、土壤耕性、土壤缓冲性和土壤微生物属性等的变化，而多指土壤养分变化如土壤有机质、全氮、全磷、全钾、速效氮、速效磷、速效钾、pH 等的变化。施肥指标体系一般是指所有与决定施肥量、施肥时期、施肥方法等有关的作物参数、土壤参数、肥料参数和环境参数等的总和，而生态平衡施肥指标体系是指通过肥料田间试验和测土结果确定的最佳产量、土壤养分丰缺标准、最佳施肥量和环境因素之间的定量关系，并最终转化为氮、磷、钾和中微量元素纯养分的施用量、肥料种类（有机肥、化肥和生物肥）和不同肥料品种（如氮肥的不同品种如尿素、硫酸铵等）、施肥时期、每次施肥比例、施肥方式（穴施、条施、深施等）等组成的施肥方案，以此通过生态平衡施肥手段通过调节土壤养分平衡，达到作物吸收养分平衡和对环境零污染风险或污染风险很小，并在保持土壤肥力稳定或提高的前提下实现相对高产和优质的生态平衡施肥目的。由此可见，迄今为止的所有与施肥有关的实用技术都可以纳入到生态平衡施肥技术体系和指标体系之中，这一体系的实用性是生态平衡衡量施肥理论、方法和技术科学性的标志。

第二节　基于土壤速效养分和基于土壤全量养分的生态平衡施肥模型及其关系

一、基于土壤速效养分的生态平衡施肥模型

基于土壤速效养分的生态平衡施肥模型：

W_{in}（施肥量）$=W_{output}$（作物带走的养分）$+$［W_j（季后或多季后土壤有效养分含量）$-W_i$（季前或多季前土壤有效养分含量）］$+\Delta W$（肥料和土壤有效养分一季的变化量，与全量养分转化有关）

二、基于土壤全量养分的生态平衡施肥模型

基于土壤全量养分的生态平衡施肥模型：

W'_{in}（施肥量）$=W_{yield}$（作物带走的养分）+［W'_j（季后或多季后土壤全量养分含量）$-W'_i$（季前或多季前土壤全量养分含量）］$+W_{leave}$（一季或多季离开土体的肥料和土壤的全量养分量）。

三、基于土壤速效养分含量和基于土壤全量养分含量的生态平衡施肥模型的关系

由于 W_{in}（施肥量）$=W'_{in}$（施肥量）、$W_{output}=W_{yield}$，

设：$\Delta W'=(W_j-W_i)+\Delta W=(W'_j-W'_i)+W_{leave}$，

则两个模型可以用统一的表达式：$W_{in}(W'_{in})=W_{output}$（或 W_{yield}）$+\Delta W'$。

其中，W_{in}为最佳施肥量，W_{output}为与最佳施肥量对应的最佳产量带走的养分量，$\Delta W'$为最佳施肥量情况下的土壤—环境平衡参数，W_{output}/W_{in}为养分转化率；当 W_{output}/W_{in}小于 1.0 时，该值越小说明养分的转化率越低，肥料的利用率也越低；当 W_{output}/W_{in}等于 1.0 时，说明施入的肥料在一段时间内表观上 100%被作物吸收了；当 W_{output}/W_{in}大于 1.0 时，说明施入的肥料在一段时间内表观上 100%被作物吸收了，同时土壤里原有的养分也被作物吸收了一部分，其值越高说明土壤里的养分被作物吸收的越多，如土壤钾。

从以上推导过程和结果可以得出以下结论：基于土壤速效养分含量和基于土壤全量养分含量的两个生态平衡施肥模型通过转化率和最佳产量两个共同参数联系在一起；不同模型中的 $\Delta W'$含义不同。

第三节　生态平衡施肥指标体系核心参数及其确定方法

生态平衡施肥指标体系核心参数包括最佳产量、最佳施肥量、土壤养分丰缺指标和养分转化率。其中：推荐施肥时，地块的最佳施肥量是未知数，建模时试验获得的最佳施肥量是已经数据；推荐施肥时，养分转化率是通过待推荐地块与试验地块的综合土壤属性等的比对确定的。

一、最佳产量的确定

最佳产量的确定有 3 种方法。

（1）根据待推荐施肥地块与田间试验地块的诸多属相的相似性确定最佳产量的方法：将大量田间试验结果输入数据库，这些结果包括试验地的纬度、经度、高程、试验时间、土类名称、土种名称、土壤表层质地类型、土壤有机质含量、土壤全氮含量、土壤全磷含量、土壤全钾含量、土壤水解氮含量、土壤速效磷含量、土壤速效钾含量、pH、CEC、经常种植作物、最近 5 年有机肥施用情况、最近 5 年化肥施用情况；试验获得的最佳产量、最佳施氮量、最佳磷氮量、最佳施钾量等；待推荐施肥的地块至少要有推荐施肥时间、纬度、经度、高程、土类名称、土种名称、土壤表层质地类型、土壤水解氮含量、土壤速效磷含量、土壤速效钾含量、经常种植作物、最近 5 年有机肥施用情况、最近 5 年化肥施用情况，如果有土壤有机质含量、土壤全氮含量、土壤全磷含量、土壤全钾含量、pH、CEC 更好，根据待推荐施肥地块与田间试验地块信息诸多属相的相似性，找到最接

近于待推荐施肥地块的田间试验地块所对应的最佳产量，这个最佳产量具有田间试验所获得的数据特征。根据以上方法，同样可以确定待推荐地块的氮、磷、钾转化率。俗语说“远亲不如近邻”，判断与待推荐施肥地块各方面属性都比较接近的方法是找到距离最近的一些田间试验地块，从中优选。这种方法确定的地块最佳产量具有数据分析基础。

（2）根据农民经验确定最佳目标产量：由农民自己根据最近 3～5 年该作物在该地块或相似地块上的最高产量确定最佳目标产量，这个最佳产量具有地块特征，可以以此为基础再增加 10%的产量作为最佳产量。

（3）根据多年类似地块平均产量确定最佳产量：由农民自己根据最近 3～5 年周边类似地块平均产量确定最佳产量，这个最佳平均产量具有区域性特征。

可以根据以上 3 种方法中的任何一种或取 2～3 种方法的平均值作为最佳产量。当最佳产量确定后，再根据百千克籽粒养分带走量计算 N 或 P_2O_5 或 K_2O 的带走量，即：

W_{yield}（最佳产量带走养分量）＝最佳产量/100＊百千克籽粒养分带走量。

二、最佳施肥量确定方法的研究

图 7-1 是将三大作物的最佳施肥量与转化率关系的结果，从中可以看出：①三大作物同为禾本科作物，转化率随最佳施肥量变化趋势一致，即氮、磷、钾转化率都随最佳氮、磷、钾施用量增加而降低，呈极显著的负相关，并且相关系数很大，这就为根据养分转化率预测施肥量提供了定量依据，然而预测的精度是否足够高需要进行研究；②与水稻和小麦为 C3 作物相比，玉米为 C4 作物光合作用强，同样施肥量情况下，玉米 N、P（K 除外）转化率高、水稻中等、小麦最低；就平均产量而言，玉米和水稻相当，小麦最低，也是造成曲线差异的原因之一。所以，玉米曲线在上，小麦在下，水稻在中间（钾在最上，说明水稻钾转化率更高）。

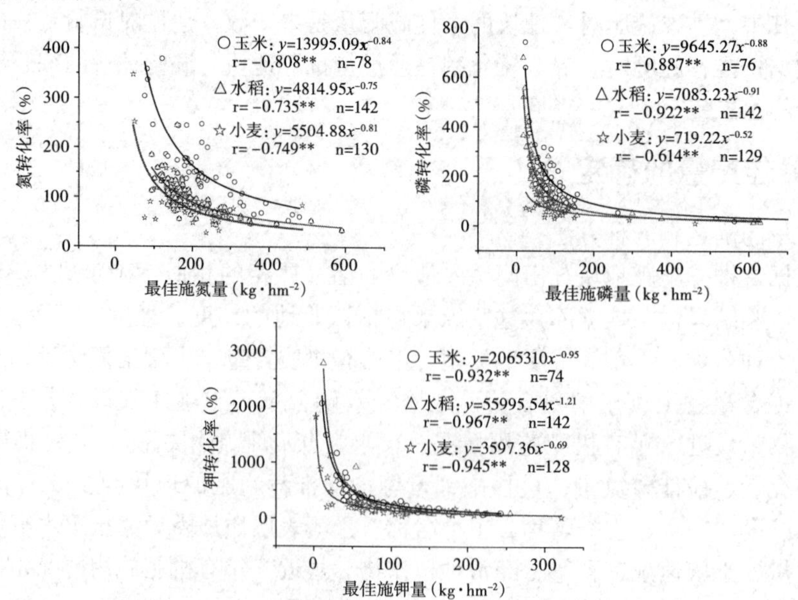

图 7-1　水稻、小麦、玉米最佳施肥量与养分转化率关系

第四节　根据养分转化率计算推荐施肥量的误差及其分析

一、根据养分转化率计算推荐施肥量的误差及其分析

通过养分转化率与最佳施肥量之间的函数关系，可以对建模数据进行自回归预测，预测出同样转化率情况下同其对应的最佳产量的求出最佳施肥量。

根据养分转化率通过以上函数关系确定最佳施肥量，然后和自回归中的田间试验确定的最佳施肥量做比较，计算出预测的误差，再研究预测误差的分布规律，如果误差有规律就可以通过这种规律进行系统的修正，以提高预测最佳施肥量的精度。

经过反复试算，确定的最佳算法和步骤如下：

（1）首先由用户从数据相似地块比对中确定养分转化率，由图 7-2 中的实际最佳施肥量与养分转化率的关系，反推求出预测最佳施肥量 $\hat{y}_{预测最佳施肥量}$，见式（7-1）。

$$\hat{y}_{预测最佳施肥量}=\mathrm{f}（养分转化率）\tag{7-1}$$

（2）求出预测最佳施肥量与实际最佳施肥量的差值 Δy，见式（7-2）。

$$\begin{aligned}\Delta y &=\mathrm{f}（预测最佳施肥量，实际最佳施肥量）\\ &=预测最佳施肥量-实际最佳施肥量\end{aligned}\tag{7-2}$$

（3）由差值 Δy 与实际产量的拟合方程反推求出差值 $\Delta y'$，见式（7-3）。

$$\Delta y'=\mathrm{f}（实际最佳产量）\tag{7-3}$$

（4）由 $\hat{y}_{预测最佳施肥量}$ 与差值 $\Delta y'$ 求出 $\hat{y}_{预测最佳施肥量}$，见式（7-4）。

$$\hat{y}_{预测最佳施肥量}=\mathrm{f}（\hat{y}_{预测最佳施肥量}，差值\,\Delta y'）=\hat{y}_{预测最佳施肥量}+差值\,\Delta y'\tag{7-4}$$

（5）由 $\hat{y}_{预测最佳施肥量}$ 与实际最佳施肥量求出经过第一次修正后的误差（first amended error of fertilizer，E_{f1}），见式（7-5）。

$$\begin{aligned}E_{f1}&=\mathrm{f}（\hat{y}_{预测最佳施肥量}，实际最佳施肥量）\\ &=（\hat{y}_{预测最佳施肥量}-实际最佳施肥量）/实际最佳施肥量\times100\%\end{aligned}\tag{7-5}$$

（6）由 E_{f1} 再与养分转化率的拟合方程反推求出修正施肥预测误差（predictive amended error of fertilizer，$E_{f预测}$），见式（7-6）。

$$E_{f预测}=\mathrm{f}（养分转化率）\tag{7-6}$$

（7）最终预测施肥量 $\hat{y}_{最终预测施肥量}$ 由 $\hat{y}_{预测最佳施肥量}$ 与修正施肥预测误差 $E_{f预测}$ 求出，见式（7-7）。

$$\hat{y}_{最终预测施肥量}=\mathrm{f}（\hat{y}_{预测最佳施肥量}，施肥预测误差）=\hat{y}_{预测最佳施肥量}/（1+E_{f预测}）\tag{7-7}$$

（8）最终误差由最终预测需肥量 $\hat{y}_{最终预测施肥量}$ 与实际最佳施肥量求出，见（7-8）。

$$\begin{aligned}E_{f最终}&=\mathrm{f}（\hat{y}_{最终预测施肥量}，实际最佳施肥量）\\ &=(最终预测的最佳施肥量-实际最佳施肥量)/实际最佳施肥量\times100\%\end{aligned}\tag{7-8}$$

本著在计算误差前对施肥量过低，产量过低及过高的样本进行了剔除，但删除数据不超过事先规定的总样本的 5%，为了确保施肥预测方法的系统性，无论修正效果好坏均按以上步骤进行误差修正。

二、水稻施肥量预测误差分析

图 7-2 中第一列的 3 张图是水稻养分转化率（x）与最佳施肥量（y）的函数关系；第二列的 3 张图是通过养分转化率（x）与最佳施肥量（y）的函数关系预测的水稻最佳氮、磷、钾的最佳施肥量误差与水稻最佳产量的函数关系；第三列的 3 张图是通过最佳施肥量预测误差（x）与最佳产量（y）的函数关系预测的水稻最佳氮、磷、钾的误差与氮、磷、钾转化率之间的函数关系。图 7-2 建立了两个误差修正函数，第一次使用最佳产量修正、第二次使用转化率修正，这 2 个参数都是事先通过待测地块与试验地块的综合比对方法确定的。植物营养学建立在试验基础上，任何施肥参数都必须经过田间试验验证和确定后才能使用，可见最佳产量和对应的转化率在生态平衡施肥推荐最佳施肥量方面的重要性。

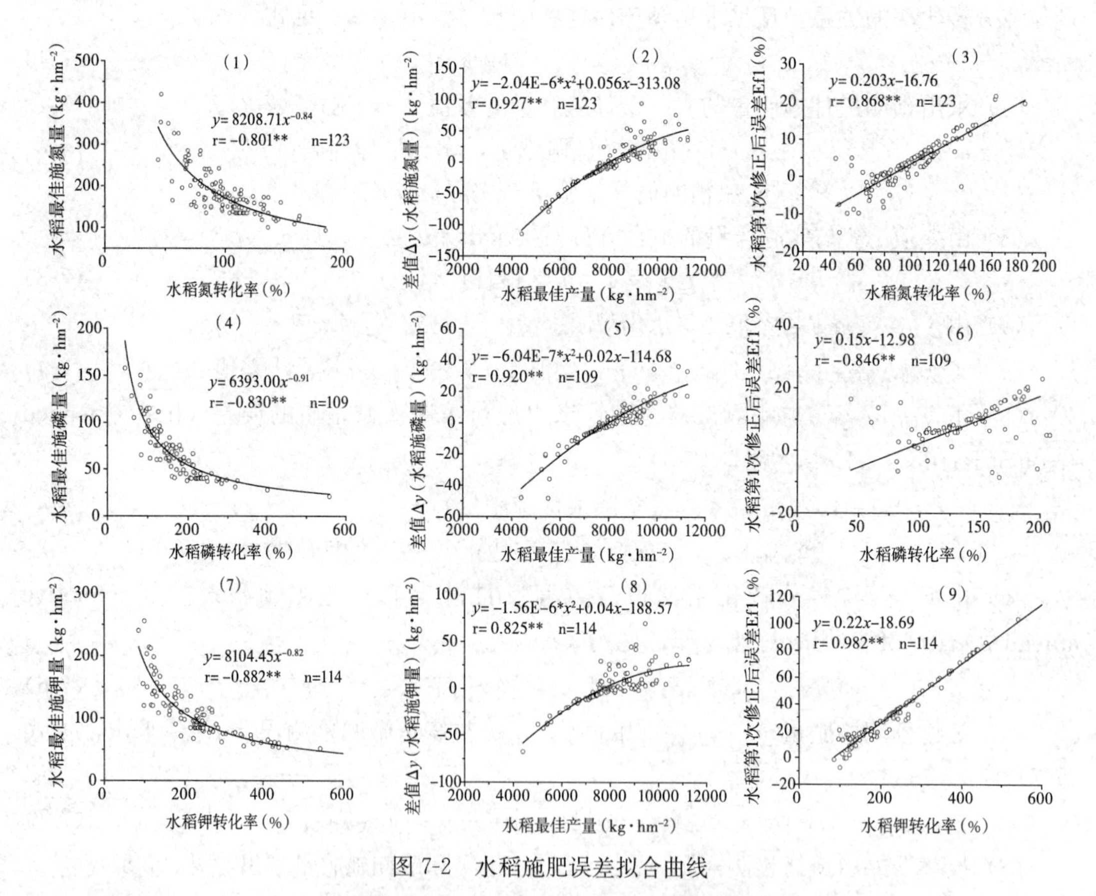

图 7-2　水稻施肥误差拟合曲线

应用以上研究方法对水稻氮、磷、钾最佳施肥量的预测过程和结果见图 7-3、图 7-4、图 7-5。结果表明：第一次误差修正很大程度上提高了预测精度，第二次误差修正又一次提高了精度，总体而言，中间产量的误差小，产量偏高和偏低的误差略大。

由表 7-1 可知，施氮量预测误差经过两次修正后，得到很大的提高，差异极显著；施磷量和施钾量的最终修正误差较第一次修正误差有很大的提高，差异极显著。

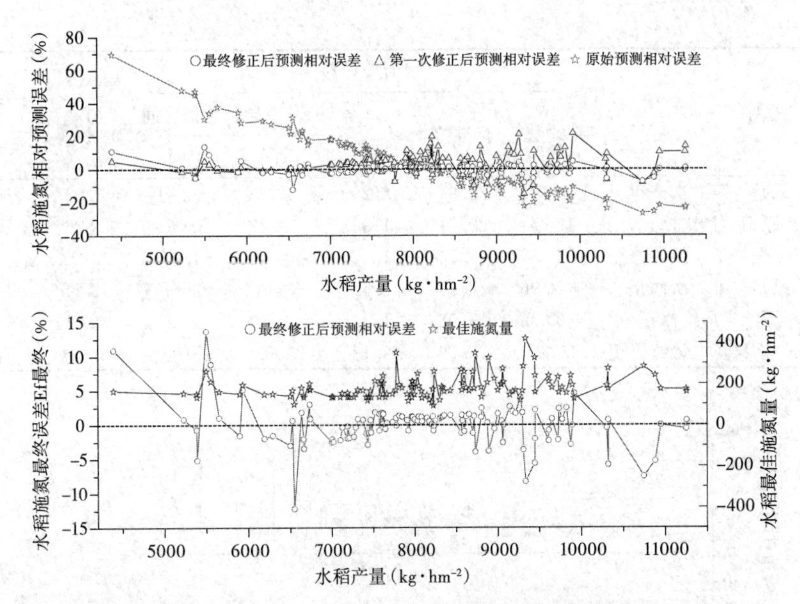

图 7-3　水稻最佳施氮量预测相对误差及与最佳产量、最佳施氮量关系

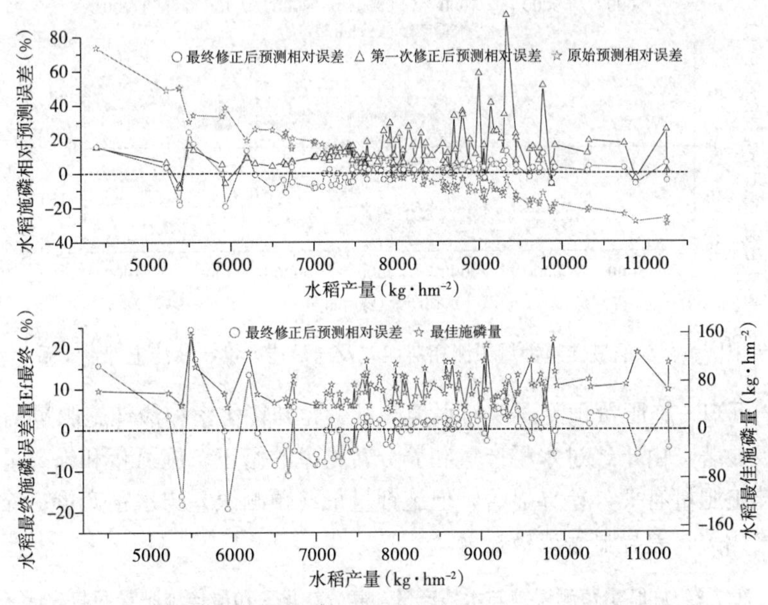

图 7-4　水稻最佳施磷量预测相对误差及与最佳产量、最佳施磷量关系

表 7-1　水稻施肥量预测相对误差成对样本检验

误差对组		成对差异数					T	样本数（个）	显著性（双尾）
		平均数	标准差	标准差均值	95%差异数置信区间				
					下限	上限			
施氮量预测	原始—第一次修正	−0.55	18.47	1.66	−3.84	2.75	−0.329	123	0.742
	原始—最终修正	2.90	16.98	1.53	−0.13	5.93	1.892	123	0.061
	第一次修正—最终修正	3.45	5.35	0.48	2.49	4.40	7.147	123	0.000

（续）

误差对组		成对差异数					T	样本数（个）	显著性（双尾）
		平均数	标准差	标准差均值	95%差异数置信区间				
					下限	上限			
施磷量预测	原始—第一次修正	−11.05	23.91	2.29	−15.59	−6.51	−4.827	109	0.000
	原始—最终修正	1.62	20.21	1.94	−2.22	5.46	0.836	109	0.405
	第一次修正—最终修正	12.67	11.74	1.12	10.44	14.90	11.265	109	0.000
施钾量预测	原始—第一次修正	−32.96	27.94	2.62	−38.14	−27.77	−12.596	114	0.000
	原始—最终修正	−0.10	13.98	1.31	−2.70	2.49	−0.079	114	0.937
	第一次修正—最终修正	32.85	22.79	2.13	28.63	37.08	15.394	114	0.000

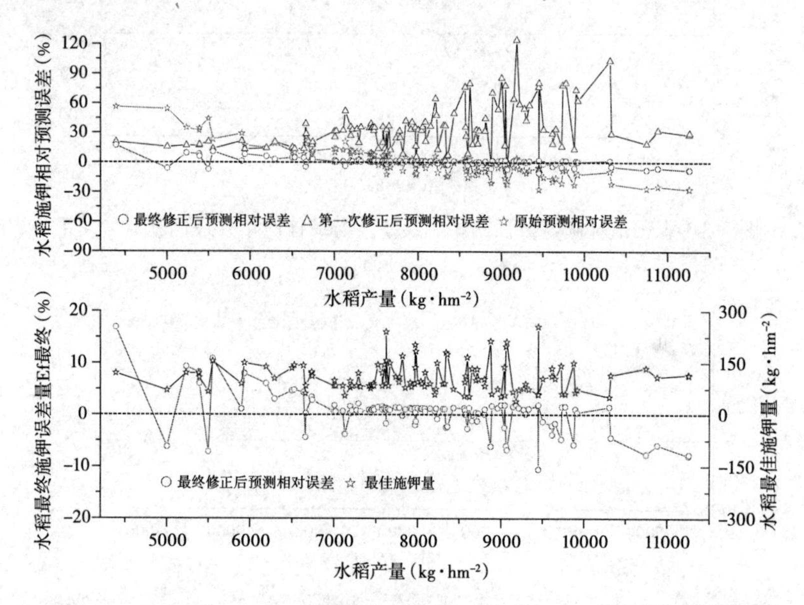

图 7-5 水稻最佳施钾量预测相对误差及与最佳产量、最佳施钾量关系

由表 7-2 可知，施肥量预测误差与水稻产量、养分转化率和最佳施肥量的回归显著性差异显著或极显著，由于经过水稻产量和养分转化率的修正，施氮量和施磷量的最终预测误差仅与最佳施肥量有关，差异显著，但施钾量最终预测误差与水稻产量、养分转化率和最佳施钾量均相关，差异显著或极显著。

表 7-2 施肥量预测误差与水稻产量、养分转化率和最佳施肥量回归分析

回归式	项目	水稻产量 k1	肥料转化率 k2	最佳施肥量 k3	a	r	样本数（个）	回归显著性
施氮量最终预测误差	非标准化系数	0.000	−0.056	−0.032	8.98	0.293	123	0.013
	T 检验显著性	0.480	0.057	0.023	0.003	—	—	—
施磷量最终预测误差	非标准化系数	0.000	0.039	0.142	−13.60	0.374	109	0.001
	T 检验显著性	0.576	0.011	0.000	0.002	—	—	—
施钾量最终预测误差	非标准化系数	−0.002	0.011	−0.003	14.48	0.650	114	0.000
	T 检验显著性	0.000	0.085	0.828	0.000	—	—	—

水稻最佳施氮量平均预测误差分别为：原始预测相对误差平均为 13.64％、第一次修正后预测相对误差平均为 4.95％、最终修正后预测相对误差平均为 1.97％。

水稻最佳施磷量平均预测误差分别为：原始预测相对误差平均为 13.52％、第一次修正后预测相对误差平均为 13.89％、最终修正后预测相对误差平均为 4.38％。

水稻最佳施钾平均预测误差分别为：原始预测相对误差平均为 11.82％、第一次修正后预测相对误差平均为 33.40％、最终修正后预测相对误差平均为 2.53％。

三、小麦施肥量预测误差分析

图 7-6 中第一列的 3 张图是小麦养分转化率（x）与最佳施肥量（y）的函数关系；第二列的 3 张图是通过转化率（x）与最佳施肥量（y）的函数关系预测的小麦最佳氮、磷、钾的最佳施肥量误差与小麦最佳产量的函数关系；第三列的 3 张图是通过产量误差（x）与最佳产量（y）的函数关系预测的小麦最佳氮、磷、钾的误差与氮、磷、钾转化率之间的函数关系。

应用以上研究方法对小麦氮、磷、钾最佳施肥量的预测过程和结果见图 7-7、图 7-8 和图 7-9。结果表明：第一次误差修正很大程度上提高了预测精度，第二次误差修正又一次提高了精度，总体而言，中间产量的误差小，产量偏高和偏低的误差略大。

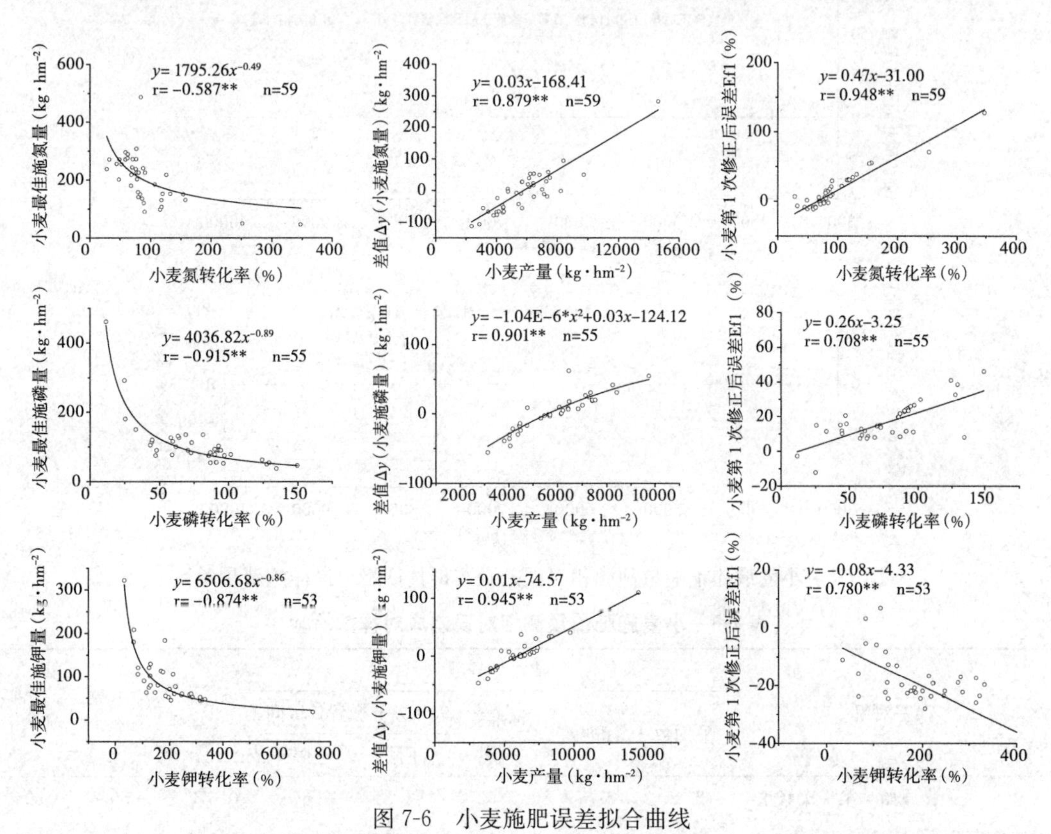

图 7-6　小麦施肥误差拟合曲线

由表 7-3 可知，施氮量预测误差经过两次修正后，得到很大的提高，差异极显著；施磷量和施钾量的最终修正误差较第一次修正误差有很大的提高，差异极显著。

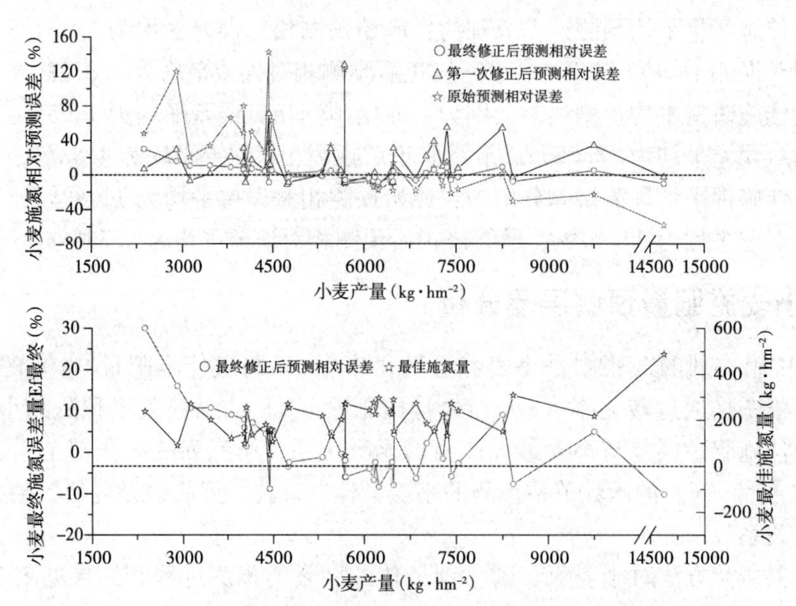

图 7-7　小麦最佳施氮量预测相对误差及与最佳产量、最佳施氮量关系

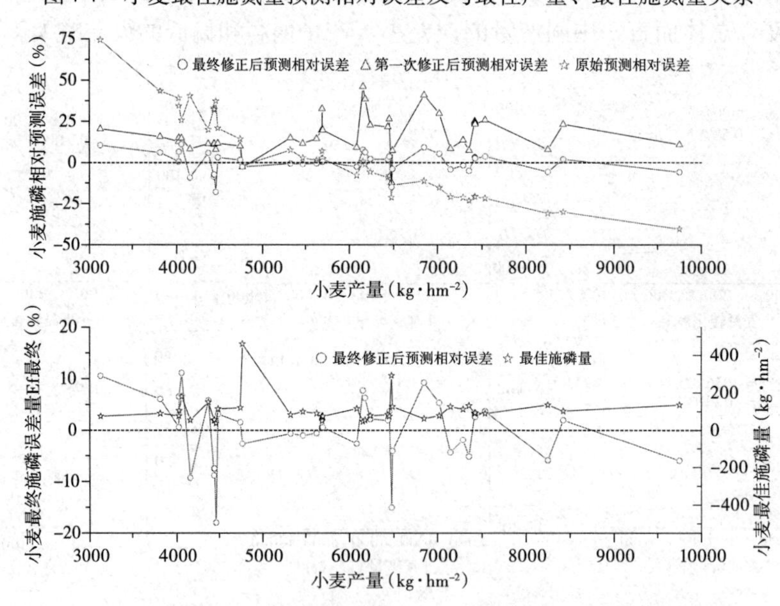

图 7-8　小麦最佳施磷量预测相对误差及与最佳产量、最佳施磷量关系

表 7-3　小麦施肥量预测相对误差成对样本检验

误差对组		成对差异数					T	样本数（个）	显著性（双尾）
		平均数	标准差	标准差均值	95%差异数置信区间				
					下限	上限			
施氮量预测	原始—第一次修正	2.43	27.79	3.62	−4.81	9.67	0.672	59	0.504
	原始—最终修正	11.54	34.89	4.54	2.45	20.63	2.540	59	0.014
	第一次修正—最终修正	9.11	22.77	2.96	3.17	15.04	3.072	59	0.003

（续）

误差对组		成对差异数					T	样本数（个）	显著性（双尾）
		平均数	标准差	标准差均值	95%差异数置信区间				
					下限	上限			
施磷量预测	原始—第一次修正	−42.67	46.73	6.30	−55.30	−30.03	−6.772	55	0.000
	原始—最终修正	−0.43	28.98	3.91	−8.26	7.41	−0.109	55	0.913
	第一次修正—最终修正	42.24	32.79	4.42	33.37	51.10	9.552	55	0.000
施钾量预测	原始—第一次修正	25.52	24.63	3.38	18.73	32.31	7.544	53	0.000
	原始—最终修正	4.90	25.01	3.44	−1.99	11.79	1.426	53	0.160
	第一次修正—最终修正	−20.62	7.05	0.97	−22.56	−18.68	−21.296	53	0.000

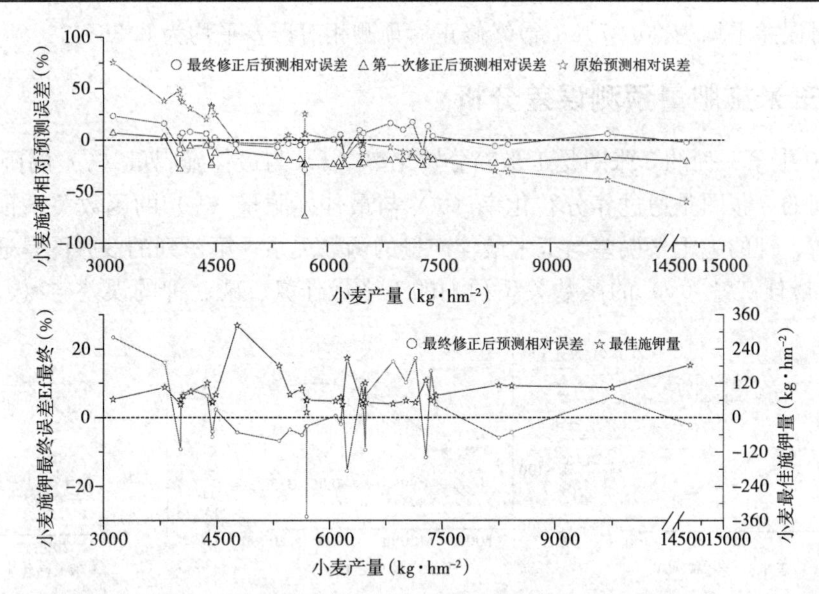

图 7-9　小麦最佳施钾量预测相对误差及与最佳产量、最佳施钾量关系

由表 7-4 可知，小麦施氮量预测误差与小麦产量、养分转化率和最佳施肥量的回归显著性差异极显著，由于经过小麦产量和养分转化率的修正，施磷量和施钾量的最终预测误差与小麦产量、养分转化率和最佳施肥量均不相关，差异不显著，虽然经过第二次误差修正误差并没有降低，但是也没有增大，为了建立系统的程序化的方法，氮、磷、钾修正方法最好一致，所以保留磷和钾的第二次误差修正。

表 7-4　小麦施肥量预测误差与小麦产量、养分转化率和最佳施肥量回归分析

回归式	项目	水稻产量 k1	养分转化率 k2	最佳施肥量 k3	a	r	样本数（个）	回归显著性
施氮量最终预测误差	非标准化系数	0.000	−0.088	−0.095	25.85	0.691	59	0.000
	T 检验显著性	0.552	0.002	0.000	0.000	—	—	—
施磷最终预测误差	非标准化系数	0.000	0.115	0.024	−11.79	0.323	55	0.129
	T 检验显著性	0.986	0.042	0.292	0.051	—	—	—

（续）

回归式	项目	水稻产量 k1	养分转化率 k2	最佳施肥量 k3	a	r	样本数（个）	回归显著性
施钾最终预测误差	非标准化系数	0.001	−0.041	−0.086	9.86	0.397	53	0.037
	T 检验显著性	0.195	0.009	0.008	0.056	—	—	—

小麦最佳施氮量平均预测误差分别为：原始预测相对误差平均为 26.85%、第一次修正后预测相对误差平均为 15.76%、最终修正后预测相对误差平均为 6.15%。

小麦最佳施磷量平均预测误差分别为：原始预测相对误差平均为 19.11%、第一次修正后预测相对误差平均为 42.65%、最终修正后预测相对误差平均为 4.37%。

小麦最佳施钾平均预测误差分别为：原始预测相对误差平均为 18.34%、第一次修正后预测相对误差平均为 20.97%、最终修正后预测相对误差平均为 6.36%。

四、玉米施肥量预测误差分析

图 7-10 中第一列的 3 张图是玉米养分转化率（x）与最佳施肥量（y）的函数关系。

第一列的 3 张图是通过养分转化率（x）与最佳施肥量（y）的函数关系预测的玉米最佳氮、磷、钾的施肥量误差与玉米最佳产量的函数关系；第三列的 3 张图是通过产量误差（x）与最佳产量（y）的函数关系预测的玉米最佳氮、磷、钾的误差与氮、磷、钾转

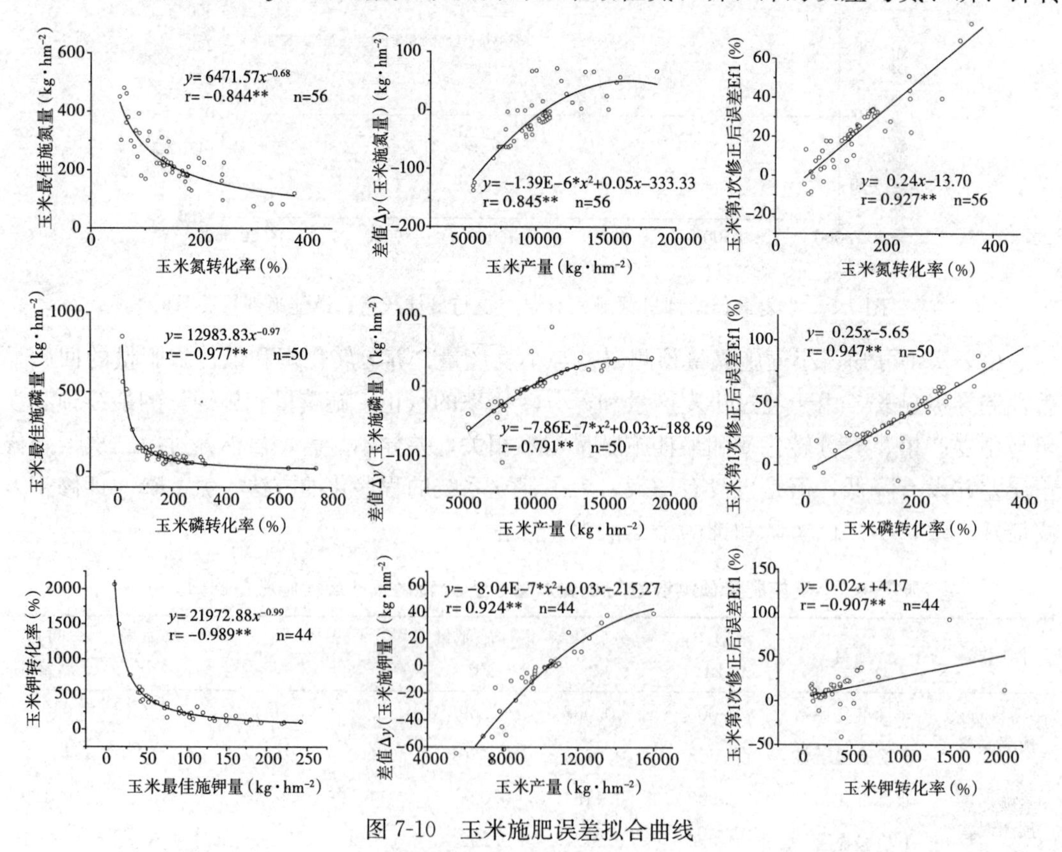

图 7-10　玉米施肥误差拟合曲线

化率之间的函数关系。

应用以上研究方法对玉米氮、磷、钾最佳施肥量的预测过程和结果见图 7-11、图 7-12和图 7-13。结果表明：第一次误差修正很大程度上提高了预测精度，第二次误差修正又一次提高了精度，总体而言，中间产量的误差小，产量偏高和偏低的误差略大。

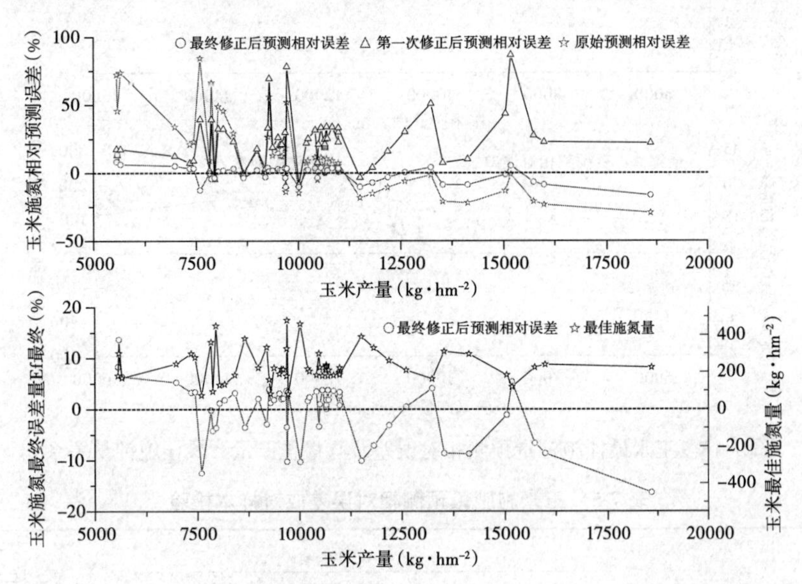

图 7-11　玉米最佳施氮量预测相对误差及与最佳产量、最佳施氮量关系

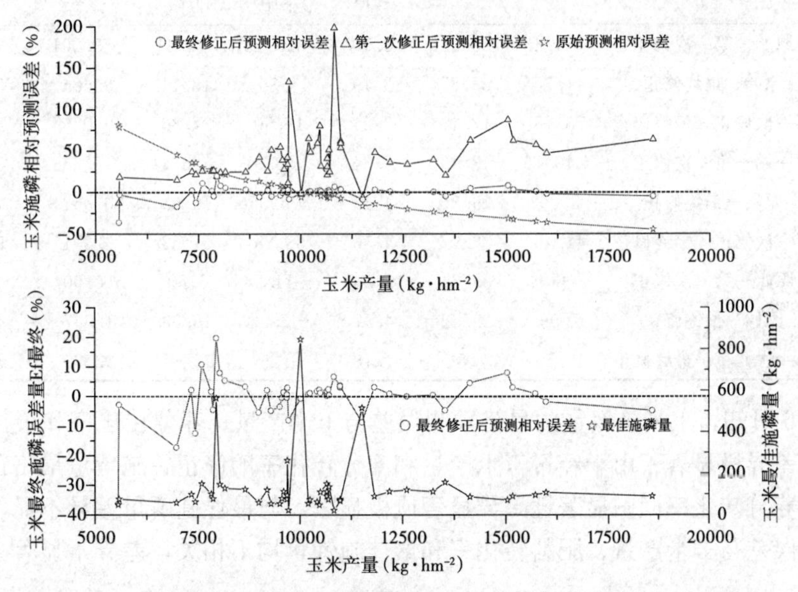

图 7-12　玉米最佳施磷量预测相对误差及与最佳产量、最佳施磷量关系

由表 7-5 可知，施氮量预测误差经过两次修正后，得到很大的提高，差异极显著；施磷量的最终修正误差较第一次修正误差有很大的提高，差异极显著。施钾量的最终修正误差与第一次修正误差差异极显著。

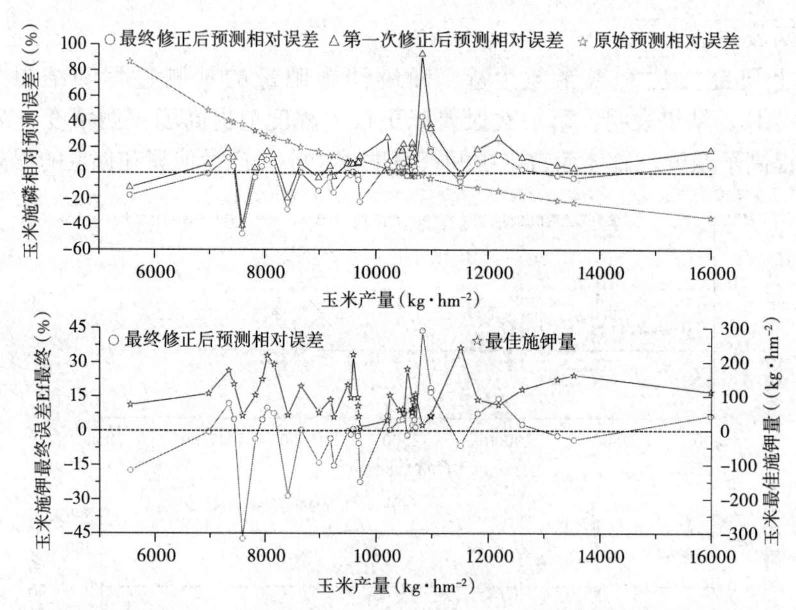

图 7-13　玉米最佳施钾量预测相对误差及与最佳产量、最佳施钾量关系

表 7-5　玉米施肥量预测相对误差成对样本检验

误差对组		成对差异数					T	样本数（个）	显著性（双尾）
		平均数	标准差	标准差均值	95%差异数置信区间 下限	95%差异数置信区间 上限			
施氮量预测	原始—第一次修正	−11.43	26.23	3.50	−18.45	−4.41	−3.261	56	0.002
	原始—最终修正	11.75	23.85	3.19	5.36	18.14	3.686	56	0.001
	第一次修正—最终修正	23.18	17.47	2.34	18.50	27.86	9.926	56	0.000
施磷量预测	原始—第一次修正	−40.16	48.40	6.84	−53.91	−26.41	−5.868	50	0.000
	原始—最终修正	2.29	29.36	4.15	−6.05	10.63	0.552	50	0.584
	第一次修正—最终修正	42.45	32.27	4.56	33.28	51.62	9.301	50	0.000
施钾量预测	原始—第一次修正	−4.54	33.34	5.03	−14.68	5.59	−0.904	44	0.371
	原始—最终修正	7.09	29.62	4.47	−1.92	16.09	1.587	44	0.120
	第一次修正—最终修正	11.63	7.84	1.18	9.25	14.01	9.839	44	0.000

由表 7-6 可知，玉米施氮量的最终预测误差与玉米产量、养分转化率和最佳施肥量的回归显著性差异极显著，由于经过玉米产量和养分转化率的修正，施磷量最终预测误差与玉米产量、养分转化率回归显著性差异显著或极显著，与最佳施磷量差异不显著，施钾量的最终预测误差与玉米产量、肥料转化率和最佳施钾量均不相关，差异不显著。

表 7-6　玉米施肥量预测误差与玉米产量、养分转化率和最佳施肥量回归分析

回归式	项目	水稻产量 k1	养分转化率 k2	最佳施肥量 k3	a	r	样本数（个）	回归显著性
施氮最终预测误差	非标准化系数	0.00	−0.04	−0.05	24.30	0.705	56	0.000
	T 检验显著性	0.032	0.010	0.000	0.000	—	—	—

（续）

回归式	项目	水稻产量 k1	养分转化率 k2	最佳施肥量 k3	a	r	样本数（个）	回归显著性
施磷最终预测误差	非标准化系数	0.00	0.00	0.01	−7.50	0.278	50	0.290
	T检验显著性	0.141	0.803	0.316	0.121	—	—	—
施钾最终预测误差	非标准化系数	0.00	0.00	0.03	−26.82	0.346	44	0.160
	T检验显著性	0.040	0.552	0.518	0.035	—	—	—

玉米最佳施氮量平均预测误差分别为：原始预测相对误差平均为19.61%、第一次修正后预测相对误差平均为23.83%、最终修正后预测相对误差平均为4.26%。

玉米最佳施磷量平均预测误差分别为：原始预测相对误差平均为18.14%、第一次修正后预测相对误差平均为43.19%、最终修正后预测相对误差平均为4.59%。

玉米最佳施钾平均预测误差分别为：原始预测相对误差平均为15.52%、第一次修正后预测相对误差平均为16.22%、最终修正后预测相对误差平均为9.12%。

五、土壤养分丰缺指标的使用

以养分转化率为核心的最佳施肥量的计算方法中没有直接涉及到土壤全量养分含量或速效养分含量，这是因为土壤养分的贡献通过作物吸收后体现在养分转化率之中了。在生态平衡施肥指标体系中，当某类土壤N或P_2O_5或K_2O含量超过不需要施肥的丰缺指标值后，可以确定暂时不需要施用该类养分的肥料，至少可以减少或少施该类养分的肥料。

通过以上专栏论文可以初步得出如下结论：没有与生态平衡施肥相对应的土壤养分相对丰缺指标的划分方法和标准，因为土壤养分与肥料利用率、养分转化率、最佳施肥量以及最佳产量之间没有一个稳定的定量关系；同时也得出养分转化率在内涵上是肥料利用率的累计，同时也包括土壤养分的贡献。为了适应定量施肥的要求，现定义养分转化率为生态平衡施肥的养分综合（丰缺）指标，它是通过肥料田间试验获得的土壤和肥料共同提供养分的容量指标，这一指标在生产实践中不再要求区分土壤和肥料养分的各自贡献。重要创新在于：一是实践中除了示踪方法外难以区分土壤和肥料养分的各自贡献；二是即使能区分，某种程度上是把土壤养分和肥料养分对立起来，而实际上肥料养分一旦施入土壤后（至少从下一个季节开始）就是土壤中的养分了，只有将二者纳入一个体系考虑才能实现二者的养分对作物、对环境、甚至对肥力自身都友好；三是肥料利用率或养分转化率是随土壤属性、肥料施入量等诸多属性变化而变化的，即使将两类养分纳入一个体系进行研究也是相当复杂的巨系统，这已经是最接近生产实践的情况了。

六、养分转化率是施肥模型的核心参数

养分转化率成为基于速效养分含量和基于全量养分含量两个模型的共同参数，而$\Delta W'$是两个模型其他参数的综合，在不同模型中所体现的内涵不同，即$\Delta W'=(W_j-W_i)+\Delta W=(W_j'-W_i')+W_{leave}$；科学施肥就是要确定每块地的最佳施肥量，这时$\Delta W'$一定是与最佳施肥量对应的最佳参数；而养分转化率的内涵是包括了土壤养分的提供量，如果能够科学地确定每块地的养分转化率，再结合最佳产量也就等于确定了最佳施肥量。

七、最佳产量和养分转化率是确定最佳施肥量的关键参数

区域或同类地块或某地块的最佳产量和养分转化率的确定直接关系到所对应的最佳施肥量的确定，以上 2 个参数的科学的确定方法是基于按区域按土壤特性按作物等进行大量的长期的田间试验，在此基础上进行一定数量的土壤养分测定，再结合土壤属性等的空间分析，就可以基本上能够确定区域或同类地块或某地块的最佳产量和养分转化率了。

八、基于养分转化率的推荐最佳施肥量模型

通过以上综合分析，可以确定基于养分转化率的推荐最佳施肥量模型，包括：①根据建立的养分转化率与最佳施肥量模型预测最佳施肥量；②然后根据建立的最佳施肥量预测误差与最佳产量模型确定第一次最佳施肥量修正函数和参数（由最佳产量进行修正）；③再根据建立的经过第一次修正后的最佳施肥量误差与养分转化率模型确定第二次最佳施肥量修正函数和参数（由养分转化率进行修正）；④最后获得经过两次修正的最终最佳施肥量的预测值。

九、两次预测误差修正的原因分析

限于缺少数据原因，本著所使用的水稻、小麦、玉米的百千克籽粒养分带走量或需求量是平均含义下的固定参数，在低产时这个参数偏高，高产时偏低，这是因为除如烟草、西瓜等品质作物外，绝大多数作物特别是大田作物的百千克籽粒养分带走量或需求量都是随着作物产量的增加而缓慢地增加的[1]，在建立模型时，这部分误差被包含在诸如 a、b、c 等模型参数中了。而在自回归预测时，这部分误差就成了系统性的误差，所以有以上第一次预测误差随产量增加而有规律性地减少的趋势，即产量高时预测的最佳施肥量计算少了，误差就是负的，产量越高负误差越大，反之亦然。

第二次修正是基于养分转化率进行的，通过本著的综合分析，养分转化率为作物带走的养分量与最佳施肥量的比值，由于以上原因，高产时养分带走量预测少了，转化率被低估了，被低估的结果是最佳施肥量预测少了，误差应该是负的；反之低产时养分带走量预测多了，转化率被高估了，被高估的结果是最佳施肥量预测多了，误差应该是正的。

十、关于生态平衡施肥养分综合（丰缺）指标

生态平衡施肥养分综合（丰缺）指标是在实践上通过肥料田间试验获得的土壤和肥料共同提供养分的参数，这一参数随天、地、人、空间和时间等条件变化而变化，但是就某一个地点或区域，通过稍长时间的定位试验或连续试验或一定数量的试验，基本可以确定这一参数的变动范围；其次它在理论上是通过基于有效养分和全量养分两种模型方法而确定的施肥参数，并与养分离土率和肥料培肥率一起构成养分的 3 个去向的 3 个参数；最后实践上要求养分转化率、养分离土率和肥料培肥率 3 者的协调统一，从而实现高产、优质、最佳经济效益、土壤肥力保持和减轻肥料面源污染五方面的协调统一的生态平衡施肥目的。

养分转化率也是表观肥料转化率，既是衡量肥效大小的参数，也是衡量养分丰缺的参

数，还是指导施肥多少的参数。它由肥料田间试验获得，来自于田间试验后再应用于指导田间施肥。当其为100%或1.00时，说明一段时间内施入的养分和作物带走的养分是平衡的，这时理论上肥料培肥率接近于0即土壤养分保持平衡状态，养分离土率理论上最小；当其大于100%或1.00时，说明一段时间内作物带走的养分多于施入的养分，土壤养分是净消耗状态如多数地区钾的当前情况，这时理论上肥料培肥率是负的，养分离土率理论上也不大或很大，如果是消耗土壤现有养分的情况就不大，如果是通过施肥维持土壤养分高含量状态就很大；当其小于100%或1.00时，说明一段时间内作物带走的养分少于施入的养分，土壤养分是净积累或肥料养分处于大量损失阶段，这时肥料培肥率一般应该不是负的，养分离土率理论上也不大，其大小主要取决于具体地块和土壤的主要属性如地貌、土壤质地、有机质含量等；当其小于100%或1.00时并且很小时，说明土壤综合肥力不高或存在肥效发挥的限制因素或施肥方法不当，要因地制宜综合考虑施肥和改土策略。

本著属于数据挖掘工作，在今后的数据分析中，如果能够获得养分转化率（通过长期定位试验或普通试验中土壤全量养分不减少情况下获得）、肥料当季利用率（通过普通试验差减法或示踪试验获得）、多年平均利用率（通过长期定位试验获得）和多年累计利用率（通过长期定位试验或示踪试验获得），就可以从理论上有效地分离出肥料养分和土壤养分各自对作物、肥力、损失的贡献了，可以更好地解释肥料养分表观利用率和土壤养分表观贡献率，特别是从定量化角度解析生态平衡施肥理论和模型的科学性和实用性。作者之前的研究从一定程度上证明了以养分转化率为核心计算方法的生态平衡施肥参数的科学性和实用性[2-6]。

第五节　结　　论

（1）基于养分转化率的最佳施肥量预测模型系统包括3个模型，后2个模型主要对施肥参数进行系统修正。

（2）养分转化率和最佳产量是模型的核心参数，依据区域或同类地块或某地块与试验地块的综合比对确定。

（3）养分转化率是生态平衡施肥理论体系中的综合（丰缺）指标，它既是衡量肥效大小的参数，也是衡量养分丰缺的参数，还是指导施肥多少的参数。

参考文献

[1] 沈善敏．中国土壤肥力［M］．北京：中国农业出版社，1998.

[2] 侯彦林．肥效评价的生态平衡施肥理论体系、指标体系及其实证［J］．农业环境科学学报，2011，30（7）：1257-1266.

[3] 侯彦林．肥效评价的生态平衡施肥指标体系的应用［J］．农业环境科学学报，2011，30（8）：1477-1481.

[4] 侯彦林．通用施肥模型及其应用［J］．农业环境科学学报，2011，30（10）：1917-1924.

[5] 侯彦林．生态平衡施肥理论、方法及其应用［M］．北京：中国农业出版社，2014.

[6] 侯彦林，周燕，周炜．氮利用率和氮转化率评价氮肥肥效比较研究［J］．东北农业大学学报，2013，44（2）：28-36.

第八章　生态平衡施肥指标体系初探

第一节　我国省级水稻生态平衡施肥指标体系初步探讨

一、我国省级水稻生态平衡施肥指标平均值比例和平均最佳产量

生态平衡施肥强调养分平衡，即根据作物吸肥比例，基于土壤速效养分含量及其比例，确定施肥数量及其不同养分的比例，以此达到生态平衡施肥的目的。表 8-1 为基于本研究中的数据整理的我国省级水稻生态平衡施肥指标平均值比例的数据，对表 8-1 中 7 个变量的两两组合进行相关性统计，并从中选择出对水稻产区划分和最佳产量有意义的统计结果进行讨论。

表 8-1　我国省级水稻生态平衡施肥指标平均值比例和平均最佳产量

省份	样本数	水解氮/速效磷	速效钾/速效磷	氮转化率/磷转化率	钾转化率/磷转化率	最佳施氮量/最佳施磷量	最佳施钾量/最佳施磷量	平均最佳产量（$kg \cdot km^{-2}$）
黑龙江	1	4.26	7.74	0.28	1.14	6.00	1.89	9000.00
辽宁	4	6.52	5.47	0.97	2.33	1.71	0.95	9739.65
陕西	3	14.95	12.46	0.64	1.69	2.32	1.14	8518.70
河南	1	9.10	9.00	0.64	1.61	2.63	1.34	8083.50
安徽	6	11.20	5.22	0.63	1.24	2.45	1.76	8783.06
江苏	15	8.78	12.56	0.28	1.83	4.24	1.02	9255.97
浙江	9	13.68	6.75	0.40	1.43	3.41	1.31	8830.44
江西	29	7.50	4.20	0.52	1.16	3.21	1.46	7453.80
湖北	16	11.27	7.74	0.67	1.78	2.42	1.22	8032.74
湖南	1	—	—	0.39	1.99	4.33	1.09	5654.30
福建	16	4.25	3.95	0.57	1.21	1.81	1.05	7713.11
广东	4	3.77	2.04	0.54	0.93	2.95	2.19	6247.00
广西	17	5.72	3.96	0.53	0.90	2.99	2.36	7475.39
海南	5	1.99	1.14	0.57	0.97	2.14	1.65	7678.56
四川	10	12.45	10.51	0.79	2.98	2.03	0.78	9296.32
重庆	4	12.76	7.01	0.84	2.11	2.01	1.06	7656.50
贵州	9	14.15	5.66	0.88	4.24	1.24	0.69	9359.82
云南	2	5.68	11.09	1.11	2.48	1.59	0.87	9718.69

二、我国省级水稻土壤速效养分平衡现状与水稻稻作区关系

根据中国水稻研究所对水稻种植区划的划分结果[1]，全国分为6个稻作区，16个稻作亚区。由于本著所使用的数据有限，只能按6个稻作区讨论，并且数据是按省行政单元划分的，可能跨越2个稻作区，因此本著的讨论只是相对6个稻作区的大致分析。随着数据量的增多，详细的研究和讨论将有助于对稻作区和稻作亚区的土壤养分平衡状况进行深入研究。6个稻作区是：华南双季稻稻作区、华中双单季稻稻作区、西南高原单双季稻稻作区、华北单季稻稻作区、东北早熟单季稻稻作区、西北干旱区单季稻稻作区。由图8-1可见：①华南双季稻稻作区的4个省都处于水解氮/速效磷和速效钾/速效磷比较低的水平，这与本地区降水量大和双季稻栽培有关，氮和钾都是容易淋失的养分，磷相对容易被土壤固定和不容易移动；②东北土壤速效钾含量高，同时水解氮和速效磷都不是很低，因此，东北早熟单季稻稻作区的养分平衡位置在华南双季稻稻作区之上；③贵州土壤严重缺磷，因此水解氮/速效磷比值比较大，同时速效钾含量又不高，所以贵州的养分平衡位置与云南分开了，处于与磷相比的氮多钾少的位置，相比之下云南土壤速效磷含量比贵州高，水解氮/速效磷比值小，同时速效钾含量比贵州高，所以在养分平衡位置上处于与磷相比的氮少钾多的状况；④华中双单季稻稻作区有7个省，共同特点是氮和钾相对高，其中江西省是过渡省，它与华南双季稻稻作区养分平衡的位置靠近；⑤河南省可以划为华北单季稻稻作区，也可以划为华中双单季稻稻作区；⑥陕西可以划为西北干旱区单季稻稻作区，也可以划为华中双单季稻稻作区，并且氮和钾相对高。

图8-1中省名后为试验点样本数和试验取得的最佳产量。从图8-1中还可以初步得出结论：①水稻大于8 000 kg·km^{-2}的土壤速效钾/速效磷平均比值必须大于5，其中只有

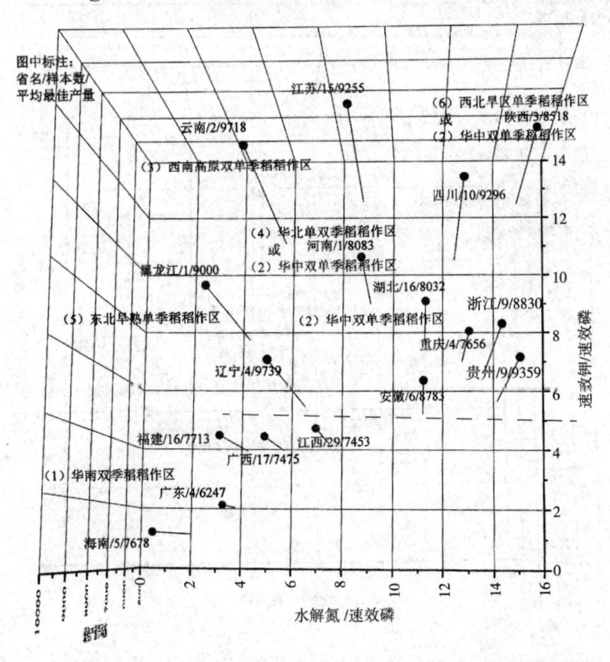

图8-1　我国省级水稻水解氮/速效磷与速效钾/速效磷相关关系

重庆产量不到 8 000 $kg \cdot km^{-2}$；②图 8-1 中是按省平均数划分的，基于更多数据的统计结果未必是 5，需要进一步研究或按区域特点确定。

通过以上分析，可以得出初步结论：①对水稻土壤而言，长期受自然因素和人为因素影响，不同产区的土壤速效养分状况不同，形成相对稳定的土壤速效养分的比例关系，在大的空间上表现为速效养分基础肥力的空间格局，生态平衡施肥就是要基于基础肥力状况，根据作物对养分的需求总量和比例来调整施肥总量和各种养分的比例；②相同的养分平衡位置，由于受其他因素的影响产量也不尽相同，如重庆；③将速效磷作为比值的基础是因为它不容易淋失和移动，比值只反映与磷的比例大小，不能直接反映出氮、磷、钾的含量，在进行定量推荐施肥时必须同时考虑土壤速效养分的含量。至此，我们可以根据土壤速效养分的比值关系，划分出水稻土壤的氮、磷、钾平衡类型。

水稻土壤氮、磷、钾平衡类型划分为 4 类：①低氮低钾类，如华南双季稻稻作区；②低氮高钾类（高产类），如东北早熟单季稻稻作区；③高氮低钾类，如华中双单季稻稻作区中的安徽；④高氮高钾类（高产类），如华中双单季稻稻作区中的四川和西北干旱区单季稻稻作区的陕西。各地还可以根据当地的大量数据进行更多类型的划分，这是确定氮磷钾施肥比例的基础参数。

三、我国省级水稻土壤速效钾/速效磷平衡和最佳施钾量/最佳施磷量平衡与水稻产区关系

图 8-2 中按土壤速效钾/速效磷、最佳施钾量/最佳施磷量，除黑龙江和辽宁属于东北早熟单季稻稻作区外，其他省可以划分为三大区域，即华南双季稻稻作区 4 个省、华中双

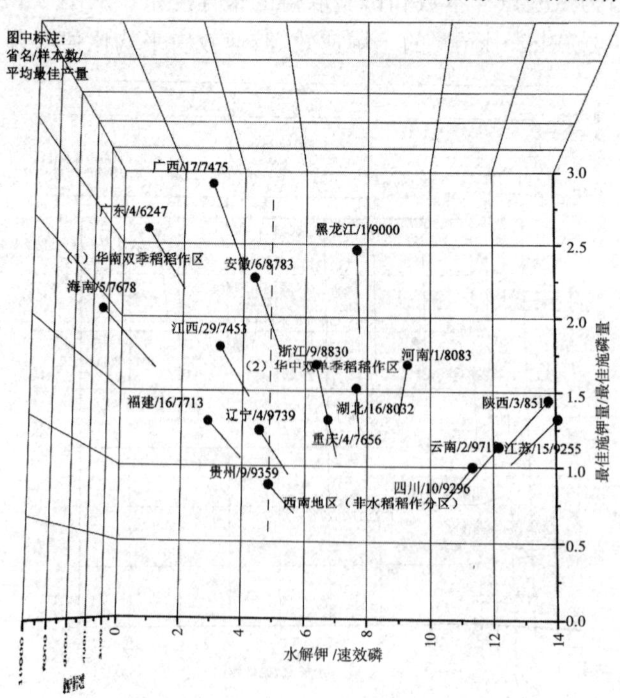

图 8-2　我国省级水稻速效钾/速效磷与最佳施钾量/最佳施磷量相关关系

单季稻稻作区 7 个省、原本属于华中双单季稻稻作区的四川、重庆可以和贵州、云南划分为地理学意义的西南地区（非水稻稻作区划分标准）。结合图 8-1 可以发现，不同产区平均最佳产量是不同的，因为决定最佳产量的因素很多，基础肥力和施肥只是决定产量的主要因素而不是全部因素。

图 8-2 中的水稻大于 8 000 $kg \cdot km^{-2}$ 的土壤速效钾/速效磷平均比值必须大于 5，在华中双单季稻稻作区 7 个省中可以看到随着速效钾/速效磷比值的增大（速效钾含量逐步增多），最佳施钾量/最佳施磷量比值几乎成直线关系降低，说明土壤速效钾多，最佳施钾量明显减少，但是产量却不减少，同样从重庆到四川的梯度变化以及广东、海南、福建的梯度变化都说明了土壤速效钾与最佳施钾量的负相关关系，这与小区域的研究结果相反[2]。

四、我国省级水稻钾转化率/磷转化率与最佳产量相关关系

图 8-3 表明，水稻钾转化率/磷转化率与最佳产量在达到最高产量前呈显著正相关（n=17，r=0.660*），说明水稻平衡吸收钾和磷对高产的重要性，同时也说明当土壤养分不平衡时通过施肥调节养分平衡的重要性。华南双季稻稻作区和华中双单季稻稻作区界限明显，其中福建和江西为过渡省的特征也很明显；由于土壤速效磷含量不同云南和贵州的平衡位置不在一个区域；由于盆地土壤的特殊性使四川的点远离华中双单季稻稻作区；同时西南四省与其他省的界限也较为明确；东北两个省也显著出与众不同的特点。可见全国水稻施肥参数和最佳产量既有大的区域性特点，也受地方性因素影响，构成我国水稻生态平衡施肥指标体系，具体参数必须兼顾宏观规律并因地制宜确定。

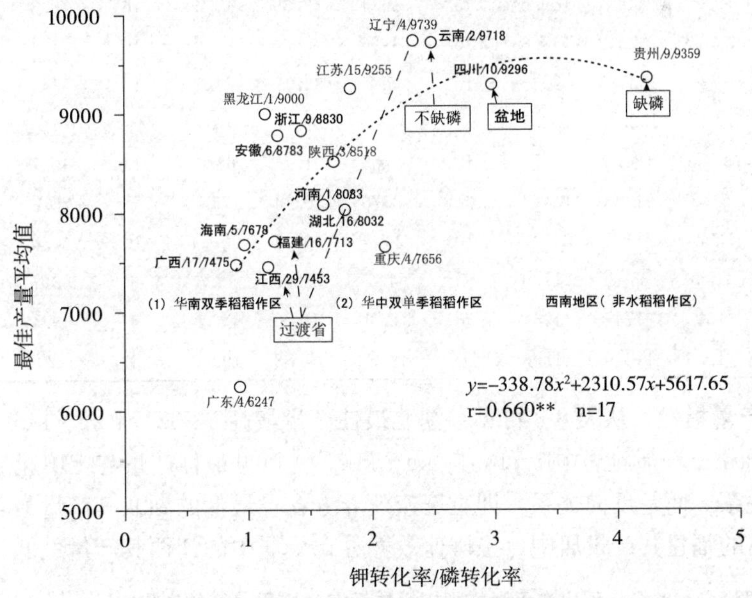

图 8-3　我国省级水稻钾转化率/磷转化率与最佳产量相关关系①

① 湖南省由于样本数为 1，该样本数据在南方区域代表性不强，拟合方程省略了该省。

五、典型省水稻生态平衡施肥指标体系初步探讨

1. 土壤速效养分含量指标 在水稻“3414 肥料田间试验”样本中，选择省内试验点样本和各项测定指标都超过 10 的省份，满足条件的只有江西、湖北和福建，见表 8-2。它们的水解氮、速效磷和速效钾平均含量分别为：165.70、107.42、153.88、22.09、9.53、36.19、92.87、73.73、142.81mg/kg，比较得知湖北速效养分含量低（缺磷、缺钾、缺氮）、福建含量高（磷、钾、氮相对丰富）、江西居于两者之间（磷中等、钾中等、氮丰富），氮、磷、钾比值江西为 7.5∶1.0∶4.2、湖北为 11.3∶1.0∶7.7（氮和钾比例高）、福建为 4.3∶1.0∶3.9。

表 8-2 省级水稻生态平衡施肥指标体系统计结果（土壤速效养分，$mg \cdot kg^{-1}$）

省份	水解氮				速效磷				速效钾			
	样本数	最小值	平均值	最大值	样本数	最小值	平均值	最大值	样本数	最小值	平均值	最大值
黑龙江	1	147.4	147.4	147.4	1	34.6	34.6	34.6	1	267.9	267.9	267.9
辽宁	4	100.86	118.58	142	4	13	18.19	20.24	4	59	99.42	123.8
陕西	3	29.9	131.97	211	3	5.7	8.83	11.9	3	94	110	119
河南	1	91	91	91	1	10	10	10	1	90	90	90
安徽	1	167.2	167.2	167.2	4	6.3	14.93	23.1	4	54	78	112
江苏	2	90.08	97.7	105.32	11	5.52	11.13	14.7	11	68.7	139.82	178
浙江	7	84.8	128.59	165.6	8	1.2	9.4	26.6	8	29.6	63.45	119.79
江西	16	162.9	165.7	189.6	16	15.4	22.09	42.6	16	72.3	92.87	120
湖北	16	79.97	107.42	143.6	16	3.26	9.53	25.2	16	41.4	73.73	131
福建	15	78	153.88	224	15	6.2	36.19	78.5	15	14	142.81	513
广东	4	56	103.25	132.1	4	12.53	27.38	43.9	4	41	55.81	84.2
广西	2	92	124.5	157	15	8.85	21.77	68.4	15	40.7	86.24	263
海南	5	51.3	91.53	124.7	5	3.75	46.04	178.2	5	25.3	52.55	124.3
四川	9	65	125	245.1	10	1.44	10.04	22.74	10	60.6	105.56	148.45
重庆	4	78.5	135.25	217.9	4	4.6	10.6	18.6	4	58.7	74.35	98.3
贵州	4	151	174	196	5	5.1	12.3	25.1	4	49.4	69.6	89
云南	1	112.6	112.6	112.6	1	19.83	19.83	19.83	1	220	220	220

2. 最佳产量指标 从表 8-3 可见：湖北最佳产量最高 8 032.74 $kg \cdot km^{-2}$、江西最低 7 453.8 $kg \cdot km^{-2}$、福建居中 7 713.11 $kg \cdot km^{-2}$，可见最佳产量与土壤速效养分含量并不是对应的关系，而是反向关系，即土壤速效养分含量最低的湖北其产量最高，土壤速效养分含量最高的福建其产量居中，土壤速效养分含量居中的江西其产量最低。

表 8-3 省级水稻生态平衡施肥指标体系统计结果（最佳产量，$kg \cdot hm^{-2}$）

省份	样本数	最小值	平均值	最大值
黑龙江	1	9 000.00	9 000.00	9 000.00
辽宁	4	8 324.40	9 739.65	10 882.50

（续）

省份	样本数	最小值	平均值	最大值
陕西	3	6 547.65	8 518.70	9 735.45
河南	1	8 083.50	8 083.50	8 083.50
安徽	6	7 666.70	8 783.06	9 724.50
江苏	15	8 038.50	9 255.97	10 747.50
浙江	9	7 969.00	8 830.44	9 918.00
江西	29	6 665.00	7 453.80	8 874.90
湖北	16	5 230.50	8 032.74	9 652.50
湖南	1	5 654.30	5 654.30	5 654.30
福建	16	5 899.50	7 713.11	9 040.50
广东	4	5 385.00	6 247.00	7 575.00
广西	17	4 389.00	7 475.39	10 322.70
海南	5	5 002.35	7 678.56	11 250.50
四川	10	5 500.00	9 296.32	11 256.85
重庆	4	6 734.00	7 656.50	8 220.00
贵州	9	8 089.05	9 359.82	12 691.20
云南	2	9 612.38	9 718.69	9 825.00

3. 最佳施肥量指标　从表 8-4 可见：江西、湖北和福建最佳施氮量分别为 151.56、159.33、185.82 kg·hm^{-2}；江西、湖北和福建最佳施磷量分别为 47.22、65.71、102.64 kg·hm^{-2}；江西、湖北和福建最佳施钾量分别为 69.08、80.01、108.14 kg·hm^{-2}；氮磷钾用量比例江西为 3.21∶1.00∶1.46（氮高、钾高）、湖北为 2.42∶1.00∶1.22（氮和钾都适宜，所以产量高）、福建为 1.81∶1.00∶1.05（氮低、钾低）。

表 8-4　省级水稻生态平衡施肥指标体系统计结果（最佳施肥量，kg·hm^{-2}）

省份	样本数	最佳施氮量			最佳施磷量			最佳施钾量		
		最小值	平均值	最大值	最小值	平均值	最大值	最小值	平均值	最大值
黑龙江	1	167.40	167.40	167.40	27.90	27.90	27.90	52.80	52.80	52.80
辽宁	4	184.35	226.46	240.00	101.70	132.30	150.00	90.75	125.06	150.00
陕西	3	100.50	125.60	156.30	25.90	54.13	75.00	47.50	61.73	76.50
河南	1	162.00	162.00	162.00	61.50	61.50	61.50	82.50	82.50	82.50
安徽	6	144.38	187.55	232.40	38.38	76.60	112.50	67.02	134.89	202.50
江苏	15	225.00	322.18	591.00	20.93	75.94	375.00	22.50	77.53	198.00
浙江	9	127.80	176.63	258.80	16.65	51.76	72.60	39.30	67.72	103.50
江西	29	135.00	151.56	204.30	40.00	47.22	90.30	30.00	69.08	213.45
湖北	16	108.50	159.33	180.00	36.84	65.71	90.00	55.00	80.01	120.80
湖南	1	160.70	160.70	160.70	37.10	37.10	37.10	40.30	40.30	40.30
福建	16	116.00	185.82	352.50	17.85	102.64	612.00	76.80	108.14	180.00
广东	4	135.00	165.94	198.75	40.50	56.25	90.00	108.00	123.08	142.50

（续）

省份	样本数	最佳施氮量			最佳施磷量			最佳施钾量		
		最小值	平均值	最大值	最小值	平均值	最大值	最小值	平均值	最大值
广西	17	120.00	176.06	240.00	25.50	58.90	115.00	90.00	138.72	255.00
海南	5	93.30	167.29	211.70	17.10	78.04	127.95	70.95	129.12	183.60
四川	10	159.11	190.86	262.50	54.00	93.96	157.50	51.30	73.19	155.00
重庆	4	150.00	177.50	200.00	82.50	88.13	90.00	75.00	93.75	120.00
贵州	9	121.20	223.02	510.60	37.50	179.40	630.00	12.30	123.17	211.50
云南	2	154.50	196.87	239.24	114.78	124.14	133.50	103.50	107.77	112.04

4. 转化率指标　从表 8-5 可见：江西、湖北和福建氮转化率分布为 111.64%、106.92%、94.48%；江西、湖北和福建磷转化率分布为 213.47%、159.68%、166.72%；江西、湖北和福建钾转化率分布为 248.27%、284.47%、202.54%；氮磷钾转化率比值江西为 0.52∶1.00∶1.16（氮和钾转化率的比例低，产量也低）、湖北为 0.67∶1.00∶1.56（氮和钾转化率的比例高，产量也高；目前磷不是很缺所以最佳产量高，可见养分平衡的重要性）、福建为 0.57∶1.00∶1.21（氮和钾转化率中，产量也居中）。通过以上分析可以得到初步结论：土壤养分氮和钾比例高，养分转化中也是氮和钾比例高，对应的最佳产量就高。

表 8-5　省级水稻生态平衡施肥指标体系统计结果（转化率，%）

省份	样本数	氮转化率			磷转化率			钾转化率		
		最小值	平均值	最大值	最小值	平均值	最大值	最小值	平均值	最大值
黑龙江	1	112.90	112.90	112.90	403.23	403.23	403.23	460.23	460.23	460.23
辽宁	4	86.41	90.57	94.83	82.30	93.40	106.69	177.77	217.88	268.34
陕西	3	130.80	143.30	162.28	162.26	222.25	316.01	372.18	376.32	429.51
河南	1	104.79	104.79	104.79	164.30	164.30	164.30	264.55	264.55	264.55
安徽	6	87.87	100.55	133.04	95.28	160.35	297.90	106.27	199.23	368.49
江苏	15	33.77	63.21	83.62	31.68	225.82	557.51	123.55	412.47	1117.08
浙江	9	70.60	109.34	162.97	149.03	270.35	679.17	229.58	387.30	630.69
江西	18	91.23	111.64	136.97	119.87	213.47	275.16	112.26	248.27	664.02
湖北	16	71.46	106.92	158.85	106.31	159.68	248.19	116.91	284.47	437.32
湖南	1	73.89	73.89	73.89	190.51	190.51	190.51	378.82	378.82	378.82
福建	16	46.35	94.48	143.49	15.89	166.72	520.64	125.10	202.54	270.67
广东	4	75.39	79.18	83.86	105.21	147.47	166.39	121.16	137.40	167.92
广西	17	55.86	92.09	145.31	82.83	174.58	319.92	85.73	157.75	249.10
海南	5	79.07	99.20	137.08	60.49	174.50	365.67	117.32	169.63	262.32
四川	10	44.00	106.43	147.50	43.65	135.31	213.30	96.75	402.58	542.36
重庆	4	70.71	91.91	106.68	93.53	108.93	124.55	151.52	229.40	295.92
贵州	9	52.20	101.05	141.69	16.34	115.03	325.80	115.79	487.79	2785.87
云南	2	84.38	108.96	133.54	91.99	98.34	104.68	231.64	243.97	256.30

六、江西、湖北和福建水稻生态平衡施肥指标体系探讨

表 8-6 中 15%和 85%平均值的含义是假设在 100 个统计样本中，将所统计的变量从小到大排序的从小的开始到第 15 个和 85 个样本时该样本变量的数值，这样处理是避免最小和最大值的失真。按照表中统计的参数，某省某地块最佳产量理论上应该在全省平均数的一定范围内变化，对应的土壤养分含量、转化率和最佳施肥量参数也如此；如果能获得一个省或一个县大量的诸如本研究中所列举的各项指标，就可以建立某省或某县生态平衡施肥指标体系，并可以建立基于最佳产量和转化率以及适当参考土壤养分含量的定量推荐施肥模型，在模型中还将加入土壤养分比例、最佳氮磷钾养分施肥比例等参数，做到既遵循大区域的宏观施肥参数规律，也能根据地区性的微观施肥参数规律进行调整，真正实现高产、高效、优质、维持土壤养分平衡和减少肥料面源污染的生态平衡施肥的目的。

表 8-6　江西、湖北和福建水稻生态平衡施肥指标体系

省份	水解氮平均值($kg \cdot kg^{-1}$)			速效磷平均值($kg \cdot kg^{-1}$)			速效钾平均值($kg \cdot kg^{-1}$)			最佳产平均值量($kg \cdot hm^{-2}$)		
	15%	平均值	85%	15%	平均值	85%	15%	平均值	85%	15%	平均值	85%
江西	162.90	165.70	162.90	21.10	22.09	21.10	92.40	92.87	92.40	7 105.00	7 453.80	7 575.00
湖北	92.00	107.42	129.50	3.34	9.53	11.20	43.00	73.73	85.50	6 660.00	8 032.74	9 297.00
福建	88.00	153.88	179.00	20.00	36.19	55.80	35.00	142.81	234.00	6 291.00	7 713.11	8 567.92
省份	氮转化率平均值（%）			磷转化率平均值（%）			钾转化率平均值（%）					
	15%	平均值	85%	15%	平均值	85%	15%	平均值	85%			
江西	103.68	111.64	116.31	186.56	213.47	233.66	214.23	248.27	245.81			
湖北	90.44	106.92	118.33	110.62	159.68	205.56	224.06	284.47	349.92			
福建	52.43	94.48	111.98	98.87	166.72	284.40	131.44	202.54	261.38			
省份	最佳施氮量平均值($kg \cdot hm^{-2}$)			最佳施磷量平均值($kg \cdot hm^{-2}$)			最佳施钾量平均值($kg \cdot hm^{-2}$)					
	15%	平均值	85%	15%	平均值	85%	15%	平均值	85%			
江西	135.00	151.56	167.00	40.00	47.22	49.00	30.00	69.08	84.00			
湖北	144.00	159.33	169.85	46.80	65.71	75.00	58.35	80.01	94.50			
福建	118.50	185.82	203.90	34.50	102.64	95.40	78.30	108.14	138.75			

七、我国水稻生态平衡施肥指标间相关性分析

前述按省讨论了水稻生态平衡施肥指标间的相关性，以下再就所有样本进行分析。

1. 土壤水解氮/速效磷与速效钾/速效磷相关关系　统计结果表明：水稻土壤速效钾/速效磷与水解氮/速效磷呈极显著的正相关关系（$y=0.37x+3.64$，$r=0.623^{**}$，$n=94$），原因是在长期的气候作用下，特定地区形成了特定的速效养分比例关系，氮和钾都是容易淋失的养分，磷是相对稳定的养分，氮多钾就多所以相关性极显著。这从微观上解释了不同稻作区土壤速效养分的含量和比例的大致状况，也为宏观上制定区域施肥对策提供了数据依据。

统计结果表明（图 8-4）：水稻土壤水解氮/速效磷与速效钾/速效磷呈极显著的正相关关系，原因是在长期的气候作用下，特定地区形成了特定的速效养分比例关系，氮和钾都是容易淋失的养分，磷是相对稳定的养分，氮多钾就多所以相关性极显著。这从微观上解释了不同稻作区土壤速效养分的含量和比例的大致状况，也为宏观上制定区域施肥对策提供了数据依据。

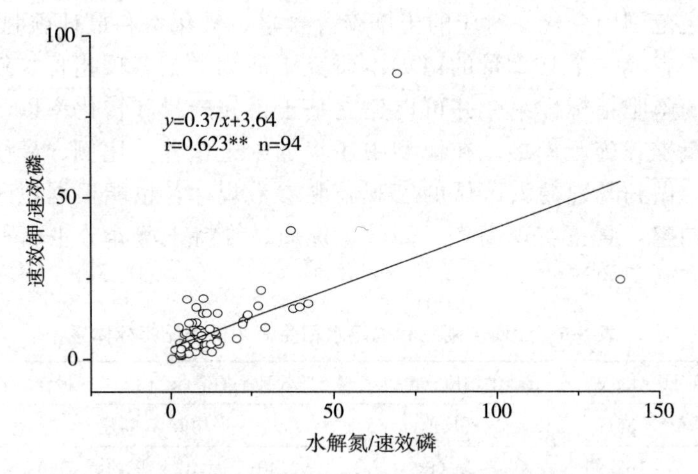

图 8-4　水稻土壤水解氮/速效磷与速效钾/速效磷相关关系

2. 土壤速效钾/速效磷平衡和最佳施钾量/最佳施磷量关系　统计结果表明（图 8-5）：水稻最佳施钾量/最佳施磷量与土壤速效钾/速效磷平衡呈指数（下降）关系（$y=2.29x^{-0.18}$，r=0.362*，n=121），原因是土壤中速效钾与速效磷比例高时，钾是相对多的，在施肥时最佳施钾量就相对少，于是最佳施钾量/最佳施磷量就降低；这从微观上解释了图 8-5 中的华中双单季稻稻作区 7 个省随着速效钾/速效磷比值的增大（速效钾含量逐渐增多），最佳施钾量/最佳施磷量比值几乎成直线关系降低的原因。

统计结果表明（图 8-5）：水稻土壤速效钾/速效磷平衡和最佳施钾量/最佳施磷量呈

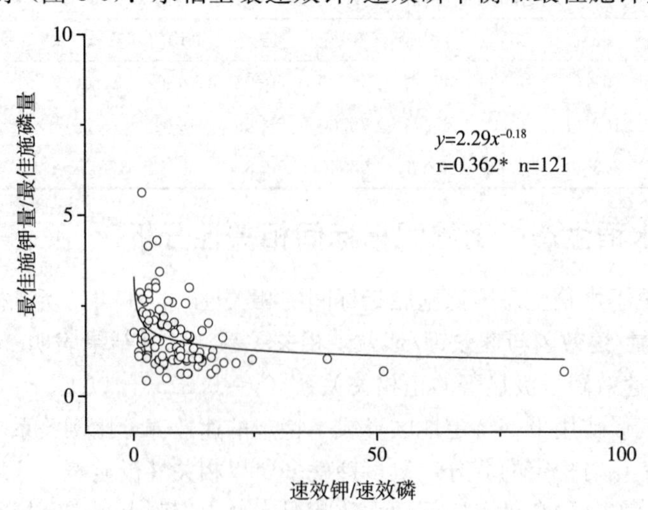

图 8-5　水稻土壤速效钾/速效磷平衡和最佳施钾量/最佳施磷量关系

显著负相关，原因是土壤中速效钾与速效磷比例高时，钾是相对多的，在施肥时最佳施钾量就相对少，于是最佳施钾量/最佳施磷量就降低；这从微观上解释了图 8-2 中的华中双单季稻稻作区 7 个省随着速效钾/速效磷比值的增大（速效钾含量逐步增多），最佳施钾量/最佳施磷量比值几乎成直线关系降低的原因。

3. 水稻钾转化率/磷转化率与最佳产量相关关系　统计结果表明（图 8-6）：水稻最佳产量与钾转化率/磷转化率呈显著正相关（$y=199.97x+7855.15$，$r=0.213^{*}$，$n=140$），原因是水稻是喜钾作物，钾在水田中也容易淋失，因此钾的转化与产量必然密切相关；这从微观上解释了图 8-3 中各省平均最佳产量随钾转化率/磷转化率增加而升高的原因。

统计结果表明（图 8-6）：水稻钾转化率/磷转化率与最佳产量呈显著正相关，原因是水稻是喜钾作物，钾在水田中也容易淋失，因此钾的转化率与产量必然密切相关；这从微观上解释了图 8-3 中各省平均最佳产量随钾转化率/磷转化率的升高而升高的原因。

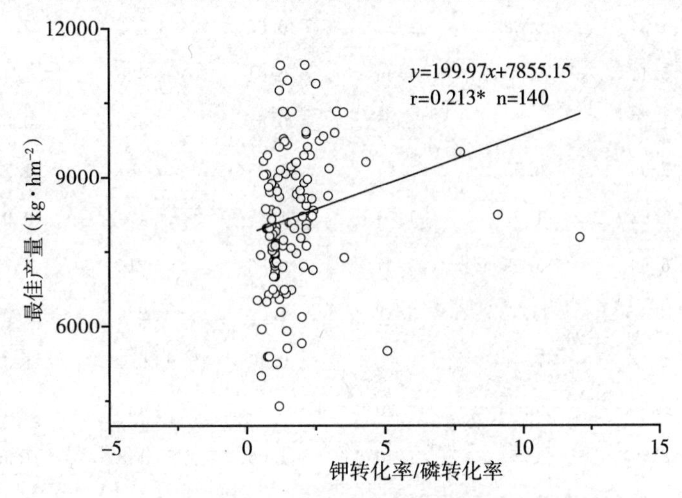

图 8-6　水稻钾转化率/磷转化率与最佳产量相关关系

八、结论

本节仅就所获得的数据进行了系统分析，目的是提供一种新的研究方法，全国、各省和各县可以根据实际数据进行各种分析，因地制宜地建立适合于当地情况的生态平衡施肥指标体系，以挖掘出测土配方施肥数据的潜在价值。

本节得到以下结论：①气候条件是主要成土因素之一，也是稻作区划分的重要依据，反映在土壤速效养分上的结果就是不同稻作区的速效养分比例不同，这是长期气候和人为双重作用的结果，它构成我国水稻土壤速效养分的基本肥力格局；②水稻大于 8 000kg・hm^{-2}的土壤速效钾/速效磷平均比值必须大于 5。

第二节　我国省级小麦生态平衡施肥指标体系初步探讨

一、我国省级小麦生态平衡施肥指标平均值比例和平均最佳产量

生态平衡施肥强调的是养分的平衡，即根据作物吸肥比例，基于土壤速效养分含量及

其比例，确定施肥数量及其不同养分的比例，以此达到生态平衡施肥的目的。表 8-7 是基于本研究中的数据整理的我国省级小麦生态平衡施肥指标平均值比例的数据，对表 3-2 中 7 个变量的两两组合进行相关性统计，并从中选择出对小麦产区划分和最佳产量有意义的统计结果进行讨论。

表 8-7　我国省级小麦生态平衡施肥指标平均值比例和平均最佳产量

省份	样本数	水解氮/速效磷	速效钾/速效磷	最佳施氮量/最佳施磷量	最佳施钾量/最佳施磷量	最佳产量平均值（$kg \cdot hm^{-2}$）	氮转化率/磷转化率	钾转化率/磷转化率
吉林	2	7.20	5.84	2.00	—	2 900	1.24	—
辽宁	2	4.89	4.39	1.36	0.81	9 000	1.86	2.54
天津	1	—	5.38	1.42	0.42	4 058	1.75	4.89
河北	34	4.34	6.36	1.21	0.65	5 502	2.07	3.63
山西	2	5.40	9.46	1.44	0.64	4 425	1.48	2.79
山东	7	1.77	4.13	2.97	0.84	7 420	0.83	2.43
河南	1	2.56	3.55	2.27	1.15	7 287	1.23	1.77
安徽	13	1.83	1.97	1.96	1.18	6 173	0.94	3.27
江苏	34	5.89	5.35	3.31	0.86	6 216	0.75	2.51
湖北	13	10.25	11.73	2.32	1.02	4 226	1.04	2.09
陕西	19	—	7.86	2.25	0.47	3 974	1.32	6.79
宁夏	1	10.53	28.96	4.20	—	4 461	0.59	—
甘肃	12	8.69	23.71	1.40	1.06	4 158	1.96	2.72
青海	1	0.99	18.72	1.00	0.46	7 354	2.49	4.45
重庆	1	—	10.28	0.55	0.70	4 769	4.50	2.92
贵州	1	13.88	15.13	3.15	0.72	1 540	0.79	2.84

二、我国省级小麦土壤速效养分平衡现状与小麦产区关系

《中国小麦栽培学》将全国小麦产区划分为北方冬麦区、南方冬麦区和春麦区 3 个主区和东北春麦、北部春麦、西北春麦、新疆冬春麦、青藏春冬麦、北部冬麦、黄淮冬麦、长江中下游冬麦、西南冬麦、华南冬麦 10 个亚区[3]。本著中没有北部春麦区、新疆冬春麦区、华南冬麦区样本，其余 6 个亚区的样本均出现在图 8-7 中，北部冬麦区样本见图 8-8（天津）。由于本著所使用的数据有限，加上春/冬小麦的栽培特点不同，所以按亚区讨论；由于按省行政单元划分亚区，可能省内样本跨越 2 个亚区，因此本著的讨论只是相对 6～7 个亚区的大致分析。随着数据量的增多，详细的研究和讨论将有助于对小麦产区及其土壤养分平衡状况进行深入研究。

图 8-7 可见：黄淮冬麦和东北春麦都处于水解氮/速效磷和速效钾/速效磷比较低的水平，这与黄淮冬麦区在玉米收获后栽培和东北春麦区早春栽培有关，前者玉米收获后留给

小麦的养分少，后者由于春季温度低土壤速效养分转化和释放的少；相比之下，长江中下游冬麦区和西南冬麦区播种时温度还很高，土壤养分转化和释放的多，所以水解氮/速效磷的位置在右边，而西北春麦区和青藏春冬麦区由于降水偏少速效钾的含量多，速效钾/速效磷的位置在上面。

图 8-7 中省名后为试验点样本数和试验取得的最佳产量。从图 8-7 中还可以初步得出结论：①小麦大于 5 000 kg・hm^{-2}的水解氮/速效磷界限大约在 6 左右，小于 6 是高产的土壤氮和磷的合适比例界限（山西除外）；②图 8-7 中是按省平均数划分的，基于更多数据的统计结果未必是 6，需要进一步研究或按区域特定确定。

通过以上分析，可以得出初步结论：①对于栽培小麦的土壤而言，长期受自然因素和人为因素影响，不同产区的土壤速效养分状况不同，形成相对稳定的土壤速效养分的比例关系，在大的空间上表现为速效养分基础肥力的空间格局，生态平衡施肥就是要基于基础肥力状况，根据作物对养分的需求总量和比例来调整施肥总量和各种养分的比例；②相同的养分平衡位置，由于受其他因素的影响产量也不尽相同，如山西；③将速效磷作为比值的基础是因为它不容易淋失和移动，比值只反映与磷的比例大小关系，不能直接反映出氮、磷、钾的含量，在进行定量推荐施肥时必须同时考虑土壤速效养分的含量（图 8-8）。至此，我们可以根据土壤速效养分的比值关系，划分出小麦土壤的氮、磷、钾平衡类型。

小麦土壤氮、磷、钾平衡类型划分为四类：①低氮低钾类（高产类），如黄淮冬麦区；②低氮高钾类（高产类），如青藏春冬麦区；③高氮低钾类，如长江中下游冬麦区；④高氮高钾类，如西北春麦区。各地还可以根据当地的大量数据进行更多类型的划分，这是确定氮磷钾施肥比例的基础参数。与水稻不同的是小麦高产的土壤速效养分平衡指标是水解氮/速效磷要小，而水稻高产的土壤速效养分平衡指标是速效钾/速效磷要大。

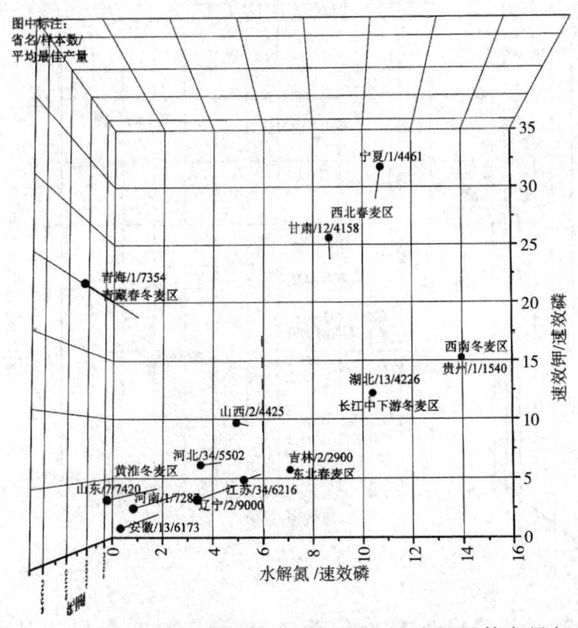

图 8-7　我国省级小麦水解氮/速效磷、速效钾/速效磷与最佳产量相关关系

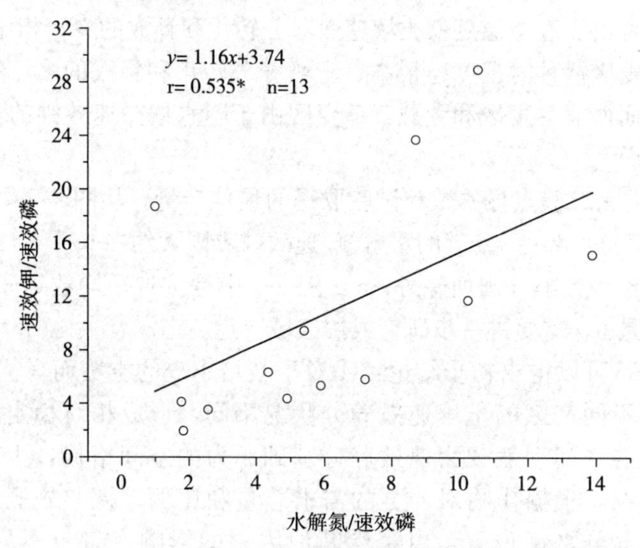

图 8-8 我国省级小麦水解氮/速效磷与速效钾/速效磷相关关系

三、我国省级小麦土壤速效钾/速效磷平衡和最佳施钾量/最佳施磷量平衡与小麦产区关系

图 8-9 中：重庆、陕西和天津在图 8-7 中没有，天津归北部冬麦区，陕西归西北春小麦区，重庆归西南冬麦区；图 8-10 表明一个重要的关系，即 5 000 kg・hm^{-2}的产量出现在速效钾/速效磷大约小于 7 时，同时最佳施钾量/最佳施磷量大于 0.6 的区域，这个结果表明小麦要高产基础肥力中速效磷必须有保证，速效钾不能太高，同时最佳施钾量必须高于

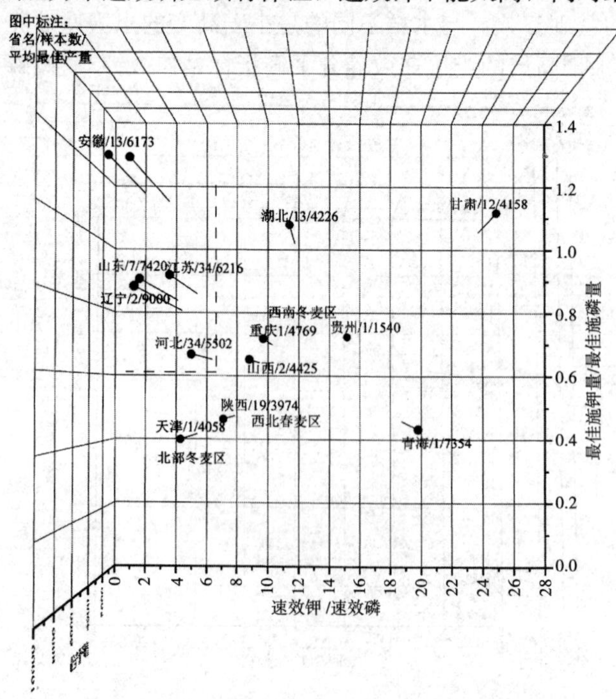

图 8-9 我国省级小麦速效钾/钾效磷、最佳施钾量/最佳施磷量与最佳产量相关关系

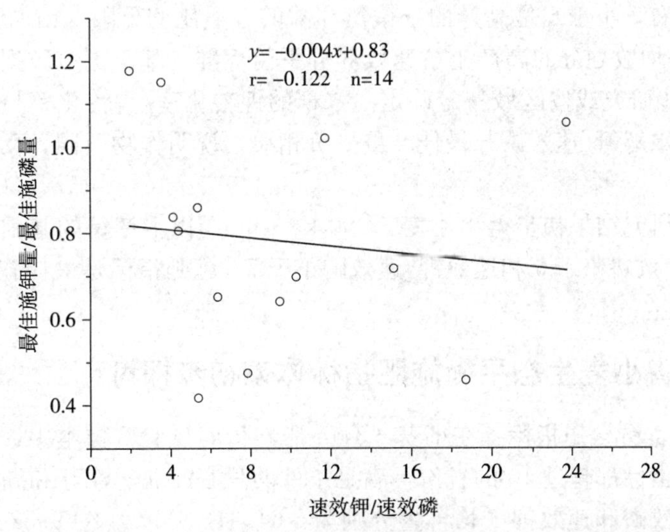

图 8-10　我国省级小麦速效钾/速效磷与最佳施钾量/最佳施磷量相关关系

最佳施磷量的 0.6～1.2 倍之间，原因可能是当季施入的磷的有效性差，磷的保障必须依赖土壤里原有的速效磷，而钾不容易被土壤固定，当季施入的钾被利用的程度高，这样磷发挥了缓效作用，钾发挥了速效作用，相得益彰。

四、我国省级小麦水解氮/速效磷与最佳产量相关关系

图 8-11 表明：小麦水解氮/速效磷转化率与最佳产量呈显著负相关（n＝13，r＝－0.794**），说明小麦平衡吸收氮和磷对高产的重要性，同时也说明当土壤养分不平衡时通过施肥调节养分平衡的重要性；全国小麦施肥参数既有大的区域性特点，也受地方性因素影响（如吉林和辽宁不在一个区域），构成我国小麦生态平衡施肥指标体系，具体参数必须因地制宜。结合图 8-7 和图 8-11 中可以得出，小麦 5 000 kg·hm^{-2}的水解氮/速效磷

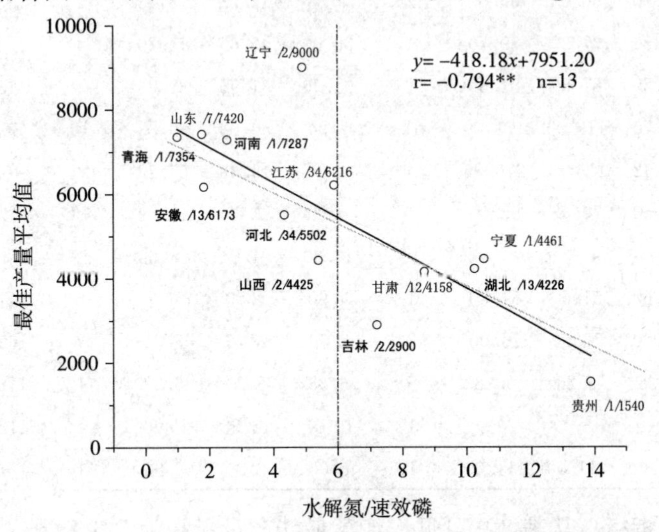

图 8-11　我国省级小麦水解氮/速效磷与最佳产量相关关系

界限大约在6左右，小于6是高产的土壤氮和磷的合适比例界限（山西除外）；图8-7和图8-11是按省平均数划分的高产土壤速效养分平衡标准，基于更多数据的统计结果未必是6，需要进一步研究或按区域特定确定。水稻的钾转化率/磷转化率与最佳产量呈显著正相关，而小麦水解氮/速效磷与最佳产量呈负相关，说明作物不同，反映平衡吸收的指标也不一样。

结合上述的研究结果初步得出小麦5 000 kg·hm^{-2}以上产量的基础土壤速效养分的指标是水解氮/速效磷小于6和速效钾/速效磷小于7；施肥指标是最佳施钾量是最佳施磷量的0.6～1.2倍。

五、典型省小麦生态平衡施肥指标体系初步探讨

1. 土壤速效养分含量指标 在小麦“3414肥料田间试验”样本中，选择省内试验点样本和各项测定指标都超过10的省份，满足条件的只有河北、江苏和湖北（表8-8）；它们的水解氮、速效磷和速效钾平均含量分别为：64.64、139.81、79.82、14.89、19.33、7.79、94.67、103.42、91.34mg/kg，比较得知湖北速效磷含量低、河北水解氮含量低、江苏养分含量相对丰富，土壤氮、磷、钾养分比值河北为4.3∶1.0∶6.4（氮比例低）、江苏为7.2∶1.0∶5.4（氮和钾比例适宜）、湖北为10.2∶1.0∶11.7（氮和钾比例高）。

表8-8　省级小麦生态平衡施肥指标体系统计结果（土壤速效养分，mg·kg^{-1}）

省份	水解氮				速效磷				速效钾			
	样本数	最小值	平均值	最大值	样本数	最小值	平均值	最大值	样本数	最小值	平均值	最大值
吉林	2	88.60	88.60	88.60	2	12.30	12.30	12.30	2	71.80	71.80	71.80
辽宁	4	102.50	102.50	102.50	2	20.95	20.95	20.95	2	92.00	92.00	92.00
天津	0	—	—	—	1	33.10	33.10	33.10	1	178.00	178.00	178.00
河北	11	45.00	64.64	137.00	21	2.40	14.89	34.50	21	40.00	94.67	203.00
山西	1	66.00	66.00	66.00	2	6.33	12.23	18.20	2	113.00	115.75	118.50
山东	4	65.80	77.30	89.70	4	35.00	43.63	14.70	4	120.00	180.00	300.00
河南	1	81.69	81.69	81.69	1	31.96	31.96	31.96	1	113.40	113.40	113.40
安徽	3	68.70	116.90	171.00	12	7.90	63.88	89.83	12	86.00	125.67	336.00
江苏	16	78.42	113.81	216.05	34	4.01	19.33	54.22	34	40.89	103.42	238.11
湖北	13	42.50	79.82	95.55	13	4.80	7.79	15.59	13	62.70	91.34	108.34
陕西	0	—	—	—	19	18.20	21.84	28.60	19	146.12	171.73	191.87
宁夏	1	51.60	51.60	51.60	1	4.90	4.90	4.90	1	141.90	141.90	141.90
甘肃	1	76.00	76.00	76.00	2	8.70	8.75	8.80	2	169.00	207.50	246.00
青海	1	6.28	6.28	6.28	5	6.33	6.33	6.33	1	118.50	118.50	118.50
重庆	0	—	—	—	1	10.98	10.98	10.98	1	112.91	112.91	112.91
贵州	1	111.00	111.00	111.00	1	8.00	8.00	8.00	1	121.00	121.00	121.00

2. 最佳产量指标 从表8-9可见：江苏最佳产量最高为5 688 kg·hm^{-2}、湖北最低为4 023 kg·hm^{-2}、河北居中为4 374 kg·hm^{-2}，可见最佳产量与土壤速效养分含量并

不是完全对应的关系，河北水解氮低产量却不是最低的，影响产量的因素从土壤养分方面分析，至少取决于养分含量和比例，相比之下比例即平衡关系更为重要。

表 8-9　省级小麦生态平衡施肥指标体系统计结果（最佳产量，$kg \cdot hm^{-2}$）

省份	样本数	最小值	平均值	最大值
吉林	2	2 900.00	2 900.00	2 900.00
辽宁	2	8 250.00	9 000.00	9 750.00
天津	1	4 057.50	4 057.50	4 057.50
河北	25	4 374.10	5 502.19	7 147.00
山西	2	2 374.50	4 425.25	6 476.00
山东	4	7 418.00	7 419.50	7 421.00
河南	1	7 287.30	7 287.30	7 287.30
安徽	13	2 013.60	6 172.53	14 626.67
江苏	34	5 688.00	6 215.78	8 423.65
湖北	13	4 022.50	4 225.72	4 444.30
陕西	19	2 553.00	3 973.74	4 744.50
宁夏	1	4 461.00	4 461.00	4 461.00
甘肃	12	3 811.70	4 157.65	6 082.50
青海	1	7 353.70	7 353.70	7 353.70
重庆	1	4 769.00	4 769.00	4 769.00
贵州	1	1 539.95	1 539.95	1 539.95

3. 转化率指标　从表 8-10 可见：河北、江苏和湖北氮转化率分布为 106.01%、70.90%、83.01%；河北、江苏和湖北磷转化率分布为 51.14%、93.93%、80.04%；河北、江苏和湖北钾转化率分布为 185.73%、235.62%、167.41%；氮磷钾转化率比值河北为 2.07∶1.00∶3.63（与钾转化率高不同，高产土壤一般缺氮，氮转化率超过 100%就意味着土壤氮相对过剩，会抑制其他养分的吸收，所以产量处于中等）、江苏为 0.75∶1.00∶2.51（氮和钾转化率适宜，产量高）、湖北为 1.04∶1.00∶2.09（氮转化率也高，产量却低）。

通过以上分析可以得到初步结论：土壤养分氮和钾与磷的比例适宜，氮和钾养分转化率与磷的转化率相比也适宜，最佳产量就高。

表 8-10　省级小麦生态平衡施肥指标体系统计结果（转化率，%）

省份	氮转化率				磷转化率				钾转化率			
	样本数	最小值	平均值	最大值	样本数	最小值	平均值	最大值	样本数	最小值	平均值	最大值
吉林	2	90.22	90.22	90.22	2	72.82	72.82	72.82	0	—	—	—
辽宁	2	125.52	139.76	154.00	2	69.06	75.33	81.61	2	168.67	191.12	213.57
天津	1	44.55	44.55	44.55	1	25.47	25.47	25.47	1	124.43	124.43	124.43

（续）

省份	氮转化率				磷转化率				钾转化率			
	样本数	最小值	平均值	最大值	样本数	最小值	平均值	最大值	样本数	最小值	平均值	最大值
河北	25	68.04	106.01	251.90	25	32.95	51.14	96.39	25	83.84	185.73	315.51
山西	2	28.05	45.46	62.87	2	25.09	30.80	36.51	2	47.91	86.01	124.12
山东	4	76.45	76.48	76.50	4	90.17	91.64	93.14	4	222.24	222.63	223.02
河南	1	90.63	90.63	90.63	1	73.39	73.39	73.39	1	129.78	129.78	129.78
安徽	13	54.47	73.33	106.56	13	26.43	78.41	149.53	12	68.02	256.67	1816.19
江苏	34	58.99	70.90	80.27	34	85.70	93.93	129.23	34	68.82	235.62	333.38
湖北	13	79.88	83.01	86.24	13	59.03	80.04	91.31	13	106.27	167.41	205.59
陕西	18	32.46	58.72	117.95	18	29.14	44.53	47.17	19	114.29	302.53	886.27
宁夏	1	79.31	79.31	79.31	1	134.42	134.42	134.42	0	—	—	—
甘肃	12	70.09	108.89	347.24	12	47.86	55.48	127.63	12	83.49	151.15	133.46
青海	1	157.54	157.54	157.54	1	63.38	63.38	63.38	1	281.89	281.89	281.89
重庆	1	52.58	52.58	52.58	1	11.69	11.69	11.69	1	34.11	34.11	34.11
贵州	1	57.02	57.02	57.02	1	72.51	72.51	72.51	1	205.80	205.80	205.80

4. 最佳施肥量指标 从表 8-11 可见：河北、江苏和湖北最佳施氮量分别为 155.41 kg·hm^{-2}、248.41 kg·hm^{-2}、142.62 kg·hm^{-2}；河北、江苏和湖北最佳施磷量分别为 128.48 kg·hm^{-2}、75.16 kg·hm^{-2}、61.46 kg·hm^{-2}；河北、江苏和湖北最佳施钾量分别为 83.72 kg·hm^{-2}、64.60 kg·hm^{-2}、62.69 kg·hm^{-2}；氮磷钾施肥比例河北为 1.21∶1.00∶0.65（施氮量与施磷量比偏低，因为施磷过高；而整体施肥量高所以产量高于湖北）、江苏为 3.31∶1.00∶0.86（施氮量与施磷量比高，所以产量高）、湖北为 2.32∶1.00∶1.05（施磷偏低）。

表 8-11 省级小麦生态平衡施肥指标体系统计结果（最佳施肥量，kg·hm^{-2}）

省份	最佳施氮量				最佳施磷量				最佳施钾量			
	样本数	最小值	平均值	最大值	样本数	最小值	平均值	最大值	样本数	最小值	平均值	最大值
吉林	2	90	90	90	2	45	45	45	0	—	—	—
辽宁	2	150	183.75	217.5	2	135	135	135	2	105	108.75	112.5
天津	1	255	255	255	1	180	180	180	1	75	75	75
河北	25	49.35	155.41	180	25	52.05	128.48	150	25	52.05	83.72	120
山西	2	237	262.71	288.416	2	73.5	182.57	291.64	2	114	117	120
山东	4	271.5	271.65	271.8	4	90	91.5	93	4	76.5	76.65	76.8
河南	1	255.15	255.15	255.15	1	112.2	112.2	112.2	1	129.15	129.15	129.15
安徽	13	103.5	231.91	487	13	34.5	118.6	625.3	12	2.55	139.7	183.4
江苏	34	225	248.41	307.5	34	54	75.16	102.5	34	45	64.6	208.38
湖北	13	135	142.62	150	13	54	61.46	77	13	45	62.69	90

（续）

省份	最佳施氮量				最佳施磷量				最佳施钾量			
	样本数	最小值	平均值	最大值	样本数	最小值	平均值	最大值	样本数	最小值	平均值	最大值
陕西	19	0	217.26	270	19	0	96.63	120	19	9	45.79	79.5
宁夏	1	157.5	157.5	157.5	1	37.5	37.5	37.5	0	—	—	—
甘肃	12	45.9	124.08	234	12	50.4	88.83	115.5	12	17.85	93.74	105
青海	1	130.7	130.7	130.7	1	131.1	131.1	131.1	1	60	60	60
重庆	1	253.95	253.95	253.95	1	460.8	460.8	460.8	1	321.6	321.6	321.6
贵州	1	75.62	75.62	75.62	1	24	24	24	1	17.21	17.21	17.21

六、河北、江苏和湖北小麦生态平衡施肥指标体系探讨

表 8-12 中 15％和 85％平均值的含义是假设在 100 个统计样本中，将所统计的变量从小到大排序的从小的开始到第 15 个和 85 个样本时该样本变量的数值，这样处理是避免最小和最大值的失真。按照表中统计的参数，某省某地块最佳产量理论上应该在全省平均数的一定范围内变化，对应的土壤养分含量、转化率和最佳施肥量参数也如此；如果能获得一个省或一个县大量的诸如本研究中所列举的各项指标，就可以建立某省或某县生态平衡施肥指标体系，并可以建立基于最佳产量和转化率以及适当参考土壤养分含量的定量推荐施肥方案，在模型中还将加入土壤养分比例、最佳氮磷钾养分施肥比例等参数，做到既满足大区域的宏观施肥参数规律，也能满足地区性的微观施肥参数规律，真正实现高产、高效、优质、维持土壤养分平衡和减少施肥污染的生态平衡施肥的目的。

表 8-12　河北、江苏和湖北小麦生态平衡施肥指标体系

省份	水解氮平均值（mg·kg^{-1}）			速效磷平均值（mg·kg^{-1}）			速效钾（mg·kg^{-1}）			最佳产量（mg·hm^{-2}）		
	15％	平均值	85％	15％	平均值	85％	15％	平均值	85％	15％	平均值	85％
河北	50.00	64.64	65.00	3.60	14.89	20.80	43.00	94.67	146.00	4 374.10	5 502.19	7 147.00
江苏	83.56	113.81	139.96	9.30	19.33	30.48	67.39	103.42	141.76	5 688.00	6 215.78	6 450.00
湖北	42.50	79.82	94.70	4.80	7.79	9.45	62.70	91.34	103.50	4 022.50	4 225.72	4 444.30

省份	最佳施氮量平均值（mg·hm^{-2}）			最佳施磷量平均值（mg·hm^{-2}）			最佳施钾量（mg·hm^{-2}）		
	15％	平均值	85％	15％	平均值	85％	15％	平均值	85％
河北	130.00	155.41	180.00	100.00	128.48	150.00	52.10	83.72	120.00
江苏	225.00	248.41	270.00	75.00	75.16	75.00	60.00	64.60	60.00
湖北	135.00	142.62	150.00	54.00	61.46	77.00	45.00	62.69	90.00

省份	氮转化率（％）			磷转化率（％）			钾转化率（％）		
	15％	平均值	85％	15％	平均值	85％	15％	平均值	85％
河北	68.04	106.01	117.79	32.95	51.14	64.1	83.84	185.73	315.51
江苏	58.99	70.9	80.27	85.76	93.93	97.18	218.12	235.62	247.25
湖北	79.88	83.01	86.24	59.03	80.04	91.27	106.27	167.41	205.59

七、我国小麦生态平衡施肥指标间相关性分析

前面按省讨论了小麦生态平衡施肥指标间的相关性，以下再就所有样本进行分析。

1. 土壤水解氮/速效磷与速效钾/速效磷相关关系

统计结果（图 8-12）：小麦土壤速效钾/速效磷与水解氮/速效磷呈显著正相关（$y=1.17x+1.15$，r＝0.817**，n＝60），原因是在长期的气候作用下，特定地区形成了特定的速效养分比例关系，氮和钾都是容易淋失的养分，磷是相对稳定的养分，氮多钾就多所以相关性极显著。这从微观上解释了不同麦作区土壤速效养分的含量和比例的大致状况，也为宏观上制定区域施肥对策提供了数据依据。

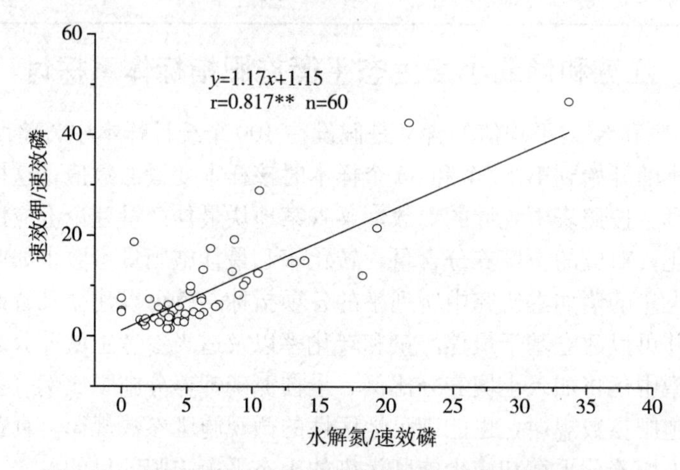

图 8-12　小麦土壤水解氮/速效磷与速效钾/速效磷相关关系

2. 土壤速效钾/速效磷平衡和最佳施钾量/最佳施磷量关系

统计结果表明（图 8-13）：最佳施钾量/最佳施磷量与小麦土壤速效钾/土壤速效磷呈显著负相关（$y=-0.01x+0.95$，r＝－0.202*，n＝113），原因是土壤中速效钾与速效磷比例高时，钾是相对多的，在施肥时最佳施钾量就相对少，于是最佳施钾量/最佳施磷

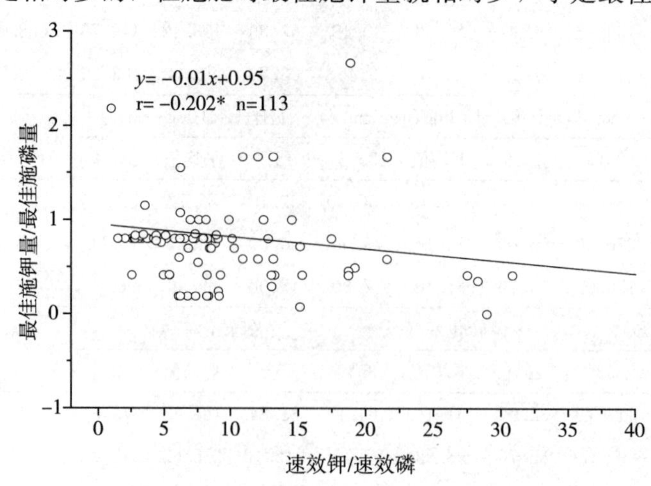

图 8-13　小麦土壤速效钾/速效磷平衡和最佳施钾量/最佳施磷量关系

量就降低；这从微观上解释了图中的黄淮冬麦区 6 个省随着速效钾/速效磷比值的增大（速效钾含量逐步增多），最佳施钾量/最佳施磷量几乎成直线关系降低的原因。以往未见针对养分比例与施肥量关系进行研究的报道[4]。

3. 小麦水解氮/速效磷与最佳产量相关关系

统计结果表明（图 8-14）：最佳产量与小麦水解氮/速效磷呈极显著负相关（$y=-88.56x+5998.33$，$r=-0.337^{**}$，$n=60$），原因是氮肥过多会导致小麦徒长；这从微观上解释了图 8-2 中各省小麦平均最佳产量随水解氮/速效磷增加而降低的原因。

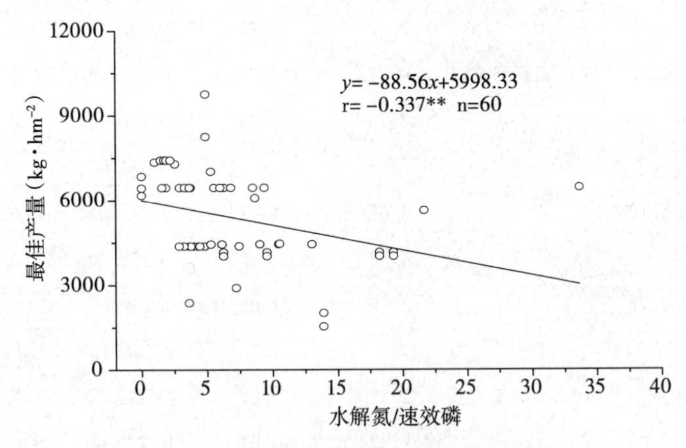

图 8-14　小麦水解氮/速效磷与最佳产量相关关系

八、结论

本著仅就所获得的数据进行了系统分析，目的是提供一种新的研究方法，全国、各省和各县可以根据实际数据进行各种分析，因地制宜地建立适合于当地情况的生态平衡施肥指标体系，以挖掘出测土配方施肥数据的潜在价值。

本著得到以下结论：①气候条件是主要的成土因素之一，也是小麦产区划分的重要依据，反映在土壤速效养分上的结果就是不同小麦产区的速效养分比例不同，这是长期气候和人为双重作用的结果，它构成我国小麦土壤速效肥力的基本格局；②小麦 5 000kg·hm^{-2} 以上产量的基础土壤速效养分的指标是水解氮/速效磷小于 6 和速效钾/速效磷小于 7；施肥指标是最佳施钾量是最佳施磷量的 0.6～1.2 倍。

第三节　我国省级玉米生态平衡施肥指标体系初步探讨

一、我国省级玉米生态平衡施肥指标平均值比例和平均最佳产量

生态平衡施肥强调的是养分的平衡，即根据作物吸肥比例，基于土壤速效养分含量及其比例，确定施肥数量及其不同养分的比例，以此达到生态平衡施肥的目的。表 8-13 是基于本研究的我国省级玉米生态平衡施肥指标平均值比例的数据，对表 3-2 中 7 个变量的两两组合进行相关性统计，并从中选择出对玉米产区划分和最佳产量有意义的统计结果进行讨论。

表 8-13　我国省级玉米生态平衡施肥指标平均值比例和平均最佳产量

省份	样本数	水解氮/速效磷	速效钾/速效磷	最佳施氮量/最佳施磷量	最佳施钾量/最佳施磷量	平均最佳产量 (kg·hm^{-2})	氮转化率/磷转化率	钾转化率/磷转化率
黑龙江	4	3.08	4.04	3.67	0.99	9 265.00	0.56	1.43
吉林	5	—	—	2.69	1.13	9 956.00	0.74	1.36
辽宁	3	—	—	1.30	1.15	10 704.00	—	—
北京	2	2.39	3.94	3.33	2.00	12 866.00	1.10	0.52
河北	3	1.79	—	2.22	0.82	10 361.00	1.07	2.18
山西	3	5.13	23.56	0.85	0.22	12 872.00	1.12	2.08
河南	1	—	—	2.78	0.75	9 196.50	0.72	1.98
山东	1	1.26	—	—	—	9 375.00	—	—
安徽	1	8.78	10.61	3.02	1.77	7 343.00	0.66	0.84
江苏	2	—	—	4.43	1.10	9 152.00	0.38	1.24
湖北	7	8.72	—	3.09	1.05	8 659.00	0.65	1.42
湖南	2	17.51	—	4.60	1.79	6 548.75	0.43	1.06
陕西	2	—	30.21	2.33	0.67	12 179.70	0.86	2.23
宁夏	5	7.00	—	2.32	0.54	10 762.00	0.87	2.84
甘肃	22	2.24	4.85	2.17	0.58	12 444.00	1.05	3.85
新疆	2	—	—	2.85	0.40	14 930.00	0.72	3.89
四川	1	—	—	1.83	0.16	9 694.50	1.10	9.33
重庆	2	11.60	9.87	1.18	0.30	6 767.10	0.83	3.32
贵州	2	—	—	1.32	1.70	7 792.80	1.53	0.85
云南	5	12.23	3.80	2.18	0.69	10 368.00	0.94	1.46
广西	3	1.79	8.90	3.60	1.75	9 388.00	0.51	0.94

二、我国省级玉米土壤速效养分平衡现状与玉米产区关系

根据我国玉米分布地区和种植制度特点等[5]，把我国玉米划分为 6 个产区，即北方春播玉米区、黄淮海平原夏播玉米区、西南山地玉米区、南方丘陵玉米区、西北灌溉玉米区、青藏高原玉米区。其中本著中没有青藏高原玉米区试验样本。由于本著所使用的数据有限，加上玉米分布在全国，所以玉米产区特点并不显著。随着数据量的增多，详细的研究和讨论将有助于对玉米产区及其土壤养分平衡状况进行深入研究。

图 8-15 可见：在水解氮/速效磷和速效钾/速效磷都低的区域有 4 个产区，产量均高于 9 000 kg·hm^{-2}，说明玉米产区的界限并不明显，这是因为玉米是广泛种植的作物，适应性比较强；云南和贵州土壤速效磷低，所以位于水解氮/速效磷的最右边。

图 8-16 中省名后为试验点样本数和试验取得的最佳产量。从图 8-15 中还可以初步得出结论：①玉米大于 9 000 kg·hm^{-2}的水解氮/速效磷界限大约在 8 左右，小于 8 是高产

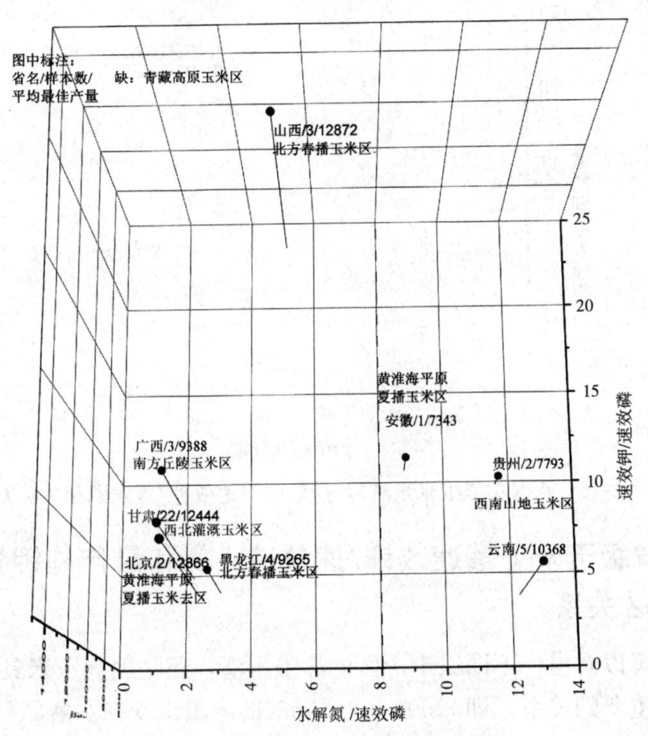

图 8-15　我国省级玉米水解氮/速效磷、速效钾/速效磷与最佳产量相关关系

的土壤氮和磷的合适比例界限；②图 8-16 中是按省平均数划分的，基于更多数据的统计结果未必是 8，需要进一步研究或按区域特点确定。

通过以上分析，可以得出初步结论：①对于栽培玉米的土壤而言，长期受自然因素和人为因素影响，不同产区的土壤速效养分状况不同，形成相对稳定的土壤速效养分的比例关系，在大的空间上表现为速效养分基础肥力的空间格局，生态平衡施肥就是要基于基础肥力状况，根据作物对养分的需求总量和比例来调整施肥总量和各种养分的比例；②相同的养分平衡位置，由于受其他因素的影响产量也不尽相同，如云南和贵州产量的差别；③将速效磷作为比值的基础是因为它不容易淋失和移动，比值只反映与磷的比例大小，不能直接反映出氮、磷、钾的含量，在进行定量推荐施肥时必须同时也考虑土壤速效养分的含量。至此，我们可以根据土壤速效养分的比值关系，划分出玉米土壤的氮、磷、钾平衡类型。

玉米土壤氮、磷、钾平衡类型划分为 4 类：①低氮低钾类（高产类），如图中 9 000 kg・hm^{-2}区域；②低氮高钾类（高产类），如山西；③高氮低钾类，如西南山地玉米区；④高氮高钾类。各地还可以根据当地的大量数据进行更多类型的划分，这是确定氮磷钾施肥比例的基础参数。

结合前两节得知水稻高产的土壤速效养分平衡指标是速效钾/速效磷要大（大于 5），小麦高产的土壤速效养分平衡指标是水解氮/速效磷要小（小于 6），玉米高产的土壤速效养分平衡指标是水解氮/速效磷要小（小于 8），可见玉米和小麦属于旱作，小麦更不耐土壤速效氮。

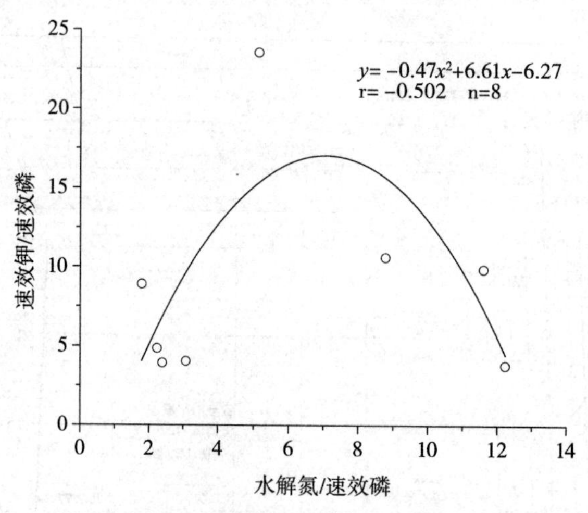

图 8-16 我国省级玉米水解氮/速效磷与速效钾/速效磷相关关系

三、我国省级玉米土壤速效钾/速效磷平衡和最佳施钾量/最佳施磷量平衡与玉米产区关系

从图 8-17 中可以看出，不同玉米产区的界限不清，还是因为玉米具有广泛的适应性。图 8-18 表明一个重要的关系，即 9 000 kg · hm^{-2}的产量出现在水解氮/速效磷大约小于 8 时，同时最佳施氮量/最佳施磷量大于 0.8 的区域，这个结果表明玉米要高产基础肥力中速效磷必须有保证，同时最佳施氮量必须高于最佳施磷量的 0.8 倍以上，原因可能是当

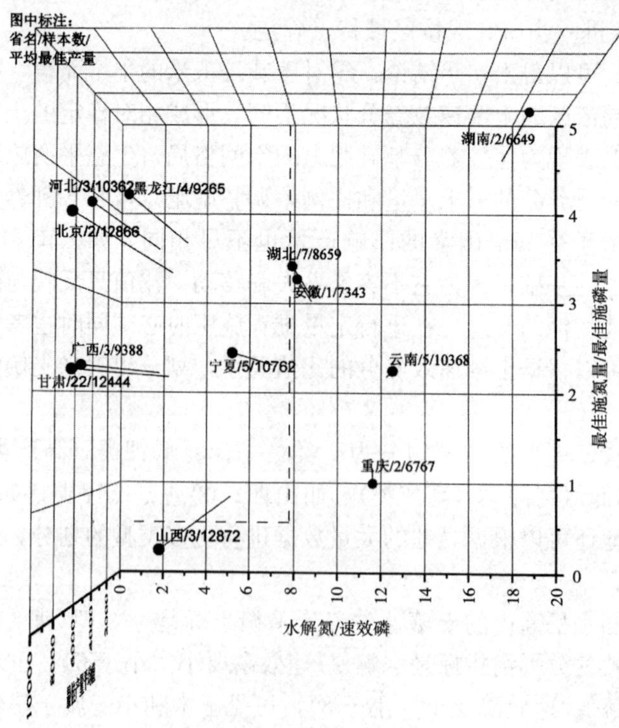

图 8-17 我国省级玉米水解氮/速效磷、最佳施氮量/最佳施磷量与最佳产量相关关系

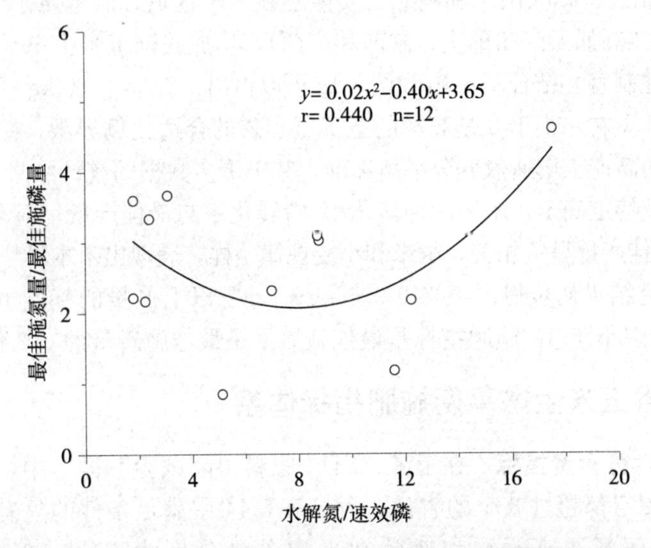

图 8-18　我国省级玉米水解氮/速效磷与最佳施氮量/最佳施磷量相关关系

季施入的磷的有效性差，磷的保障必须依赖土壤里原有的速效磷，而氮不容易被土壤固定，当季施入的氮相比土壤中残留的氮的被利用程度高，这样磷发挥了缓效作用，氮发挥了速效作用，相得益彰。结合图 8-17 可以发现，不同产区平均最佳产量是不同的，因为决定最佳产量的因素很多，基础肥力和施肥只是决定产量的主要因素而不是全部因素。

四、我国省级玉米水解氮/速效磷与最佳产量相关关系

图 8-19 表明：玉米水解氮/速效磷转化率与最佳产量呈显著负相关（n＝13，r＝0.614*），说明玉米平衡吸收氮和磷对高产的重要性，同时也说明当土壤养分不平衡时通过施肥调节养分平衡的重要性；全国玉米施肥参数既有大的区域性特点(如同为黄淮海平

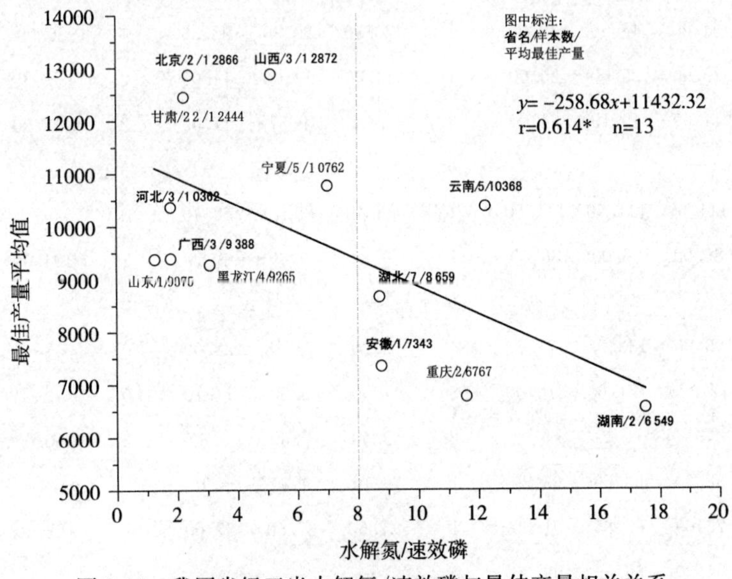

图 8-19　我国省级玉米水解氮/速效磷与最佳产量相关关系

原夏播玉米区，北京、河北、山东和湖北、安徽不在一个区域，后者属于南方，降水量多），也受地方性因素影响（如云南和重庆、湖南和广西），构成我国玉米生态平衡施肥指标体系，具体参数必须因地制宜。结合图8-16和图8-19可以得出，玉米9 000 kg·hm^{-2}的水解氮/速效磷界限大约在8左右，小于8是高产的土壤氮和磷的合适比例界限；图8-16和图8-19是按省平均数划分的高产土壤速效养分平衡标准，基于更多数据的统计结果未必是8，需要进一步研究或按区域特定确定。水稻的钾转化率/磷转化率与最佳产量呈显著正相关，小麦水解氮/速效磷与最佳产量呈负相关，玉米和小麦规律一样，表现出禾本科旱作的特点。

结合前述研究结果初步得出玉米9 000 kg·hm^{-2}以上产量的基础土壤速效养分的指标是水解氮/速效磷小于8；施肥指标是最佳施氮量是最佳施磷量的0.8倍以上。

五、典型省玉米生态平衡施肥指标体系

1. 土壤速效养分含量指标　在玉米“3414肥料田间试验”样本中，只统计试验点数量和各项目指标测定都超过3个的省份，可见表8-14中满足条件的只有黑龙江、山西和云南，它们的水解氮、速效磷和速效钾平均含量分别为：123.00、49.10、199.62、39.93、9.57、16.32、161.50、225.50、62.00 mg·kg^{-1}，比较得知黑龙江磷丰富、山西钾丰富、云南氮丰富，养分比例为氮、磷、钾比值黑龙江为3.1∶1.0∶4.0（氮比例低）、山西为5.1∶1.0：23.6（钾比例高）、云南为12.2∶1.0∶3.8（氮比例高）。

表8-14　玉米典型省生态平衡施肥指标体系统计结果（土壤速效养分，mg·kg^{-1}）

省份	水解氮				速效磷				速效钾			
	样本数	最小值	平均值	最大值	样本数	最小值	平均值	最大值	样本数	最小值	平均值	最大值
黑龙江	4	110.00	123.00	153.00	4	26.90	39.93	61.40	4	123.00	161.50	220.00
吉林	3	80.89	104.99	122.31	0	—	—	—	0	—	—	—
辽宁	1	119.60	119.60	119.60	0	—	—	—	0	—	—	—
北京	2	34.00	48.50	63.00	1	20.30	20.30	20.30	1	80.00	80.00	80.00
河北	1	25.00	25.00	25.00	1	14.00	14.00	14.00	0	—	—	—
山西	3	41.00	49.10	64.00	3	3.90	9.57	17.00	2	113.00	225.50	338.00
河南	0	—	—	—	0	—	—	—	0	—	—	—
山东	1	111.50	111.50	111.50	1	88.40	88.40	88.40	0	—	—	—
安徽	1	86.00	86.00	86.00	1	9.80	9.80	9.80	1	104.00	104.00	104.00
江苏	0	—	—	—	0	—	—	—	0	—	—	—
湖北	4	99.00	133.25	171.00	4	3.20	15.28	28.00	0	—	—	—
湖南	2	127.20	171.60	216.00	2	7.90	9.80	11.70	0	—	—	—
陕西	0	—	—	—	2	9.60	9.60	9.60	2	290.00	290.00	290.00
宁夏	4	58.00	63.69	65.20	1	9.10	9.10	9.10	0	—	—	—
甘肃	2	76.69	83.85	91.00	1	37.50	37.50	37.50	1	182.00	182.00	182.00
新疆	2	34.30	66.65	99.00	0	—	—	—	0	—	—	—

（续）

省份	水解氮				速效磷				速效钾			
	样本数	最小值	平均值	最大值	样本数	最小值	平均值	最大值	样本数	最小值	平均值	最大值
四川	0	—	—	—	0	—	—	—	0	—	—	—
重庆	2	66.20	105.75	145.30	2	2.50	9.12	15.74	1	90.00	90.00	90.00
贵州	0	—	—	—	1	10.20	10.20	10.20	0	—	—	—
云南	3	162.55	199.62	258.00	4	0.10	16.32	25.36	1	62.00	62.00	62.00
广西	1	71.00	71.00	71.00	2	16.30	39.65	63.00	1	353.00	353.00	353.00

2. 最佳产量指标　从表 8-15 可见：山西最佳产量最高为 12 872 kg・hm^{-2}、黑龙江最低为 9 265 kg・hm^{-2}、云南居中为 10 368 kg・hm^{-2}，可见最佳产量与土壤速效养分含量并不是对应的关系，即土壤水解氮和速效磷含量最低的河北其产量最高。

表 8-15　玉米典型省生态平衡施肥指标体系统计结果（最佳产量，kg・hm^{-2}）

省份	样本数	最小值	平均值	最大值
黑龙江	4	9 257.30	9 265.00	9 288.54
吉林	5	9 557.10	9 956.00	10 694.28
辽宁	3	8 159.85	10 704.00	13 241.00
北京	2	10 562.00	12 866.00	10 562.00
河北	3	7 870.00	10 361.00	13 530.00
山西	3	10 020.00	12 872.00	15 990.00
河南	1	9 196.50	9 196.50	9 196.50
山东	1	9 375.00	9 375.00	9 375.00
安徽	1	7 343.00	7 343.00	7 343.00
江苏	2	7 828.35	9 152.00	10 475.85
湖北	7	8 659.00	8 659.00	8 659.00
湖南	2	5 659.30	6 548.75	7 438.20
陕西	2	12 179.70	12 179.70	12 179.70
宁夏	5	10 500.00	10 762.00	11 810.00
甘肃	22	5 561.30	12 444.00	15 040.00
新疆	2	14 130.00	14 930.00	15 730.00
四川	3	9 694.50	9 694.50	9 694.50
重庆	2	5 584.20	6 767.10	7 950.00
贵州	4	5 584.20	7 792.80	9 600.00
云南	5	6 975.60	10 368.00	18 600.00
广西	3	8 412.00	9 388.00	10 245.30

3. 转化率指标　从表 8-16 可见：黑龙江、山西和云南氮转化率分布为 214.77%、148.41%、184.24%；黑龙江、山西和云南磷转化率分布为 381.03%、132.47%、

196.43%；黑龙江、山西和云南钾转化率分布为544.11%、275.61%、286.95%。

氮磷钾转化率比值黑龙江0.56∶1.00∶1.43（氮转化率比例低，产量也低）、河北为1.12∶1.00∶2.08（氮和钾转化率比例高，产量也高；目前磷不是很缺所以最佳产量高，可见养分平衡的重要性）、云南为0.94∶1.00∶1.46（氮转化率比例中，产量也居中）。

通过以上分析可以得到初步结论：土壤养分氮和钾与磷的比例适宜（如果不适宜可以通过施肥调整如山西最佳施磷量特别高），氮和钾养分转化率与磷的转化率相比也适宜，最佳产量就高。

表8-16　玉米典型省生态平衡施肥指标体系统计结果（转化率，%）

省份	氮转化率				磷转化率				钾转化率			
	样本数	最小值	平均值	最大值	样本数	最小值	平均值	最大值	样本数	最小值	平均值	最大值
黑龙江	4	174.04	214.77	336.95	4	257.54	381.03	422.19	4	519.99	544.11	616.47
吉林	5	132.92	149.35	178.24	5	181.01	200.98	248.01	5	221.08	273.29	385.22
辽宁	3	181.53	192.85	244.00	3	—	—	—	3	94.04	172.92	227.49
北京	2	176.03	277.64	379.25	1	252.83	252.83	252.83	1	130.85	130.85	130.85
河北	3	89.25	155.31	245.94	3	128.86	144.64	153.71	3	186.25	316.01	461.84
山西	3	65.28	148.41	199.88	3	17.73	132.47	222.08	2	234.27	275.61	316.96
河南	1	82.69	82.69	82.69	1	114.96	114.96	114.96	1	227.87	227.87	227.87
山东	1	126.69	126.69	126.69	0	—	—	—	0	—	—	—
安徽	1	73.65	73.65	73.65	1	111.26	111.26	111.26	1	93.41	93.41	93.41
江苏	2	65.13	84.94	104.76	2	116.15	221.76	327.37	2	169.65	274.75	379.86
湖北	7	68.36	68.36	68.36	7	105.60	105.60	105.60	7	149.69	149.69	149.69
湖南	2	79.98	90.25	100.52	2	177.95	211.65	245.35	2	122.87	224.49	326.10
陕西	2	139.20	139.20	139.20	2	162.40	162.40	162.40	2	362.14	362.14	362.14
宁夏	5	107.36	133.47	140.00	5	142.86	153.65	196.83	5	292.63	436.95	473.03
甘肃	22	88.16	198.39	357.98	22	33.50	189.39	741.97	22	105.88	728.68	820.03
新疆	2	143.06	176.40	209.73	2	244.75	244.75	245.78	2	732.79	951.03	1169.26
四川	1	60.66	60.66	60.66	1	55.39	55.39	55.39	1	516.95	516.95	516.95
重庆	2	53.00	54.29	55.58	2	21.20	65.71	110.21	2	118.19	218.34	318.49
贵州	2	134.58	160.10	185.61	2	81.90	104.67	127.43	2	81.65	89.04	96.43
云南	5	85.63	184.24	303.82	5	75.96	196.43	310.00	4	144.86	286.95	394.83
广西	3	137.34	145.78	150.30	3	209.94	283.17	375.54	3	158.78	265.82	416.86

4. 最佳施肥量指标　从表8-17可见：黑龙江、山西和云南最佳施氮量分别为140.35、303.50、189.11 kg·hm^{-2}；黑龙江、山西和云南最佳施磷量分别为38.19、358.50、86.77 kg·hm^{-2}；黑龙江、山西和云南最佳施钾量分别为38.18、77.50、59.74 kg·hm^{-2}。

氮磷钾施肥比例黑龙江为3.67∶1.00∶1.00（氮高钾少）、山西为0.85∶1.00∶0.22（缺磷补磷，土壤钾多少施钾，所以产量高）、云南为2.18∶1.00∶0.69（土壤水解氮多，施氮也多，对产量起负作用；钾少，补钾也少，对产量起负作用）。

表 8-17　玉米典型省生态平衡施肥指标体系统计结果（最佳施肥量，$kg \cdot hm^{-2}$）

省份	样本数	最佳施氮量			最佳施磷量			最佳施钾量		
		最小值	平均值	最大值	最小值	平均值	最大值	最小值	平均值	最大值
黑龙江	4	82.70	140.35	159.57	32.89	38.19	54.10	33.60	38.18	39.70
吉林	5	180.00	202.24	215.70	63.00	75.12	79.20	60.30	84.90	96.40
辽宁	3	134.85	169.22	210.00	112.70	129.70	135.00	105.00	149.40	193.50
北京	2	120.00	150.00	180.00	0.00	45.00	90.00	0.00	90.00	180.00
河北	3	96.00	244.00	325.50	78.00	110.00	157.50	72.00	90.67	162.00
山西	3	210.00	303.50	460.50	108.00	358.50	847.50	0.00	77.50	120.00
河南	1	333.66	333.66	333.66	120.00	120.00	120.00	90.00	90.00	90.00
山东	1	220.00	220.00	220.00	0.00	0.00	0.00	0.00	0.00	0.00
安徽	1	299.10	299.10	299.10	99.00	99.00	99.00	175.30	175.30	175.30
江苏	2	300.00	330.30	360.60	48.00	74.55	101.10	61.50	82.20	102.90
湖北	7	380.00	380.00	380.00	123.00	123.00	123.00	129.00	129.00	129.00
湖南	2	168.90	223.95	279.00	34.60	48.65	62.70	38.70	86.85	135.00
陕西	2	262.50	262.50	262.50	112.50	112.50	112.50	75.00	75.00	75.00
宁夏	5	225.00	246.00	330.00	90.00	106.20	110.25	49.50	57.60	90.00
甘肃	22	81.45	200.37	391.65	21.90	92.29	515.40	10.50	53.34	242.40
新疆	2	225.00	260.65	296.30	86.60	91.30	96.00	30.00	36.50	43.00
四川	1	479.48	479.48	479.48	262.53	262.53	262.53	41.82	41.82	41.82
重庆	2	301.40	375.70	450.00	76.00	319.25	562.50	39.10	94.55	150.00
贵州	2	129.90	171.95	214.00	113.00	130.10	147.20	219.50	220.75	222.00
云南	5	75.00	189.11	244.38	58.75	86.77	150.00	0.00	59.74	107.38
广西	3	183.75	192.92	204.50	33.60	53.60	73.20	45.00	93.83	133.50

六、黑龙江、山西和云南玉米生态平衡施肥指标体系探讨

表 8-18 中 15%和 85%平均值的含义是假设在 100 个统计样本中，将所统计的变量从小到大排序的从小的开始到第 15 个和 85 个样本时该样本变量的数值，这样处理是避免最小和最大值的失真。按照表一统计的参数，某省某地块最佳产量理论上应该在全省平均数的一定范围内变化，对应的土壤养分含量、转化率和最佳施肥量参数也如此；如果能获得一个省或一个县大量的诸如本研究中的所列举的各项指标，就可以建立某省或某县生态平衡施肥指标体系，并可以建立基于最佳产量和转化率以及适当参考土壤养分含量的定量推荐施肥方案，在模型中还将加入土壤养分比例、最佳氮磷钾养分施肥比例等参数，做到既满足大区域的宏观施肥施肥参数规律，也能满足地区性的微观施肥参数规律，真正实现高产、高效、优质、维持土壤养分平衡和减少施肥污染的生态平衡施肥的目的。

表 8-18　黑龙江、山西和云南玉米生态平衡施肥指标体系

省份	水解氮平均值(mg·kg⁻¹)			速效磷平均值(mg·kg⁻¹)			速效钾(mg·kg⁻¹)			最佳产量(mg·hm⁻²)		
	15%	平均值	85%	15%	平均值	85%	15%	平均值	85%	15%	平均值	85%
黑龙江	—	123.00	—	—	39.93	—	—	161.50	—	—	9 265.00	—
山西	—	49.10	—	—	9.57	—	—	225.50	—	—	12 872.00	—
云南	—	199.62	—	—	16.32	—	—	62.00	—	—	10 368.00	—

省份	最佳施氮量平均值(kg·hm⁻²)			最佳施磷量平均值(kg·hm⁻²)			最佳施钾量(kg·hm⁻²)		
	15%	平均值	85%	15%	平均值	85%	15%	平均值	85%
黑龙江	—	140.35	—	—	38.19	—	—	38.18	—
山西	—	303.50	—	—	358.50	—	—	77.50	—
云南	—	189.11	—	—	86.77	—	—	59.74	—

省份	氮转化率（%）			磷转化率（%）			钾转化率（%）		
	15%	平均值	85%	15%	平均值	85%	15%	平均值	85%
黑龙江	—	214.77	—	—	381.03	—	—	544.11	—
山西	—	148.41	—	—	132.47	—	—	275.61	—
云南	—	184.24	—	—	196.43	—	—	286.95	—

七、我国玉米生态平衡施肥指标间相关性分析

前面按省讨论了玉米生态平衡施肥指标间的相关性，以下再就所有样本进行分析。

1. 土壤水解氮/速效磷与速效钾/速效磷相关关系

统计结果表明（图 8-20）：玉米土壤速效钾/速效磷与水解氮/速效磷呈正相关（$y=0.60x+20.99$，r=0.775，n=4），原因是在长期的气候作用下，特定地区形成了特定的速效养分比例关系，氮和钾都是容易淋失的养分，磷是相对稳定的养分，氮多钾就多，所以相关性极显著。这从微观上解释了不同玉米产区土壤速效养分的含量和比例的大致状况，也为宏观上制定区域施肥对策提供了数据依据。

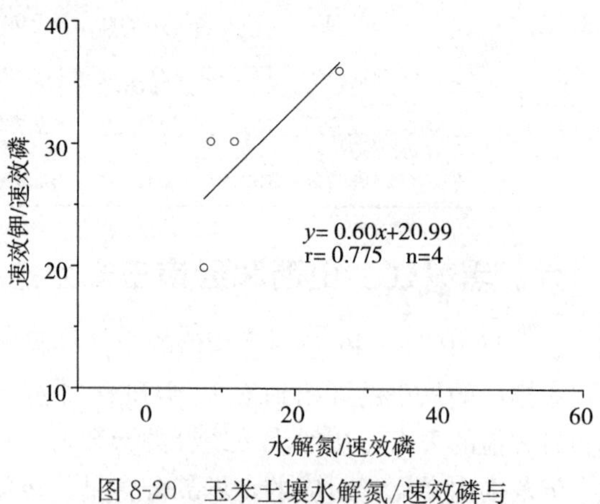

图 8-20　玉米土壤水解氮/速效磷与速效钾/速效磷相关关系

2. 土壤水解氮/速效磷平衡和最佳施氮量/最佳施磷量关系　统计结果表明（图 8-21）：玉米土壤最佳施氮量/最佳施磷量与水解氮/速效磷呈正相关（$y=0.11x+1.43$，r=0.591,n=9），原因是随着土壤水解氮/速效磷的增加，最佳施氮量/最佳施磷量也按比例增加才能保持养分供应的平衡性。

3. 玉米水解氮/速效磷与最佳产量相关关系

统计结果表明（图 8-22）：以往对土壤养分比例与产量关系的研究未见报道[6]，本研究表明玉米最佳产量与水解氮/速效磷呈一定的负相关，但是没有达到显著水平（$y=-115.60x+10785.50$，$r=-0.382$，$n=10$），原因是氮肥过多会导致苗期氮和磷吸收的不平衡；这从微观上解释了图 8-19 中各省平均最佳产量随水解氮/速效磷增加而降低的原因。

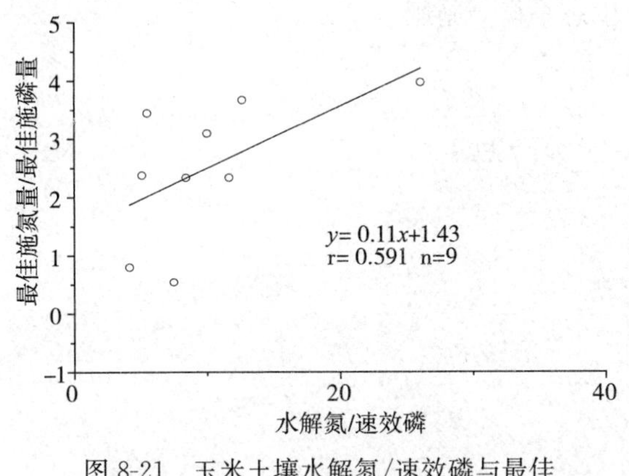

图 8-21　玉米土壤水解氮/速效磷与最佳施氮量/最佳施磷量相关关系

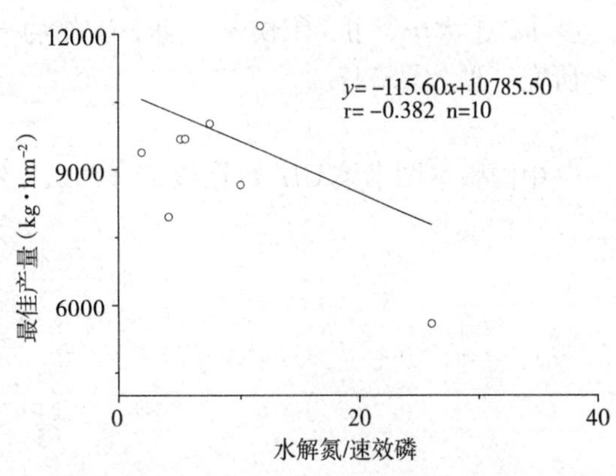

图 8-22　玉米水解氮/速效磷与最佳产量相关关系

八、结论

本节仅就所获得的数据进行了系统分析，目的是提供一种新的研究方法，全国、各省和各县可以根据实际数据进行各种分析，因地制宜地建立适合于当地情况的生态平衡施肥指标体系，以挖掘出测土配方施肥数据的潜在价值。

本节得到以下结论：①气候条件是主要的成土因素之一，也是玉米产区划分的重要依据，反映在土壤速效养分上的结果就是不同玉米产区的速效养分比例不同，这是长期气候和人为双重作用的结果，它构成我国玉米土壤速效肥力的基本肥力格局；②玉米 9 000kg・hm^{-2}以上产量的基础土壤速效养分的指标是水解氮/速效磷小于 8；施肥指标是最佳施氮量是最佳施磷量的 0.8 倍以上。

参考文献

[1] 梅方权，吴宪章，姚长溪，等．中国水稻种植区划［J］．中国水稻科学，1988，2（3）：97-110.

[2] 漆辉，伍钧，韩巧，等．陇西河流域水稻平衡施肥对土壤氮磷钾养分的影响研究［J］．湖北农业科学，2011，50（13）：2618-2622.

[3] 金善宝．中国小麦栽培学［M］. 北京：中国农业出版社，1961.

[4] 范闻捷，介晓磊，李有田，等．潮土区小麦—玉米轮作周期内土壤钾素的动态研究Ⅱ．施钾对作物产量及土壤钾素动态的影响［J］. 华中农业大学学报，1998，17（5）：452-458.

[5] 佟屏亚．中国玉米种植区划［M］. 北京：中国农业科技出版社，1992.

[6] 高洪军，彭畅，张秀芝，等．长期不同施肥对东北黑土区玉米产量稳定性的影响［J］．中国农业科学，2015，48（23）：4790-4799.

图书在版编目（CIP）数据

大田作物生态平衡施肥指标体系研究/侯彦林等著
.—北京：中国农业出版社，2021.6
ISBN 978-7-109-27963-6

Ⅰ.①大… Ⅱ.①侯… Ⅲ.①作物－生态平衡－施肥
－研究 Ⅳ.①S147.2

中国版本图书馆 CIP 数据核字（2021）第 032067 号

大田作物生态平衡施肥指标体系研究
DATIAN ZUOWU SHENGTAI PINGHENG SHIFEI ZHIBIAO TIXI YANJIU

中国农业出版社出版
地址：北京市朝阳区麦子店街 18 号楼
邮编：100125
责任编辑：贺志清　王琦瑢
版式设计：王　晨　　责任校对：周丽芳
印刷：中农印务有限公司
版次：2021 年 6 月第 1 版
印次：2021 年 6 月北京第 1 次印刷
发行：新华书店北京发行所
开本：787mm×1092mm　1/16
印张：12.5
字数：288 千字
定价：100.00 元